工业和信息化精品系列教材

网络技术

辽宁省职业教育
"十四五"第二批规划教材

U0734636

微课版

Network Technology

计算机
网络技术基础
思科版

崔升广 ◉ 主编

人民邮电出版社

北　京

图书在版编目（CIP）数据

计算机网络技术基础 ： 思科版 ： 微课版 / 崔升广
主编. -- 北京 ： 人民邮电出版社，2024. --（工业和
信息化精品系列教材）. -- ISBN 978-7-115-65097-9

Ⅰ. TP393

中国国家版本馆 CIP 数据核字第 202429BW97 号

内 容 提 要

根据高职高专的人才培养目标、特点和要求，本书由浅入深、全面系统地讲解了计算机网络的基础知识和基本技术。全书共 8 个模块，内容包括初识计算机网络、数据通信技术、计算机网络体系结构、局域网技术、网络互联技术、广域网技术、Internet 基础与应用、计算机网络安全。为了让读者更好地巩固所学知识，及时地检验学习效果，每个模块都配备了丰富的技能实践和模块练习。

本书既可作为高职高专院校计算机网络技术基础课程的教材，又可作为计算机网络培训班的教材，以及计算机网络爱好者的自学用书和参考书。

◆ 主　　编　崔升广
　　责任编辑　郭　雯
　　责任印制　王　郁　焦志炜
◆ 人民邮电出版社出版发行　　北京市丰台区成寿寺路 11 号
　　邮编　100164　电子邮件　315@ptpress.com.cn
　　网址　https://www.ptpress.com.cn
　　大厂回族自治县聚鑫印刷有限责任公司印刷
◆ 开本：787×1092　1/16
　　印张：16　　　　　　　　　　　　2024 年 12 月第 1 版
　　字数：482 千字　　　　　　　　　2024 年 12 月河北第 1 次印刷

定价：59.80 元

读者服务热线：(010)81055256　印装质量热线：(010)81055316
反盗版热线：(010)81055315
广告经营许可证：京东市监广登字 20170147 号

前　言

党的二十大报告指出，教育、科技、人才是全面建设社会主义现代化国家的基础性、战略性支撑。随着计算机网络技术的不断发展，计算机网络已经成为人们生活、工作的重要组成部分，培养大批熟练掌握计算机网络技术的人才是当前社会发展的迫切需求。在职业教育中，计算机网络技术已经成为计算机网络技术专业的一门重要的专业基础课程，各高校计算机相关专业也都开设了计算机网络技术相关课程。作为重要的专业基础课程的教材，应该与时俱进，做到涵盖广阔的知识面与技术面。

本书用思科网络设备搭建网络实训环境，在介绍相关理论与技术的同时，还提供大量的网络项目配置案例，以达到理论与实践相结合的目的。本书在内容安排上力求做到深浅适度、详略得当，从计算机网络基础知识起步，用大量的案例、插图讲解相关知识。编者精心选取教材的内容，对教学内容进行整体规划与设计，使得本书在叙述上简明扼要、通俗易懂，既方便教师讲授，又方便学生学习、理解与掌握。

本书融入了编者多年的教学经验和计算机网络运维工作的实践经验，从计算机网络初学者的角度出发，采用"教、学、做"一体化的教学方法，围绕培养应用型人才这一目标组织适用的教学与训练内容。本书以从实际项目转化而来的案例为主线，在进行技术讲解的同时，对读者提出相应的自学要求。读者在学习本书的过程中，不仅能完成快速入门的基础技术学习，还能进行实际项目的开发与实现。

为了使读者快速地掌握相关技术并按实际项目的开发要求熟练运用，本书在各个模块重要知识点后面都根据实际项目设计了技能实践，并详细讲解了配置过程。

为方便读者使用，随书附赠书中全部实例的源代码及电子教案，读者可登录人邮教育社区（www.ryjiaoyu.com）下载。

本书由崔升广主编，并负责全书的统稿和定稿。由于编者水平有限，书中不足之处在所难免，殷切希望广大读者批评指正，读者可加入人邮网络技术教师服务交流群（QQ群号：837556986）与编者进行联系。

编　者

2024 年 6 月

目　录

模块 5

网络互联技术 ·················· 147

模块 6

广域网技术 ···················· 178

模块 7

Internet 基础与应用 ········ 203

模块1
初识计算机网络

情景导入

我们通过网络可以浏览网页、下载歌曲、收发邮件、聊天、购物等。在享受网络带来的这些便捷功能的时候,大家有没有思考过什么是网络?它是通过什么进行数据传输的呢?它又是从什么时候开始影响人们生活的呢?这一切又是怎么实现的呢?

本模块讲解计算机网络的基本知识,主要包括计算机网络的定义、产生与发展、功能、应用、分类和组成,网络传输介质,网络连接设备,计算机网络新技术,双绞线的制作,以及Cisco Packet Tracer模拟器的使用。通过对本模块的学习,读者将会对计算机网络有较为全面的认识与了解。

学习目标

【知识目标】
- 掌握计算机网络的定义、产生与发展。
- 掌握计算机网络的功能、应用与组成。
- 掌握计算机网络的分类。
- 掌握网络传输介质。
- 了解计算机网络新技术。

【技能目标】
- 掌握制作双绞线的方法。
- 掌握Cisco Packet Tracer模拟器的使用方法。

【素质目标】
- 加强爱国主义教育、弘扬爱国精神与工匠精神。
- 培养自主学习的能力和习惯。
- 培养团队互助、合作进取的意识。

相关知识

1.1 计算机网络基础

计算机网络是当今最热门的专业之一。计算机网络随着现代社会对信息共享和信息传递需求的日益增长而发展起来，给人类社会的生产、生活都带来了巨大的影响，在过去的几十年里取得了长足的进步。近十几年，因特网（Internet）深入千家万户，网络已经成为一种全社会的、经济的、快速存取信息的必要手段。它经历了由低级到高级、由简单到复杂、从单机到多机的发展过程。因此，计算机网络对未来的信息产业，甚至整个社会都将产生深远的影响。

1.1.1 计算机网络的定义

计算机网络是计算机技术与通信技术相结合的产物，是信息技术进步的象征。近年来，Internet 的迅速发展证明了信息时代下计算机网络的重要性。

那么什么是计算机网络？其结构又是怎样的呢？

计算机网络是利用通信线路和设备将分散在不同地点、具有独立功能的多个计算机系统互联，按网络协议互相通信，由网络操作系统管理，能够实现相互通信和资源共享的系统。某公司的网络拓扑结构如图 1.1 所示。

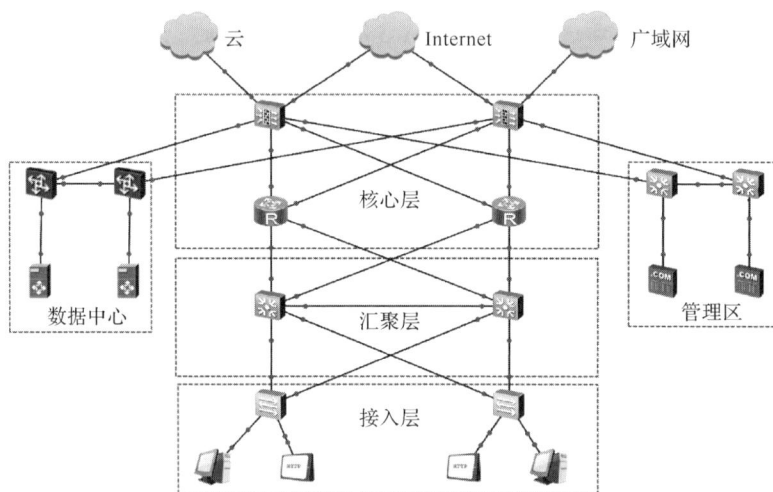

图 1.1　某公司的网络拓扑结构

该公司将网络在逻辑上分为不同的区域，包括接入层、汇聚层、核心层，以及数据中心和管理区。将网络分为三层架构有诸多优点：每一层都有各自独立且特定的功能；使用模块化的设计，便于定位错误，简化网络拓展和维护过程；可以隔离一个区域的拓扑变化，避免影响其他区域。此结构可以满足不同用户对网络可扩展性、可靠性、安全性、可管理性的需求。

1.1.2 计算机网络的产生与发展

计算机网络于 20 世纪 50 年代中期诞生；20 世纪 60 年代，广域网从无到有并迅速发展；20 世纪 80 年代，局域网技术得到了广泛的发展与应用，并日趋成熟；20 世纪 90 年代，计算机网络向综合化、高速化发展，局域网技术发展成熟。局域网与广域网的紧密结合使企业迅速发展，同时为 21 世纪网络信息化的发展奠定了基础。

随着计算机网络的发展，计算机网络的应用已经渗透到社会的各个领域。计算机网络的发展经历了从简单到复杂的过程，计算机网络的产生与发展可分为以下 4 个阶段。

1. 面向终端的计算机网络

第一阶段（网络雏形阶段，20 世纪 50 年代中期～20 世纪 60 年代中期）：以单个计算机为中心的远程联机系统，构成面向终端的计算机网络，其被称为第一代计算机网络。

1946 年，世界上第一台通用电子计算机——电子数字积分计算机（Electronic Numerical Integrator And Computer，ENIAC）研制成功，它的问世是人类历史上的里程碑。但最初的计算机数量很少，并且价格昂贵。用户上机必须进入计算机机房，在计算机的控制台上进行操作。这种方式不能充分利用计算机资源，用户使用起来也极不方便。为了实现计算机的远程操作，提高计算机资源的利用率，人们将分布在远程的多个终端通过通信线路与某地的中心计算机相连，以达到使用中心计算机系统主机资源的目的。这种具有通信功能的、面向终端的计算机系统被称为单机计算机联机系统，如图 1.2 所示。

面向终端的计算机通信网络涉及多种通信技术、数据传输设备和数据交换设备等。从计算机技术来看，这是由单用户独占一个系统发展到多用户分时占用一个系统，即多个终端用户分时占用主机上的资源。在面向终端的计算机通信网络中，远程主机既要承担数据处理工作，又要承担通信工作，因此主机的负载较重，且效率低。另外，每一个分散的终端都要单独占用一条通信线路，线路利用率低。随着终端用户的增多，系统所花费用也在增加。因此，为了提高通信线路的利用率并减轻主机的负担，使用了多点通信线路、集中器及通信控制处理机。

多点通信线路即在一条通信线路上连接多个终端，多个终端可以共享同一条通信线路与主机进行通信，如图 1.3 所示。由于主机与终端之间的通信具有突发性和高带宽的特点，因此各终端与主机之间的通信可以使用同一高速通信线路。相对于在每个终端与主机之间都设立专用通信线路的方式，这种多点通信线路能极大地提高通信线路的利用率。

图 1.2　单机计算机联机系统　　　　图 1.3　多点通信线路

集中器负责从终端到主机的数据收集及主机到终端的数据分发，它可以放置于终端相对集中的位置，一端用多条低速线路与各终端相连，收集终端的数据，另一端用一条较高速的线路与主机相连，实现高速通信，以提高通信效率。

通信控制处理机（Communication Control Processor，CCP）也称前端处理器（Front-End Processor，FEP），负责数据的收发等通信控制和通信处理工作，让主机专门进行数据处理，以提高数据处理的效率，如图 1.4 所示。

具有代表性的面向终端的计算机网络是美国在 20 世纪 50 年代建立的半自动地面防空系统（Semi-Automatic Ground Environment，SAGE）。该系统共连接了 1000 多个远程终端，主要用于远程控制导弹。该系统能够将远程雷达设备收集到的数据，由终端输入后经通信线路传送到中央主机，主机进行计算处理，将处理结果通过通信线路回送给远程终端，并控制导弹。

图 1.4　通信控制处理机

2. 面向通信的计算机网络

第二阶段（网络初级阶段，20 世纪 60 年代中期～20 世纪 70 年代中后期）：开始进行主机互联，多台独立的主机通过线路互联构成计算机网络，没有网络操作系统，只形成了通信网。20 世纪 60 年代后期，阿帕网（Advanced Research Projects Agency Network，ARPANet）出现，其被称为第二代计算机网络。

第二代计算机网络是一种由多台计算机相互连接在一起的系统。随着计算机硬件价格的不断下降和

拓展阅读 1-1

计算机应用的飞速发展，一个大的部门或者一家大的公司已经能够拥有多个主机系统，这些主机系统可能分布在不同的地区，它们经常需要交换一些信息，如子公司的主机系统需要将其信息汇总后传送给总公司的主机系统，供有关工作人员查阅和审批。这种利用通信线路将多台计算机连接起来的系统引入了计算机之间的通信，它是计算机网络的低级形式。这种系统中的计算机彼此独立又相互连接，它们之间没有主从关系，其网络结构有如下两种形式。

第一种形式是通过通信线路将主机直接连接起来，主机既承担数据处理工作，又承担通信工作。

第二种形式是把通信任务从主机中分离出来，设置通信控制处理机，主机间的通信通过通信控制处理机的中继功能间接进行。

通信控制处理机负责网络中各主机之间的通信控制和通信处理，由它们组成的带有通信功能的内层网络也称为通信子网，是网络的重要组成部分。主机负责数据处理，是计算机网络资源的拥有者，网络中的所有主机构成了网络的资源子网。通信子网为资源子网提供信息传输服务，资源子网上用户之间的通信建立在通信子网的基础之上。如果没有通信子网，网络就不能工作；如果没有资源子网，通信子网的传输就会失去意义。通信子网和资源子网一起组成了资源共享的网络。

美国国防部高级研究计划局研制的 ARPANet 是早期世界上最具有代表性的、以资源共享为目的的计算机通信网络，是第二阶段计算机网络的典型范例。最初，该网络仅由 4 台计算机连接组成，到了 1975 年，该网络已经有 100 多台不同型号的大型计算机。20 世纪 80 年代，ARPANet 采用 TCP/IP以后，发展得更为迅速。到了 1983 年，ARPANet 已拥有 200 台端口信息处理机和数百台主机，网络覆盖范围也延伸到了夏威夷和欧洲。事实上，ARPANet 就是 Internet 的雏形，也是 Internet 初期的主干网络。

3. 开放式标准化的计算机网络

第三阶段（第三代计算机网络，20 世纪 70 年代中后期～20 世纪 80 年代中期）：以太网产生，国际标准化组织（International Organization for Standardization，ISO）制定了网络互联标准，即开放系统互连（Open System Interconnection，OSI），这是世界范围内统一的网络体系结构，在这一阶段，遵循国际标准化协议的计算机网络迅猛发展。

计算机网络一开始大多是由研究部门、大学或计算机公司自行开发研制的，因而没有统一的标准。各厂商生产的计算机产品和网络产品无论是技术上还是结构上都有很大的差异，从而造成不同厂商生产的计算机产品、网络产品很难实现互联，这种局面严重阻碍了计算机网络的发展，给用户带来了极大的不便。用户无法确定哪一种网络更适合自己的需求，而且如果选择了某厂商的计算机产品或网络产品，就无法选用其他厂商的计算机产品或网络产品，不同的系统之间无法互联不利于用户保护自己的投资，为此人们迫切希望建立一系列的国际标准，得到一个"开放"的系统。因此，建立开放式网络，实现网络标准化，成为计算机网络发展的必然选择。

20 世纪 70 年代后期，人们提出研究新一代计算机网络。许多国际组织，如 ISO、电气电子工程师学会（Institute of Electrical and Electronics Engineers，IEEE）等，成立了专门的研究机构，研究计算机系统的互联、计算机网络协议标准等问题，以使不同的计算机系统、不同的网络系统能够互联，实现"开放"的通信和数据交换、资源共享和分布处理等。1984 年，ISO 正式发布 OSI 参考模型，开创了一个网络体系结构统一、遵循国际标准化协议的计算机网络新时代。

OSI 参考模型不仅确保了各厂商生产的计算机之间能互联、兼容，还促进了企业的竞争。厂商只有执行这些标准，才能更好地销售产品，用户也可以从不同厂商获得兼容、开放的产品，从而大大加速了计算机网络的发展。

在 ARPANet 基础上发展起来的 Internet，使用的是传输控制协议与互联网协议（TCP/IP），尽管它们不是 OSI 参考模型，但至今仍被广泛使用，成为事实上的行业标准。

4. Internet 与综合智能化高速网络

第四阶段（第四代计算机网络，20 世纪 80 年代后期至今）：计算机网络向综合化、高速化发展，局域网技术日益成熟，第四代计算机网络就是以吉比特（Gbit）级传输速率为主的多媒体智能化网络。

随着计算机网络的发展，全球建立了不计其数的局域网和广域网。为扩大网络规模以实现更大范围的资源共享，人们又提出了将这些网络互联在一起的迫切需求，国际互联网络 Internet 应运而生。Internet 的发展逐渐走向成熟。

20 世纪 90 年代以来，计算机网络向全面互联、高速和智能化方向发展，并且得到了广泛的应用。同时，与网络有关的技术在更大的范围内取得了进展。例如，计算机技术和通信技术共同发展，推动着光纤数字传输技术和宽带综合业务数字网的迅速发展；网络标准化工作进一步完善，网络体制趋于成熟，人们将更多的注意力放到提高线路容量和利用率上，研究与发展接入网络、内部网络及其设施，更注重网络互联和互联标准。

目前，计算机网络面临诸多问题，如网络带宽限制、网络安全、IP 地址紧缺等。因此，新一代计算机网络应向高速、大容量、综合化和智能化的方向发展。不断出现的新网络技术，如移动互联技术、IPv6 技术、全光网络技术等，是构建新一代宽带综合业务数字网的基础。

1.1.3 计算机网络的功能

计算机网络具有以下几方面的功能。

1. 数据通信

数据通信是计算机网络最基本的功能，计算机网络为分布在各地的用户提供了强有力的通信手段。组建计算机网络的主要目的就是让位于不同地理位置的计算机用户能够相互通信、交流信息和共享资源，计算机网络提供了一条可靠的通信通道，它可以传输各种类型的信息，包括图形、图像、声音和视频流等多媒体信息。利用网络的通信功能，人们可以进行各种远程通信，以在各种网络上传输电子邮件、发布新闻消息、举行电子商务活动，以及进行视频会议、远程医疗、远程教学等。

2. 资源共享

资源共享是计算机网络最重要的功能。"资源"是指构成系统的所有要素，包括软件、硬件资源和数据资源，如计算资源、大容量磁盘、高速打印机、绘图仪、通信线路、数据库、文件和其他计算机上的有关信息。"共享"指的是网络中的用户都能够部分或全部地使用这些资源。受经济和其他因素的制约，所有用户并非（也不可能）都能独立拥有这些资源，所以网络上的计算机不仅可以使用自身的资源，还可以共享网络上的资源，从而增强网络中计算机的处理能力，提高计算机软件、硬件的利用率。

3. 集中管理

集中管理的主要特点是能把所有数据保存在一个地方。集中式计算机网络由一个大型的中央系统组成，其终端是客户机，数据全部存储在中央系统中，由数据库管理系统进行管理，所有的数据处理都由该大型中央系统完成，终端只是用来输入和输出。终端自己不进行任何处理，所有任务都在主机上进行处理。

计算机网络实现了数据通信与资源共享，使得在一台或多台服务器上管理与运行网络中的资源成为可能。计算机网络实现了数据的统一集中管理，这一功能在实际应用中尤为重要。

4. 分布式处理

随着计算机网络技术的发展，分布式处理成为可能。分布式处理通过算法将大型的综合性问题交给不同的计算机同时进行处理，用户可以根据需要合理选择网络资源，以实现快速处理，从而大大增强整个系统的性能。

1.1.4 计算机网络的应用

随着信息化社会进程的推进及通信技术和计算机技术的迅猛发展，计算机网络的应用越来越普遍，如今计算机网络几乎深入社会的各个领域。Internet 已成为家喻户晓的网络，是当今世界上最大的计算机网络，同时是贯穿全球的"信息高速公路主干道"。计算机网络的应用主要包括以下几个方面。

1. 科学计算

研制计算机的初衷是共同完成一项工作任务，节省人力资源，实现科学计算。目前，科学计算仍然是计算机网络应用的重要领域，如高能物理、工程设计、地震预测、气象预报、航天技术等。由于计算机具有较快的运算速度、较高的计算精度及较强的逻辑性，因此，出现了计算力学、计算物理、计算化学、生物控制论等新的学科。

2. 信息管理

信息管理是计算机网络应用最广泛的领域之一，指利用计算机加工、管理与操作任何形式的数据资料，具体应用包括企业管理、物资管理、报表统计、账目管理、信息情报检索，以及近些年的电子商务、无纸化办公系统等。某公司的库存管理系统如图 1.5 所示。

3. 个人信息服务

计算机网络在个人信息服务中的应用与单位网络的工作方式不同，家庭或个人的一台或几台微型计算机（微机）通过电话交换网或光纤连接到公共数据网，通常希望通过计算机网络获得各种信息服务。

图 1.5　某公司的库存管理系统

一般来说，个人通过计算机网络获得的信息服务主要有如下几方面。

（1）个人与个人之间的通信。20 世纪，个人与个人进行通信的基本工具是电话；21 世纪，个人与个人的通信依赖于计算机网络。初期的电子邮件用于传输文本文件，后来进一步用于传输语音与图像文件，目前 QQ、微信等被广泛用于个人与个人之间的通信。

（2）远程信息的访问。可以通过 WWW 方式查询各类信息，包括政府、教育、艺术、保健、娱乐、体育、旅游等各方面的信息，甚至是各类商业广告。随着新闻服务走向线上（具有定制化特点），人们可以通过网络查看新闻，或通过频道技术自动下载感兴趣的内容。

（3）家庭娱乐。家庭娱乐正在对信息服务产生巨大的影响，人们可以在家里点播电影和电视节目。目前，我国已经开发了这方面的服务。电影可以是交互式的，观众在看电影时可以不时地参与到电影情节中。家庭电视也可以是交互式的，观众可以参与到电视情节中。

4. 企事业单位办公

计算机网络可以使企事业单位和公司内部实现办公自动化，做到各种软件、硬件资源共享。如果将内部网络连入 Internet，则还可以实现异地办公。例如，通过办公自动化（Office Automation，OA）系统、万维网、电子邮件、虚拟专用网络（Virtual Private Network，VPN）等，公司可以很方便地与分布在不同地区的子公司或其他业务单位建立联系，不仅能够及时交换信息，还能够实现无纸化办公。在外的员工通过网络可以与公司保持通信，得到公司的指示和帮助，公司还可以通过 Internet 收集市场信息并发布公司产品信息。

5. 商业管理

随着计算机网络的广泛应用，电子数据交换（Electronic Data Interchange，EDI）已成为国际贸易往来的重要手段，它将标准的经济信息通过通信网络传输到贸易伙伴的电子计算机系统进行数据交换和自动处理，代替了传统的贸易单据，节省了大量的人力和物力，提高了效率。例如，通过网上商店实现了网上购物等消费活动。

总之，随着计算机网络技术的发展和各种网络应用需求的提出，计算机网络应用的范围和领域在不断地扩大与拓宽，新的计算机网络应用系统不断地被开发出来，如远程教学、远程医疗、工业自动化、电子博物馆、数字图书馆、信息查询、电子商务等。计算机网络技术的迅速发展和广泛应用必将对 21 世纪的经济、教育、科技、文化等方面的发展以及人们的工作和生活产生深远的影响。

1.2 计算机网络的分类

根据不同的划分方式，可以将计算机网络分成不同类型。

1.2.1 按覆盖的地理范围分类

按覆盖的地理范围进行分类，可将计算机网络分为局域网、城域网、广域网等。

1. 局域网

局域网（Local Area Network，LAN）是一种私有封闭型网络，在一定程度上能够防止信息泄露和外部网络病毒的攻击，具有较高的安全性。其特点是覆盖范围有限、可大可小，大到可以是一栋建筑与相邻建筑之间的范围，小到可以是一间办公室的范围。某公司局域网拓扑结构如图 1.6 所示。局域网将一定区域内的各种计算机、外围设备（外设）和数据库连接起来形成计算机通信网络，通过专用数据线路与其他地方的局域网或数据库连接，形成更大范围的信息处理系统。局域网通过网络传输介质将网络服务器、网络工作站、打印机等网络互联设备连接起来，实现管理系统文件、共享应用软件和办公设备，以及发送工作日程安排等通信服务。

图 1.6 某公司局域网拓扑结构

局域网的主要特点如下。

（1）局域网的组建简单、灵活，使用方便，传输速率快，传输速率通常为 100Mbit/s～1000Mbit/s，甚至可以达到 10Gbit/s。

（2）局域网覆盖的地理范围有限，一般不超出 1km。

（3）决定局域网特性的主要技术要素为网络拓扑、传输介质等。

2. 城域网

城域网（Metropolitan Area Network，MAN）是在一个城市范围内建立的计算机通信网络，它的范围介于局域网与广域网之间，使用广域网技术进行组网。它的一个重要用途是作为骨干网，将位于同一城市内不同地点的主机、数据库，以及局域网等互相连接起来，以实现大量用户之间的数据、语音、图形与视频等多种信息的传输。这与广域网的作用有相似之处，某市教育城域网拓扑结构如图 1.7 所示。

图1.7 某市教育城域网拓扑结构

城域网的主要特点如下。

（1）城域网覆盖的地理范围为几十千米到上百千米的区域，可覆盖一个城市或地区，是一种中型网络。

（2）城域网是介于局域网与广域网之间的一种高速网络。

3. 广域网

广域网（Wide Area Network，WAN）覆盖的地理范围为几十千米到几千千米的区域，广域网通常可覆盖几个城市、几个国家、几个洲，甚至全球，形成国际性的远程网络。广域网拓扑结构如图 1.8 所示。它将分布在不同地区的计算机系统互联起来，达到资源共享的目的。

图1.8 广域网拓扑结构

广域网的主要特点如下。

（1）传输距离远，传输速率较慢，建设成本高。

（2）广域网的通信子网主要使用分组交换技术，可以利用公用分组交换网、卫星通信网和无线分组交换网。

（3）广域网需要适应规范化的网络协议和完善通信服务与网络管理的要求。

1.2.2　按网络传输技术分类

按网络传输技术分类，可将计算机网络分为广播式网络和点到点网络。

1. 广播式网络

广播式网络（Broadcast Network）中只有一个单一的通信线路，被这个网络中所有的主机共享。多个计算机连接到一条通信线路的不同节点上，任意一个节点发出的报文分组被其他所有节点接收。发送的分组中有一个地址域，指明该分组的目标接收者和源地址。当一台计算机在信道上发送分组时，网络中的每台计算机都会接收这个分组，并且对自己的地址与分组中的目标地址进行比较，如果相同，则处理分组，否则将它丢弃。

在广播式网络中，若某个分组发出以后，网络中的每一台计算机都接收并处理它，则称这种方式为广播（Broadcast）；若分组是发送给网络中的某些计算机的，则称为多点播送或组播（Multicast）；若分组只发送给网络中的某一台计算机，则称为单播（Unicast）。

2. 点到点网络

在点到点网络（Point to Point Network）中，每条物理线路都连接两台计算机。如果两台计算机之间没有直接连接的线路，那么它们之间的分组传输要通过一个或多个中间节点的接收、存储、转发才能将分组从信源发送到目的地。由于连接多台计算机之间的线路可能更复杂，因此从源节点到目标节点可能存在多条路由。由于决定分组从通信子网的源节点到达目的路由的路径需要通过路径选择算法实现，因此在点到点网络中，如何选择最佳路径显得尤为重要。采用分组存储转发与路由选择机制是点到点网络与广播式网络的重要区别。

1.3　计算机网络的组成

计算机网络的组成可以从系统组成和逻辑组成两个方面来看。

1.3.1　计算机网络的系统组成

一个典型的计算机网络主要由计算机系统、数据通信系统、网络软件及网络协议三大模块组成。

计算机系统是网络的基本模块，可为网络内的其他计算机提供共享资源；数据通信系统是连接网络基本模块的"桥梁"，它可提供各种连接技术和信息交换技术；网络软件是网络的组织者和管理者，在网络协议的支持下，可为网络用户提供各种服务。

1. 计算机系统

计算机系统主要用于完成数据信息的收集、存储、处理、输入和输出，以及提供各种网络资源。计算机系统可根据在网络中的用途分为两类：主计算机和终端。

（1）主计算机。主计算机（Host）负责数据处理和网络控制，是构成网络的主要资源。主计算机又称主机，主要由大型机、中小型机和高档微机组成，网络软件和网络的应用服务程序主要安装在主机上。在局域网中，主机称为服务器（Server）。

（2）终端。终端（Terminal）是网络中数量多、分布广的设备，是用户进行网络操作、实现人机交互的工具。一台典型的终端看起来很像一台个人计算机（Personal Computer，PC），其包含显示器、键盘和一个串行端口。与 PC 不同的是，终端没有中央处理器（Central Processing Unit，CPU）和主存储器。在局域网中，以 PC 代替终端，PC 既能作为终端使用又能作为独立的计算机使用，被称为工作站（Workstation）。

2. 数据通信系统

数据通信系统主要由通信控制处理机、传输介质和网络连接设备组成。

（1）通信控制处理机。通信控制处理机又称通信控制器或前端处理器，是计算机网络中完成通信控制的专用计算机，一般由小型机或微机充当，或者是带有 CPU 的专用设备。通信控制处理机主要负责主机与网络的信息传输控制，它的主要功能包括线路传输控制、差错检测与恢复、代码转换及数据帧的封装与拆装等。这些工作对网络用户是完全透明的。它使得计算机系统不再关心通信问题，而集中进行数据处理工作。

在广域网中，常用专门的计算机充当通信控制处理机。在局域网中，因为通信控制功能比较简单，所以没有专门的通信控制处理机，而采用将网络适配器（也称网卡）插在计算机扩展槽中的方式，实现通信控制功能。在以交互式应用为主的微机局域网中，一般不需要配置通信控制处理机，但需要安装网络适配器，以实现通信功能。

（2）传输介质。传输介质是传输数字信号的物理通道，可通过它将网络中的各种设备连接起来。根据网络使用的不同传输介质，可以把计算机网络分为有线网络和无线网络。有线网络包括以双绞线为传输介质的双绞线网、以光纤为传输介质的光纤网、以同轴电缆为传输介质的同轴电缆网等；无线网络包括以无线电波为传输介质的无线网和通过卫星进行数据通信的卫星数据通信网等。

（3）网络连接设备。网络连接设备用来实现网络中各计算机之间的连接、网络与网络之间的互联、数字信号的变换及路由选择等功能，主要包括中继器、集线器、调制解调器、网桥、网关、交换机、路由器等。

3. 网络软件及网络协议

网络软件一般包括网络操作系统、网络协议、网络管理软件和网络应用软件等。它一方面授权用户对网络资源进行访问，帮助用户方便、安全地使用网络；另一方面管理和调度网络资源，提供网络通信和用户所需要的各种网络服务。

（1）网络操作系统

任何一个网络在完成硬件连接之后，需要继续安装网络操作系统软件，才能形成一个可以运行的网络系统。网络操作系统是网络系统管理和通信控制软件的集合，它负责整个网络的软件、硬件资源的管理及网络通信和任务的调度，并提供用户与网络之间的端口。其主要功能如下。

① 提供网络通信服务，支持网络协议。
② 提供多种网络服务，或对多种网络应用提供支持。
③ 管理网络用户，控制用户对网络进行访问。
④ 进行系统管理，建立和控制网络服务进程，监控网络活动。

目前，计算机网络操作系统有 UNIX、Linux、Windows NT、Windows Server 2019 和 NetWare 等。

（2）网络协议

网络协议是实现计算机之间、网络之间相互识别并正确进行通信的一组标准和规则，它是计算机网络工作的基础。

在 Internet 上传输的每条消息至少要通过 3 层协议：网络协议，负责将消息从一个地方传输到另一个地方；传输协议，用于管理消息的完整性；应用程序协议，作为对通过网络应用程序发出的一个请求的应答，将消息转换成人类能识别的内容。

（3）网络管理软件和网络应用软件

任何一个网络都需要多种网络管理软件和网络应用软件。网络管理软件是用来对网络资源进行管理及对网络进行维护的软件，而网络应用软件可为用户提供丰富、简便的应用服务，是网络用户在网络上解决实际问题要用到的软件。

1.3.2　计算机网络的逻辑组成

由于计算机网络要实现数据处理和数据通信两种功能，因此它在结构上也必然分成两个组成部分：负责数据处理的计算机与终端，负责数据通信的通信控制处理机与通信线路。从计算机网络系统组成的角度来看，典型的计算机网络从逻辑功能上可以分为通信子网和资源子网两部分，如图 1.9 所示。

通信子网（Communication Subnet）是指网络中实现网络通信功能的设备及其软件的集合。通信设备、网络通信协议、通信控制软件等属于通信子网，是网络的内层，负责数据的传输。通信子网主要为用户提供数据的传输、转接、加工、变换等服务。通信子网的任务是在网络节点之间传输报文，主要由节点和通信线路组成。通信子网主要包括中继器、集线器、网桥、路由器、网关等硬件设备。

图 1.9　通信子网和资源子网

资源子网（Resource Subnet）是指用户端系统，包括用户的应用资源，如服务器、系统软件和应用软件。资源子网由计算机系统、终端、终端控制器、联网外设、各种软件资源与信息资源组成。资源子网负责全网数据处理和向网络用户提供网络服务及资源，包括网络的数据处理资源和数据存储资源。

计算机网络将通信子网系统（交换机、路由器等硬件设备）与资源子网系统（计算机系统、服务器、网络打印机等外设，以及系统软件和应用软件等）连接起来，最终达到互相通信、资源共享的目的。

1.4　网络传输介质

网络传输介质是指网络中信息传输的载体，可分为有线传输介质（如双绞线、同轴电缆、光纤等）和无线传输介质（如无线电波、激光等）两大类。不同的传输介质的特性不同，而这些特性对网络中的数据传输速率、通信质量有较大的影响。

1.4.1　有线传输介质

有线传输介质是指在两个通信设备之间实现信号传输的物理连接部分，它能将信号从一方传输到另一方。有线传输介质主要有双绞线、同轴电缆和光纤。双绞线和同轴电缆用于传输电信号，光纤用于传输光信号。

1. 双绞线

双绞线（Twisted Pair，TP）是计算机网络中最常见的传输介质，由两条互相绝缘的铜线组成，直径通常为 1mm。将两条铜线拧在一起，就可以减少邻近线对电信号的干扰。双绞线既能用于传输模拟信号，又能用于传输数字信号，其带宽取决于铜线的直径和传输距离。双绞线由于性能较好且便宜，得到了广泛应用。双绞线可以分为非屏蔽双绞线（Unshielded Twisted Pair，UTP）和屏蔽双绞线（Shielded Twisted Pair，STP）两种，如图 1.10 和图 1.11 所示，屏蔽双绞线的性能优于非屏蔽双绞线。

双绞线是模拟数据和数字数据通信最普遍的传输介质，它主要用于电话系统中的模拟语音传输和局域网的以太网组网。双绞线适合短距离的信息传输，当传输距离超过 1km 时，信号因衰减可能会产生畸变，这时就要使用中继器来进行信号放大。

图1.10　非屏蔽双绞线

图1.11　屏蔽双绞线

双绞线的相关特性如下。

物理特性：铜质线芯，传导性能良好。

传输特性：可用于传输模拟信号和数字信号。

连通性：可用于点到点或点到多点连接。

传输距离：可达 100m。

传输速率：10Mbit/s～1000Mbit/s。

抗干扰性：低频（10kHz 以下）抗干扰性能强于同轴电缆，高频（10kHz～100kHz）抗干扰性能弱于同轴电缆。

相对价格：比同轴电缆和光纤便宜。

目前，美国电子工业协会/通信工业协会（Electronic Industry Association/Telecommunications Industry Association，EIA/TIA）为双绞线定义了 11 种不同质量的型号，这 11 种型号如下。

（1）1 类线：主要用于语音传输（如 20 世纪 20 年代初之前的电话线缆），不用于数据传输。

（2）2 类线：传输频率为 1MHz，用于语音传输和最高传输速率为 4Mbit/s 的数据传输，常见于使用 4Mbit/s 规范令牌传输协议的令牌环网。

（3）3 类线：指目前美国国家标准研究所（American National Standards Institute，ANSI）和 EIA/TIA-586 标准中指定的线缆，该类线缆的传输频率为 16MHz，用于语音传输及最高传输速率为 10Mbit/s 的数据传输，主要用于 10BASE-T 网络。

（4）4 类线：该类线缆的传输频率为 20MHz，用于语音传输和最高传输速率为 16Mbit/s 的数据传输，主要用于基于令牌的局域网和 10BASE-T/100BASE-T 网络。

（5）5 类线：该类线缆增加了绕线密度，外套一种高质量的绝缘材料，传输频率为 100MHz，用于语音传输和最高传输速率为 10Mbit/s 的数据传输，主要用于 10BASE-T/100BASE-T 网络。

（6）超 5 类线：超 5 类线衰减慢，串扰小，与 5 类线相比，有更小的时延误差，性能得到了极大提高，主要用于吉比特以太网。

（7）6 类线：该类线缆的传输频率为 1MHz～250MHz，当 6 类布线系统的传输频率为 200MHz 时，综合衰减串扰比应该有较大的余量，它能提供两倍于超 5 类线的带宽。6 类布线的传输性能远远强于超 5 类线，最适合传输速率高于 1Gbit/s 的应用。6 类线与超 5 类线的一个重要的不同点在于改善了串扰及回波损耗方面的性能。对新一代全双工的高速网络应用而言，优良的回波损耗性能是极为重要的。6 类线标准中取消了基本链路模型，布线标准采用星形拓扑结构，布线距离的要求如下：永久链路的长度不能超过 90m，信道长度不能超过 100m。

（8）增强 6 类双绞线：增强 6 类（俗称超 6 类）双绞线的概念最早是由厂家提出的。因 6 类双绞线标准规定线缆频率带宽为 250MHz，但有的厂家的 6 类双绞线频率带宽超过了 250MHz，如为 300MHz 或 350MHz，故定义了 "超 6 类" "CAT6A" "CAT6E" 等类别名称，表明产品性能超过了 6 类双绞线。为突破距离的限制，在 EIA/TIA 568-B.2-10 标准中规定了 6A 类（超 6 类）布线系统，支持的传输带宽为 500MHz，其传输距离为 100m，线缆及连接类型也为 UTP 或 FTP。

（9）7 类双绞线：7 类双绞线是一种 8 芯屏蔽线，每对都有一个屏蔽层（一般为金属箔屏蔽），8 根芯外还有一个屏蔽层（一般为金属编织丝网屏蔽），接口与 RJ-45 相同。

（10）7A 类双绞线：7A 类双绞线是更高等级的线缆，其带宽为 1000MHz，对应的连接模块的结构与目前的 RJ-45 完全不兼容，目前市面上能看到 GG-45（向下兼容 RJ-45）和 Tear 模块（可支持 1200 MHz 带宽），7A 类双绞线只有屏蔽线缆，由于频率的提升而必须采用线对铝箔屏蔽加外层铜网编织层屏蔽实现。

（11）8 类双绞线：8 类双绞线是目前最高等级的传输线缆，8 类双绞线采用双屏蔽网线，可支持 2000MHz 带宽，且传输速率高达 40Gbit/s，但传输距离需在 30m 以内才能保证其最佳性能。

2．同轴电缆

同轴电缆比双绞线的屏蔽性好，因此可以将电信号传输得更远。它以硬铜线为芯（铜导体），外包一层绝缘材料（聚乙烯），这层绝缘材料被密织的网状导体编织铜网环绕形成屏蔽，其外又覆盖一层保护性材料（塑料护套），如图 1.12 所示。同轴电缆的这种结构使它具有比双绞线更高的带宽和极好的噪声抑制特性。同轴电缆可分为基带同轴电缆（细缆）和宽带同轴电缆（粗缆），常用的有 75Ω 和 50Ω 的同轴电缆，75Ω 的同轴电缆用于有线电视（Cable Television，CATV）网，总线拓扑结构的以太网使用的是 50Ω 的同轴电缆。

图 1.12　同轴电缆

同轴电缆的相关特性如下。

物理特性：单根同轴电缆直径为 1.02cm～2.54cm，可在较宽频率范围内工作。

传输特性：基带同轴电缆仅用于数字信号传输，并使用曼彻斯特编码，数据传输速率最高可达 10Mbit/s，基带同轴电缆被广泛用于局域网中。为保持同轴电缆的正确电气特性，电缆必须接地，同时两头要有端接器来削弱信号的反射。宽带同轴电缆可用于模拟信号和数字信号的传输。

连通性：可用于点到点或点到多点的连接。

传输距离：基带同轴电缆的最大传输距离为 185m，网络的最大长度为 925m，每个网络支持的最大节点数为 30；宽带同轴电缆的最大传输距离可达 500m，网络的最大长度为 2500m，每个网络支持的最大节点数为 100。

抗干扰性：比双绞线强。

相对价格：比双绞线贵，比光纤便宜。

3．光纤

光纤广泛应用于计算机网络的主干网中，通常可分为单模光纤和多模光纤，如图 1.13 和图 1.14 所示。单模光纤具有更大的通信容量和更远的传输距离。常用的多模光纤是 62.5μm 芯/125μm 外壳和 50μm 芯/125μm 外壳，它们是由纯石英玻璃制成的，纤芯外面包裹着一层折射率比纤芯低的包层，包层外是一层塑料护套。光纤通常被扎成束，外面有外壳保护，光纤的传输速率可达 100Gbit/s。

图 1.13　单模光纤

图 1.14　多模光纤

光纤具有带宽高、数据传输速率高、抗干扰能力强、传输距离远等优点，其相关特性如下。

物理特性：计算机网络中均采用两根光纤组成传输系统，单模光纤为 8.3μm 芯/125μm 外壳，多模光纤为 62.5μm 芯/125μm 外壳（市场主流产品）。

传输特性：在光纤中，包层较纤芯有较低的折射率，当光线从高折射率的介质射向低折射率的介质时，其折射角将大于入射角。如果入射角足够大，就会出现全反射，此时光线碰到包层就会折射回纤芯。这个过程不断重复，光就会沿着纤芯传输下去。

只要射到光纤截面的光线的入射角大于某一临界角度，就可以产生全反射。当有许多条从不同角度入射的光线在一条光纤中传输时，这种光纤就称为多模光纤。

当光纤的直径小到与光波的波长在同一数量级时，光以平行于光纤中的轴线的形式直线传播，这样的光纤称为单模光纤。

光纤通过内部的全反射来传输一束经过编码的光信号，实际上光纤此时是频率范围为 1014Hz 到 1015Hz 的波导管，这一范围覆盖了可见光谱和部分红外光谱。光纤的数据传输速率可达吉比特每秒级，传输距离可达数十千米。

连通性：采用点到点或点到多点连接。

传输距离：可以在 6km～8km 的距离内不用中继器传输，因此光纤适用于在几个建筑物之间通过点到点的链路连接局域网。

抗干扰性：不受噪声或电磁波影响，能够在长距离内保持高数据传输速率，且能够提供良好的安全保障。

相对价格：目前比同轴电缆和双绞线都贵。

1.4.2 无线传输介质

利用无线电波在自由空间进行传播可以实现多种无线通信，无线传输突破了有线网的限制，能够穿透墙体，布局机动性强，适用于不宜布线的环境（如酒店、宾馆等），为网络用户提供移动通信服务。

无线传输的介质有无线电波、微波、红外线和激光。在局域网中，通常只使用无线电波和红外线作为传输介质。无线传输介质通常用于广域网的广域链路的连接。无线传输的优点在于安装、移动及变更都比较容易，不受环境的限制；缺点是信号在传输过程中容易受到干扰且信息易被窃取，初期的安装费用比较高。

拓展阅读 1-2

1．无线电波通信

无线电波通信主要靠大气层的电离层反射实现，而电离层会随季节、昼夜，以及太阳活动的情况而变化，这就会出现因电离层不稳定而产生传输信号衰弱的现象。电离层反射会产生多径效应。多径效应就是指同一个信号经不同的反射路径到达同一个接收点，其强度和时延都不相同，使得最后得到的信号失真很严重。

利用无线电波电台进行数据通信在技术上是可行的，但短波信道的通信质量较差，一般利用短波无线电台进行几十到几百比特每秒的低速数据传输。

2．微波通信

微波通信广泛用于长距离的电话干线（有些微波干线目前已被光纤代替）、移动电话通信和电视节目转播。

微波通信主要有两种方式：地面微波接力通信和卫星通信。

（1）地面微波接力通信

由于地球表面是弯曲的，信号直线传输的距离有限，增加天线高度虽可以延长传输距离，但更远的距离必须通过微波中继站来"接力"。一般来说，微波中继站建在山顶，两个中继站之间大约相隔 50km，中间不能有障碍物。

地面微波接力通信可有效地传输电报、电话、图像、数据等信息。微波波段频率高，频段范围很宽，因此其通信信道的容量很大且传输质量及可靠性较高。微波通信与相同容量和长度的电缆载波通信相比，建设投资少、见效快。

地面微波接力通信也存在一些缺点，如相邻站之间不能有障碍物，有时一个天线发出的信号会通过几条略有差别的路径先后到达接收天线，造成一定的失真；微波的传播有时会受到恶劣气候环境的影响，如雨雪天气对微波产生的吸收损耗；与电缆通信相比，微波通信可被窃听，安全性和保密性较差；另外，大量中继站的使用和维护要耗费一定的人力和物力，高可靠性的无人中继站目前还不容易实现。

（2）卫星通信

卫星通信就是利用位于 36000km 高空的人造地球同步卫星作为太空无人值守的微波中继站的一种特殊形式的微波通信。

卫星通信可以克服地面微波接力通信的距离限制，其最大特点是通信距离远，通信费用与通信距离无关。同步卫星发射出的电磁波可以辐射到地球 1/3 以上的表面。只要在地球赤道上空的同步轨道上等距离地放置 3 颗卫星，就能基本实现全球通信。卫星通信的频带比地面微波接力通信宽，通信容量更大，信号所受的干扰较小，误码率较低，通信比较稳定、可靠。

3. 红外线通信和激光通信

红外线通信和激光通信就是把要传输的信号分别转换成红外线信号和激光信号，使它们直接在自由空间沿直线进行传播。它们与微波通信相比，具有更强的方向性，难以窃听、不相互干扰，但红外线和激光对雨雾等环境的干扰特别敏感。

红外线因对环境气候较为敏感，一般用于室内通信，如组建室内的无线局域网，用于便携机之间的相互通信，但此时便携机和室内必须安装全方向性的红外线发送和接收装置。在建筑物顶上安装激光收发器，就可以利用激光连接两个建筑物中的局域网，但因激光硬件会发出少量射线，故必须得到特许才能安装。

1.5 网络连接设备

网络连接设备是把网络中的通信线路连接起来的各种设备的总称，常用的网络连接设备包括网卡、集线器、交换机和路由器等。

1. 网卡

网卡的全称为网络接口卡（Network Interface Card，NIC），又称网络端口控制器（Network Interface Controller，NIC）、网络适配器（Network Adapter，NA），是被设计用来允许计算机在计算机网络上进行通信的计算机硬件。由于其拥有介质访问控制（Medium Access Control，MAC）地址，因此属于 OSI 参考模型的第一层。它使得用户可以通过电缆或无线传输介质相互连接。网卡以前是作为扩展卡插到计算机总线上的，但是由于其价格低且以太网标准普遍存在，大部分新的计算机都在主板上集成了网络端口。这些主板或是在主板芯片中集成了以太网的功能，或是使用了一块通过 PCI（或者更新的 PCI-Express）连接主板上的廉价网卡，即 PCI 网卡和 PCI-Express 网卡，如图 1.15 和图 1.16 所示。除非需要多端口或者使用其他类型的网络，否则不再需要独立的网卡。有些新的主板甚至可能含有内置无线网卡，如图 1.17 所示；或外置 USB 吉比特双频无线网卡，如图 1.18 所示。

图 1.15　PCI 网卡　　　图 1.16　PCI-Express 网卡　　　图 1.17　内置无线网卡　　　图 1.18　USB 吉比特双频
无线网卡

每一块网卡都有一个被称为物理地址的、独一无二的 48 位串行号，它被写在卡上的一块只读存储器（Read-Only Memory，ROM）中。网络中的每一台计算机都必须拥有一个物理地址。没有任何两块被生产出来的网卡拥有同样的物理地址。这是因为 IEEE 负责为网络端口控制器销售商分配唯一的物理地址。

2. 集线器

集线器（Hub）如图 1.19 所示。集线器工作于 OSI 参考模型的第一层，即物理层。集线器的主要功能是对接收到的信号进行再生整形放大，以扩大网络的传输距离，同时把所有节点集中在以它为中心的节点上。集线器与网卡、网线等传输介质一样，属于局域网中的基础设备，采用带冲突检测的载波监听多路访问（Carrier Sense Multiple Access，CSMA）技术访问控制机制。它不具备交换机所具有的物理地址表，所以它发送数据时是没有针对性的，而是采用广播方式发送，共享带宽。也就是说，当它要向某节点发送数据时，不是直接把数据发送到目标节点，而是把数据包发送到与集线器相连的所有节点。

3. 交换机

交换机如图 1.20 所示。交换机工作于 OSI 参考模型的第二层，即数据链路层。交换机内部的 CPU 会在每个端口成功连接时，通过将物理地址和端口对应，形成一个物理地址表。在今后的通信中，发往该物理地址的数据包将仅送往其对应的端口，而不是所有的端口。因此，交换机可用于划分数据链路层广播，即冲突域；但它不能划分网络层广播，即广播域。

图 1.19　集线器　　　　　　　　　　　　　　　　图 1.20　交换机

交换机是局域网中常用的网络连接设备，可分为二层交换机与三层交换机。交换机在同一时刻可进行多个端口对之间的数据传输，连接在其上的网络设备独享全部的带宽，无须同其他设备竞争使用。

二层交换机主要作为网络接入层设备使用，三层交换机主要作为网络汇聚层与核心层设备使用。三层交换机具有更好的转发性能，它可以实现"一次路由，多次转发"，通过硬件实现数据包的查找和转发。所有网络的核心设备都会选择三层交换机，三层交换机具有路由器的功能，能实现数据转发与寻址。

（1）交换机外形结构

不同厂商、不同型号的交换机设备的外形结构不同，但它们的功能、端口类型几乎都相同，具体可参考相应厂商的产品说明书。常用的交换机有两种类型：二层交换机及三层交换机。这里主要介绍思科 C2960 系列交换机产品。

C2960 系列交换机的前面板如图 1.21 所示。

图 1.21　C2960 系列交换机的前面板

（2）对应端口

① RJ-45 端口：24 个 10/100/1000BASE-TX。

② Console 端口：用于配置、管理交换机，反转线连接。

（3）交换机组件

以太网交换机和计算机一样，由硬件系统和软件系统组成，虽然不同厂商的交换机产品由不同组件构成，但组成交换机的基本组件一般包括 CPU、专用集成电路（Application Specific Integrated Circuit，ASIC）、随机存储器（Random-Access Memory，RAM）、可读写存储器（Flash）、交换机模块、ROM、端口（Interface）等。

① CPU。交换机的 CPU 主要控制和管理所有网络通信的运行，理论上可以执行任何网络操作，如执行 VLAN 协议、路由协议、地址解析协议（Address Resolution Protocol，ARP）解析等。但在交换机中，CPU 通常应用得没有那么频繁，因为大部分帧的交换和解封装均由一种叫作专用集成电路的专用硬件来完成。

② ASIC。交换机的 ASIC 是连接 CPU 和前端端口的硬件集成电路，能并行转发数据，提供高性能的、基于硬件的帧交换功能，主要用于对端口上接收到的数据帧进行解析、缓冲、拥塞避免、链路聚合、VLAN 标记、广播抑制等功能。

③ RAM。和计算机一样，交换机的 RAM 在交换机启动时按需随意存取，在断电时将丢失存储内容。RAM 主要用于存储交换机正在运行的程序。

④ Flash。Flash 在系统重新启动或关机之后仍能保存数据，一般用来保存交换机的操作系统文件和配置文件。

⑤ 交换机模块。交换机模块是在原有的板卡上预留出槽位，为方便用户未来进行设备业务扩展而预备的端口。常见的模块有光模块（GBIC 模块）、电口模块、光转电模块、电转光模块等。电口模块如图 1.22 所示。

SFP 模块为 GBIC 模块的升级版，SFP 模块的体积为 GBIC 模块的一半，在相同面板上可以多出一倍以上的端口数量；SFP 模块的功能与 GBIC 模块的相同，有些交换机模块厂商称 SFP 模块为小型 GBIC 模块。SFP 模块如图 1.23 所示。

图 1.22　电口模块　　　　　　　　图 1.23　SFP 模块

⑥ ROM。ROM 以非破坏性读出的方式工作，只能读出信息，无法写入信息。信息一旦写入后就固定下来，即使切断电源，信息也不会丢失，所以 ROM 又称固定存储器。ROM 所存的数据通常是装入整机前写入的，整机工作过程中只能读出，不像 RAM 那样能快速、方便地改写存储内容。ROM 所存的数据稳定，断电后所存的数据也不会改变，并且结构较简单，使用方便，因而常用于存储各种固定程序和数据。

⑦ 端口。端口是指交换机的物理端口（分为网口和光口两类）。交换机在同一时刻可进行多个端口对之间的数据传输。每一个端口都可视为独立的物理网段，连接在其上的网络设备独享全部的带宽，无须同其他设备竞争使用。

4．路由器

路由器如图 1.24 所示。路由器工作于 OSI 参考模型的第三层，即网络层。路由器是连接 Internet 中各局域网、广域网的设备，它会根据信道的情况自动选择和设定路由，以最佳路径、按前后顺序发送信号。目前路由器已经广泛应用于各行各业，各种不同档次的路由器已经成为实现各种骨干网内部连接、骨干网间互联和骨干网与互联网业务的主要设备之一。

（1）路由器外形结构

不同厂商、不同型号的路由器设备的外形结构不同，但它们的功能、端口类型都差不多，具体可参考相应厂商的产品说明书。这里主要介绍思科 C2900 系列路由器产品。

C2900 系列路由器前面板与后面板外形结构如图 1.25 所示。

图 1.24　路由器

图 1.25　C2900 系列路由器前面板与后面板外形结构

（2）对应端口

① GE 端口：两个 GE 端口，传输速率为吉比特的 RJ-45 端口，用于连接以太网。

② Mini USB 端口：一个 Mini-USB 控制台端口，用于连接和传输数据。

③ Console 端口：用于配置、管理交换机，反转线连接。

（3）路由器组件

路由器和计算机一样，由硬件系统和软件系统组成，虽然不同厂商的路由器产品由不同组件构成，但组成路由器的基本组件一般都包括 CPU、RAM、Flash、路由器板卡模块等。

① CPU。路由器的 CPU 主要控制和管理所有网络通信，理论上可以执行任何网络操作，如路由协议等。

② RAM。路由器的 RAM 主要用于存储路由器正在运行的程序，在路由器启动时按需随意存取，但在断电时将丢失存储内容。

③ Flash。路由器的 Flash 在系统重新启动或关机之后仍能保存数据，一般用来保存路由器的操作系统文件和配置文件。

④ 路由器板卡模块。路由器三层转发主要依靠 CPU 进行，都集成在路由器的主控板上。主控板是系统控制和管理的核心，可提供整个系统的控制平面、管理平面和业务交换平面。业界内很多厂商制造的高端路由器都提供多种主控板以便选择。接入路由器不但支持传统的 E1、SA 等广域网板卡，而且随着设备集成度的提高和 All-in-One 理念的产生，二层交换板卡、电源模块板卡、数据加密板卡等陆续出现，如图 1.26～图 1.28 所示。即使是同一类型的板卡，也会有多种不同的接入密度，不同接入密度的板卡的价格不同，购买者可以根据自己的需要和资金情况进行选择。为了实现 E1 功能，思科万兆路由器提供了 1、2、4、8 端口的 E1 板卡，如图 1.29 所示。

图 1.26　24 个吉比特以太网交换端口的二层交换板卡

图 1.27　电源模块板卡

图 1.28　数据加密板卡

图 1.29　不同端口的 E1 板卡

5. 防火墙

防火墙是目前最重要的网络安全防护设备之一，如图 1.30 所示。防火墙是位于内网和外网之间的屏障，是在两个网络通信时执行的一种访问控制策略，它能允许用户"同意"的人和数据进入自己的网络，同时将用户"不同意"的人和数据拒之门外，

图 1.30　防火墙

最大程度地阻止网络中的黑客访问用户的网络。它一方面能保护内网免受来自 Internet 未授权或未验证

用户的访问，另一方面能控制内网用户对 Internet 进行访问等。另外，防火墙也常常用于在内网中隔离敏感区域，以防受到非法用户的访问或攻击。

6. 入侵检测系统

入侵检测系统（Intrusion Detection System，IDS）是一种对网络传输进行即时监视，在发现可疑传输时发出警报或者采取主动反应措施的网络安全设备，如图 1.31 所示。与其他网络安全设备的不同之处在于，IDS 是一种积极主动的安全防护设备。不同于防火墙，IDS 是一种监听设备，没有跨接在任何链路上，无须网络流量流经它便可以工作。因此，对 IDS 进行部署唯一的要求是，IDS 应当挂接在所有所关注流量都必须流经的链路上。

7. 入侵防御系统

入侵防御系统（Intrusion Prevention System，IPS）是网络安全防护设备，如图 1.32 所示。它是一种能够监视网络或网络设备的网络资料传输行为的计算机网络安全设备，能够即时地中断、调整或隔离一些不正常或是具有伤害性的网络资料传输行为。

图 1.31　入侵检测系统

图 1.32　入侵防御系统

IPS 也像 IDS 一样，专门深入网络数据内部，查找它所认识的攻击代码特征，过滤有害数据流，丢弃有害数据包，并进行记录，以便事后分析。更重要的是，大多数 IPS 同时结合考虑应用程序或网络传输中的异常情况来辅助识别入侵和攻击。IPS 一般作为防火墙和防病毒软件的补充来使用，在有必要时还可以为追究攻击者的刑事责任而提供法律上的有效证据。

8. 无线控制器、无线接入点

无线控制器（Access Controller，AC）是一种网络设备，它是一个无线网络的核心，负责管理无线网络中的"瘦 AP"（只收发信号），对无线接入点（Access Point，AP）进行管理，包括下发配置、修改相关配置参数、射频智能管理等。无线 AC、无线 AP 分别如图 1.33、图 1.34 所示。传统的无线覆盖模式是用一个家庭式的无线路由器（"胖 AP"）覆盖部分区域，此模式覆盖分散，只能满足部分区域的覆盖，且不能集中管理，不支持无缝漫游。如今的 Wi-Fi 网络覆盖，多采用"AC+AP"的覆盖方式，无线网络中有一个无线 AC、多个无线 AP，此模式多应用于大中型企业，有利于无线网络的集中管理。多个无线发射器能统一发射一个信号服务集标识（Service Set Identifier，SSID），并且支持无缝漫游和无线 AP 射频的智能管理，相比于传统的覆盖模式有本质的提升。通俗地说，支持无缝漫游表示用户处于无线网络中，从 A 点到 B 点经过了一定距离，传统覆盖模式因为信号不好必定会断开，而无缝漫游技术可以对多个无线 AP 进行统一管理，从 A 点到 B 点，尽管用户收发了多个无线 AP 的信号，但信号间无缝地切换，让用户感觉不到信号的转移，勘测数据中丢包率小于 1%，从而很好地对一个大区域进行不中断的无线覆盖。"AC+AP"的覆盖模式顺应了无线通信智能终端的发展趋势，随着手机、平板电脑等移动智能终端设备的普及，Wi-Fi 不可或缺。

图 1.33　无线 AC

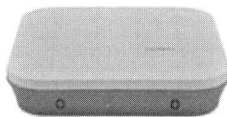
图 1.34　无线 AP

1.6　计算机网络新技术

下面对计算机网络新技术做简单介绍。

1.6.1 三网融合

三网融合又叫"三网合一"，是指电信网、广播电视网、互联网这 3 个网络，在向宽带通信网、数字电视网、下一代互联网演变的过程中，相互渗透、互相兼容并逐步整合为全世界统一的信息通信网络。三网融合并不是指三大网络的物理合一，而主要指高层业务应用的融合。

三大网络通过技术改造，使技术功能趋于一致、业务范围趋于相同，网络互联互通、资源共享，为用户提供语音、数据和广播电视等多种业务。

三网融合可以将信息服务由单一业务转向文字、语音、数据、图像、视频等多媒体综合业务，有利于极大地减少基础建设投入，并简化网络管理，降低维护成本，使网络从各自独立的专业网络向综合性网络转变，使网络性能得以提升、资源利用水平进一步提高。

三网融合是业务的整合，它不仅继承了原有的语音、数据和视频业务，还通过网络的整合衍生出了更加丰富的增值业务类型，如图文电视、基于 IP 的语音传输（Voice over Internet Protocol，VoIP）、视频邮件和网络游戏等，极大地拓宽了业务范围。

三网融合将打破电信运营商和广电运营商在视频传输领域长期的竞争状态，对用户来说，看电视、上网、打电话的资费可能打包下调。

1.6.2 5G 网络技术

5G 网络（5G Network）是第五代移动通信网络，其理论峰值传输速率为 20Gbit/s，即每秒能传输 2.5GB 的内容，相同条件下是 4G 网络传输速率的 10 倍以上。举例来说，在 5G 网络中，一部 1GB 的电影可在 0.4 秒之内下载完成。随着 5G 技术的诞生，用智能终端分享 3D 电影、游戏以及超高画质节目的时代正向我们走来。

拓展阅读 1-3

1. 5G 网络概述

5G 网络指的是在移动通信网络发展中的第五代网络，与 4G 网络相比，5G 网络在实际应用过程中表现出更加明显的优势。

2. 5G 技术的优势

5G 技术的优势主要体现在以下几个方面。

（1）传输速率

5G 技术是当前世界上最先进的网络通信技术之一。相比于被普遍应用的 4G 技术，5G 技术在传输速率上有着非常明显的优势。例如，将 5G 技术应用于文件传输时，传输速率的提高会大大缩短传输所需要的时间，对工作效率的提高具有非常重要的作用。

（2）传输的稳定性

5G 技术不仅在传输速率上有所提高，还在传输的稳定性上有突出的进步。5G 技术应用在不同的场景中都能实现很稳定的传输，能够适应多种复杂的场景。在使用 5G 技术进行工作时，由于传输具有较高的稳定性，因此不会因为工作环境的复杂性而出现传输时间过长或者传输不稳定的情况，大大提高了人们的工作效率。

（3）高频传输技术

高频传输技术是 5G 技术的核心技术，高频传输技术正在被多个国家和地区研究。目前，用于低频传输的资源越来越紧张，而 5G 技术的应用需要更大的频率带宽，低频传输技术已经满足不了 5G 技术的工作需求，所以要更加积极主动地去探索、开发。高频传输技术在 5G 技术的应用中起到了不可忽视的作用。

3. 5G 技术的安全问题

5G 技术的安全问题主要体现在以下几个方面。

（1）虚拟网络技术的脆弱性

5G 技术与 4G 技术相比，虽然表现出了明显的便利性，但是仍旧存在虚拟网络固有的脆弱性。在实际应用过程中，相比于实体通信手段，5G 网络更加容易被攻击及窃听，严重时会导致其终端设备被破坏。在通信网络实际运行及应用中，恶意攻击者往往会伪装成合法用户，在获得网络通信服务信任的情况下实施攻击，而网络中出现的这种恶意破坏往往很难根除，也很难及时消除。另外，移动网络的应用需要智能设备的支持，然而，网络技术及智能设备在实际应用中都会受到一定程度的恶意攻击，因而 5G 网络在实际应用过程中的安全性仍旧会受到影响。

（2）5G 网络使计算存储技术及设备面临更严峻的考验

在实际应用过程中，5G 技术对数据接入信道有很高的要求，需要其具有更高的传输速率。然而，实际应用中的大多数设备均无法使这一要求得到满足，这对 5G 网络的应用必然会产生一定的不利影响。另外，在 5G 技术的实际应用过程中，在终端的管理方面，对管理机制也有新要求。这些因素导致 5G 技术在实际应用过程中很难构建比较有效的传输管理体系，会导致信息过载情况的出现，也会导致设备在实际运行及应用过程中产生故障，致使 5G 网络的应用受到不利影响。

（3）网络商务的安全性

5G 技术在不断发展及完善，今后在电子商务及有关增值业务方面，5G 技术必然会有越来越广泛的应用，而在这类业务的实际开展过程中，对设备安全性和信息安全性有更高的要求及标准。就用户所使用的智能系统而言，其表现出十分明显的流动性特点，在实际流通过程中必然会涉及不同运营商、服务提供商，也会涉及信息交流方，它们之间产生的交流对安全性有更高的要求，5G 网络在今后的实际应用中必然会面临安全性的考验。

4．5G 网络的应用

5G 网络的应用主要体现在以下几个方面。

（1）高速传输数据

现如今，4G 网络在人们的日常生活与工作中已经普及，5G 网络以此为基础提高了传输数据的效率，数据传输速率达到 3.6GB/s，不仅能节省大量空间，还能提高网络通信服务的安全性。当下网络通信技术还在不断发展，数据传输速率将大大提高，远程控制应用在这样的前提下会广泛应用于人们的生活。另外，5G 网络时延较短，约 1ms，能满足有较高精度要求的远程控制的实际应用，如车辆自动驾驶、电子医疗等。通过更短的网络时延可进一步提高 5G 网络远程控制应用的安全性，不断完善各项功能。

（2）强化网络兼容

兼容性一直是网络发展中需要面对的问题，只有解决好这一问题，才能在市场上大大提高对应技术的占有率。当下网络还没有良好的兼容性，存在较严重的局限性。然而 5G 网络最显著的特点及优势就是兼容性强，能在网络通信的应用及发展中满足不同设备的正常使用需求，同时有效融合不同类型、不同阶段的网络，大大增加应用 5G 网络的人群。在不同阶段实现不同网络系统的兼容，能大大减少网络维护费用，节约成本，使经济效益最大化。

（3）协调合理规划

移动市场正在高速发展，市场中有多种通信系统，5G 网络要想在激烈的市场竞争中立足，就必须协调、合理规划多种网络系统，协同管理多制式网络，在不同环境里让用户获得优质服务和体验。尽管 5G 网络具有 3G 和 4G 等网络的优势，但要实现多个网络的协作，才能最大限度地发挥 5G 网络通信的优势，所以在应用 5G 网络的过程中，可利用中央资源管理器促进用户和数据的解耦，优化网络配置，完成均衡负载的目标。

（4）满足业务需求

网络的应用及发展的根本目标始终是满足用户需求，从"2G 时代"到"4G 时代"，人们对网络的需求越来越多元，网络通信技术也在各方面有所完善。5G 网络势必也应满足用户需求，优化用户体验，实现无死角、全方位的网络覆盖，使用户无论位于何处都可以享受优质的网络通信服务，并且不管是在偏远地区还是在城市都能确保网络通信性能的稳定性。在今后的应用及发展中，5G 网络通信最重要的目标之一就是不受地域和流量等因素的影响，实现网络通信服务的稳定和独立。

1.6.3　云计算

云计算（Cloud Computing）是 IT 产业发展到一定阶段的必然产物。云计算是一种新兴的商业计算模式。它将计算任务分布在大量计算机构成的资源池中，使各种应用系统能够根据需要获取计算能力、存储空间和各种软件服务。

1. 云计算概述

云计算提供的计算机资源服务是与水、电、天然气等类似的公共资源的服务。亚马逊网络服务（Amazon Web Service，AWS）是 2006 年推出的云计算服务，以 Web 服务的形式向企业提供 IT 基础设施服务，其主要优势之一是能够根据业务发展需求来进行扩展，使用较低的可变成本来替代前期资本基础设施的费用。

1959 年，克里斯托弗·斯特雷奇（Christopher Strachey）提出了虚拟化的基本概念。2006 年 3 月，亚马逊公司首先提出了弹性计算云服务。2006 年 8 月，谷歌公司首席执行官埃里克·施密特（Eric Schmidt）在搜索引擎大会上首次提出了"云计算"的概念，从那时起，云计算开始受到关注，这也标志着云计算的诞生。2010 年，中华人民共和国工业和信息化部（简称工信部）、中华人民共和国国家发展和改革委员会联合印发了《关于做好云计算服务创新发展试点示范工作的通知（发改高技〔2010〕2480 号）》。2015 年，工信部发布了《关于印发〈云计算综合标准化体系建设指南〉的通知》，相关文件的陆续发布，为我国云计算的发展奠定了基础。

云计算经历了从"集中时代"向"网络时代""分布式时代"的演变，并最终在分布式基础之上进入了"云计算时代"，如图 1.35 所示。

云计算作为一种计算技术和服务理念，有着极其浓厚的技术背景。随着互联网的兴起，各家互联网公司对云计算的投入和研发不断加大，陆续形成了完整的云计算技术架构、硬件网络，而服务器逐步向数据中心、全球网络互联、软件系统等方向发展，操作系统、文件系统、并行计算架构、并行计算数据库和开发工具等云计算系统关键部件得到了完善。

图 1.35　云计算的演变

云计算的最终目标是将计算、服务和应用作为一种公共服务提供给公众，使人们能够像使用水、电、天然气等那样便捷地使用计算资源。

2. 云计算的基本概念

相信读者都听过阿里云、华为云、百度云、腾讯云等，那么到底什么是云计算呢？云计算又能做什么呢？云计算是一种基于网络的超级计算模式，可针对用户的不同需求提供用户需要的资源，包括计算资源、网络资源、存储资源等。云计算服务通常运行在若干台高性能物理服务器之上，可提供每秒 10 万亿次级的运算能力，可以用来预测气候变化及市场发展趋势等。

（1）云计算的定义

云计算将计算任务分布在大量计算机构成的资源池中，使各种应用系统能够根据需要获取计算能力、存储空间和各种软件服务，这种资源池称为"云"。云是一些可以自我维护和管理的虚拟计算资源，通常为一些大型服务器集群，包括计算服务器、存储服务器、宽带资源等，云计算将所有的计算资源集中起来，并由软件实现自动管理，无须人参与。之所以称它为云，是因为它在某些方面具有与现实中的云类似的特征：云一般较大；云可以动态伸缩，它的边界是模糊的；云在空中飘忽不定，无法也无须确定它的具体位置，但它确实存在于某处。

云计算有狭义和广义之分。

狭义上讲，云实质上就是一个网络，云计算就是一种提供资源（包括硬件、软件和平台）的网络，使用者可以随时获取云上的资源，按需求量使用，并且可以将它看作无限扩展的，只要按使用量付费即可。云就像自来水厂一样，人们可以随时接水，且不限量，按照用水量付费给自来水厂即可，在用户看来，水资源是无限的。

广义上讲，云计算是与信息技术、软件、互联网相关的一种服务，用户通过网络以按需、易扩展的方式获得所需要的服务。云计算把许多计算资源集合起来，通过软件实现自动化管理，只需要很少的人参与，就能让资源被快速提供。也就是说，计算能力作为一种商品，可以在互联网上流通，就像水、电、天然气一样，可以被人们方便地取用，且价格较低。

云计算是继计算机、互联网之后的一种新的信息技术革新，是"信息时代"的一个巨大飞跃。虽然目前有关云计算的定义有很多，但总体上来说，其基本含义是一致的，即云计算具有很强的扩展性和需要性，可以为用户提供全新的体验。云计算的核心是将很多计算机资源协调在一起，使用户通过网络就可以获取无限的资源，同时获取的资源几乎不受时间和空间的限制。

（2）云计算的服务模式

云计算的服务模式由 3 部分组成，包括基础设施即服务（Infrastructure as a Service, IaaS）、平台即服务（Platform as a Service, PaaS）和软件即服务（Software as a Service, SaaS），如图 1.36 所示。

① IaaS。什么是基础设施呢？服务器、硬盘、交换机等物理设备都是基础设施。云计算服务提供商购买服务器、硬盘、网络设施等来搭建基础服务，人们便可以在云计算管理平台上根据需求购买相应计算能力的内存空间、磁盘空间、网络带宽，以搭建自己的云计算管理平台。这类云计算服务提供商的典型代表是阿里云、腾讯云、思科云等。

图 1.36　云计算的服务模式

优点：IaaS 能够根据业务需求灵活配置所需，业务扩展/伸缩方便。

缺点：IaaS 开发、维护需要投入较多人力，专业性要求较高。

② PaaS。什么是平台呢？可以将平台理解成中间件，这类云计算厂商在基础设施上进行开发，搭建操作系统，提供一套完整的应用解决方案。平台提供开发大多数所需中间件的服务，如 MySQL 数据库服务、RocketMQ 服务等时，无须深度开发，专注业务代码即可。其典型代表是 Pivatal Cloud Foundry、Google App Engine 等。

优点：PaaS 无须开发中间件，所需即所用，能够快速使用；部署快，人力投入较少。

缺点：PaaS 的灵活性、通用性较低，过度依赖平台。

③ SaaS。SaaS 是大多数人每天都会接触到的，如办公自动化（Office Automation，OA）系统、微信公众平台。SaaS 可直接通过互联网为用户提供软件和应用程序的服务，用户可通过租赁的方式获取安装在云计算厂商或者云计算服务提供商上的软件。虽然这些服务用于商业或者娱乐，但是它们属于云计算的一部分，一般面向的对象是普通用户，常见的服务模式是提供给用户一组账号和密码。

优点：SaaS 所见即所得，无须开发。

缺点：SaaS 需定制，无法快速满足个性化需求。

IaaS 主要对应基础设施，可实现底层资源虚拟化以及实际云应用平台部署，这是一个网络架构由规划架构到最终物理实现的过程。PaaS 基于 IaaS 技术和平台，可部署终端用户使用的应用程序，提供对外服务的端口或服务产品，最终实现整个平台的管理和平台的可伸缩化。SaaS 基于现成的 PaaS，将其作为终端用户最后接触的产品，完成现有资源的对外服务以及服务的租赁化。

（3）云计算的部署模式

云计算的部署模式通常有以下几种。

① 公有云：在这种模式下，应用程序、资源、存储和其他服务都由云服务提供商提供给用户，这些服务多半是免费的，也有部分按需或按使用量来收费，这种模式只能通过互联网来访问和使用。同时，这种模式在私人信息和数据保护方面比较有保障，通常可以提供可扩展的云服务并能进行高效设置。

② 私有云：这种模式专门为某一个企业服务，不管是自己管理还是第三方管理，是自己负责还是第三方负责，只要使用的方式没有问题，就能为企业带来很显著的帮助。但这种模式所要面临的问题如下：纠正、检查等需企业自己负责，出现问题后只能企业自己承担后果。此外，整套系统需要企业自己出钱购买、建设和管理。这种云计算部署模式可广泛地产生正面效益，它可以为所有者提供具备充分优势和功能的服务。

③ 混合云：混合云是有两种或两种以上的云计算部署模式的混合体，如公有云和私有云的混合体。其中，各部署模式相互独立，但在云的内部相互结合，可以发挥出各自的优势；可使用标准的或专有的技术将部署模式组合起来，使混合体具有数据和应用程序的可移植性。

（4）云计算的生态系统

云计算的生态系统主要涉及硬件、软件、服务、网络、应用和云安全 6 个方面，如图 1.37 所示。

图 1.37 云计算的生态系统

① 硬件。云计算相关硬件包括基础环境设备、服务器、存储设备、网络设备等数据中心设备，以及提供和使用云服务的终端设备（融合一体机）。

② 软件。云计算相关软件主要包括资源调度和管理系统、平台和应用软件等。

③ 服务。服务包括云服务和面向云计算系统建设应用的云支撑服务。

④ 网络。云计算具有泛在网络的访问特性，用户无论是通过互联网、电信网还是通过广播电视网，都能够使用云服务。

⑤ 应用。云计算的应用领域非常广泛，涵盖工作和生活的多个方面。典型的应用包括电子政务、电子商务、智慧城市、大数据、物联网、移动互联网等。

⑥ 云安全。云安全包括网络安全、系统安全、服务安全、应用安全等。云安全涉及服务可用性、数据机密性和完整性、隐私保护、物理安全、恶意攻击防范等方面，是影响云计算发展的关键因素之一。

3. OpenStack

OpenStack 是一个开源的云计算管理平台项目，是一系列软件开源项目的组合，是美国国家航空航天局（National Aeronautics and Space Administration，NASA）和 Rackspace（美国的一家云计算厂商）在 2010 年 7 月共同发起的一个项目，是旨在为公有云和私有云提供软件的开源项目，由 Rackspace 贡献存储源代码（Swift），由 NASA 贡献计算源代码（Nova）。

经过多年的发展，OpenStack 现已成为一个被广泛使用的、业内领先的开源项目，用于提供部署私有云及公有云的操作平台和工具集，并且在许多大型企业支撑核心生产业务。OpenStack 示意如图 1.38 所示。

图 1.38　OpenStack 示意

OpenStack 项目旨在提供开源的云计算解决方案，以简化云的部署过程，其实现类似于 AWS EC2 和 AWS S3 的 IaaS。其主要应用场合包括 Web 应用、大数据、电子商务、视频处理与内容分发、大吞吐量计算、容器优化、主机托管、公有云和数据库等。

Open 意为开放，Stack 意为堆栈或堆叠，OpenStack 是一系列软件开源项目的组合，包括若干项目，每个项目都有自己的代号（名称），包括不同的组件，每个组件又包括若干服务，一个服务意味着运行的一个进程。这些组件部署灵活，支持水平扩展，具有伸缩性，支持不同规模的云计算管理平台。

OpenStack 最初仅包括 Nova 和 Swift 两个项目，现在已经有数十个项目，如网络服务 Neutron、块存储服务 Cinder、镜像服务 Glance 等，这些项目相互关联，协同管理各类计算、存储和网络资源，提供云计算服务。

作为开源软件项目，OpenStack 由 OpenStack Community 中的来自世界各地的云计算开发人员和技术人员共同开发、维护。与其他开源的云计算软件相比，OpenStack 在控制性、兼容性、灵活性方面具备优势，它有可能成为云计算领域的行业标准。

OpenStack 具备以下几个方面的特性。

① 控制性。作为完全开源的项目，OpenStack 可为模块化的设计提供相应的 API，方便与第三方技术进行集成，从而满足自身业务需求。

② 兼容性。OpenStack 兼容其他公有云，方便用户进行数据迁移。

③ 可扩展性。OpenStack 采用模块化的设计，支持各主流发行版本的 Linux 操作系统，可以通过横向扩展增加节点、添加资源。

④ 灵活性。用户可以根据自己的需要建立基础设施，也可以轻松地扩大自己集群的规模。OpenStack 项目采用 Apache 2.0 许可，意味着第三方厂商可以重新发布源代码。

众多 IT 领军企业都加入了 OpenStack 项目，意味着 OpenStack 在未来可能成为云计算行业的标准。

4. Docker 技术

信息技术的飞速发展促使人类进入云计算时代，云计算时代孕育出了众多的云计算平台。但众多的云计算平台之间标准规范不统一，每个云计算平台都有独立的资源管理策略、网络映射策略和内部依赖关系，导致平台间无法相互兼容、相互连接。同时，应用的规模愈加庞大、逻辑愈加复杂，任何一款产品都无法顺利地从一个云计算平台迁移到另外一个云计算平台。但 Docker 的出现打破了这种局面，Docker 利用容器弥合了各个平台之间的差异。Docker 通过容器来打包应用、解耦应用和运行平台，在进行产品迁移的时候，只需要在新的服务器上启动所需的容器即可，而所付出的成本是极低的。

Docker 以其轻便、快速的特性，可以使应用快速迭代，Docker 产品的 Logo 如图 1.39 所示。在 Docker 中，即便是小的变更，也能马上看到效果，而不用将若干个小变更积攒到一定程度再进行变更。每次变更一小部分其实是一种非常安全的方式，在开发环境中能够快速提高工作效率。

Docker 容器能够帮助开发人员、系统管理员和项目工程师在一个生产环节中协同工作。制定一套容器标准能够使系统管理员在更改容器的时候，不需要关心容器的变化，而只专注于自己的应用程序代码。这样做的

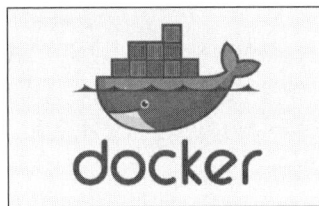

图 1.39 Docker 产品的 Logo

好处是隔离了开发和管理，简化了重新部署、调试等琐碎的重复工作，降低了开发和部署的成本，极大地提高了工作效率。

（1）Docker 的定义

目前，Docker 的官方定义如下：Docker 是以 Docker 容器为资源分割和调度的基本单位，封装了整个软件运行时的环境，为开发者和系统管理员设计的，用于构建、发布和运行分布式应用的平台。它是一个跨平台、可移植且简单易用的容器解决方案。Docker 的源代码托管在 GitHub 上，基于 Go 语言开发，并遵从 Apache 2.0 协议。Docker 可在容器内部快速、自动化地部署应用，并通过操作系统内核技术为容器提供资源隔离与安全保障服务。

Docker 借鉴集装箱装运货物的场景，让开发人员将应用程序及其依赖打包到一个轻量级、可移植的容器中，然后将其发布到任意运行 Docker 容器引擎的环境中，以容器方式运行该应用程序。与装运集装箱时不用关心其中的货物一样，Docker 在操作容器时不用关心容器中有什么应用程序。采用这种方式部署和运行应用程序非常方便。Docker 为应用程序的开发、发布提供了一个基于容器的标准化平台，容器运行的是应用程序，Docker 平台用来管理容器的整个生命周期。使用 Docker 时不必担心开发和生产环境之间的不一致，其使用也不局限于任何平台或编程语言。Docker 可以用于应用程序的开发、测试和研发周期，并能通过一致的用户界面进行管理，Docker 还具有为用户在各种平台上安全、可靠地部署可伸缩服务的能力。

（2）Docker 的优势

Docker 容器的运行速度很快，可以在秒级时间内实现启动和停止，比传统虚拟机快很多，Docker 解决的核心问题是利用容器来实现类似虚拟机的功能，从而利用更少的硬件资源给用户提供更多的计算资源。Docker 容器除运行其中的应用程序外，基本不消耗额外的系统资源，在保证应用程序性能的同时，减小了系统开销，这使得一台主机上同时运行数千个 Docker 容器成为可能。Docker 操作方便，通过 Dockerfile 配置文件可以进行灵活的自动化创建和部署。

1.6.4　物联网

物联网（Internet of Things，IoT）是指通过信息传感器、射频识别技术、全球定位系统、红外感

应器、激光扫描器等各种装置与技术，实时采集任何需要监控、连接、互动的物体或过程的声、光、热、电、力学、化学、生物、位置等需要的信息，通过各类可能的网络接入，实现物与物、物与人的泛在连接，实现对物品和过程的智能化感知、识别和管理。物联网是一个基于互联网、传统电信网等的信息承载体，它使所有能够被独立寻址的普通物理对象形成互联互通的网络。

1. 物联网的概念

物联网就是万物相连的互联网，这包含两层意思：其一，物联网的核心和基础仍然是互联网，它是在互联网基础上延伸和扩展的网络；其二，用户端延伸和扩展到了任何物品与物品之间进行信息交换和通信，也就是"物物相息"。

物联网通过智能感知、识别技术与普适计算等通信感知技术，广泛应用于网络的融合中，因此也被称为继计算机、互联网之后世界信息产业发展的"第三次浪潮"。物联网的主要特征是每一个实体对象都可以寻址，每一个实体对象都可以控制，每一个实体对象都可以通信。

2. 物联网的特征

和传统的互联网相比，物联网有着鲜明的特征。首先，它广泛应用各种感知技术。物联网上部署了少量的多种类型的传感器，每个传感器都是一个信息源，不同类型的传感器所捕获的信息内容和信息格式不同。其次，它是一种建立在互联网上的网络。物联网技术的重要基础和核心是互联网，通过各种有线网络和无线网络与互联网融合，将物体的信息实时、准确地传递出去。另外，物联网不仅提供了传感器的连接，其本身还具有智能处理的能力，能够对物体实施智能控制。物联网将传感器和智能处理相结合，利用云计算、模式识别等各种智能技术扩充其应用领域。可从传感器获得的海量信息中分析、加工出有意义的数据，以满足不同用户的不同需求，发现新的应用领域和应用模式。

3. 物联网的应用

物联网的应用涉及方方面面，在工业、农业、环境、交通、物流、安保等基础设施领域均有应用，有效推动了这些领域的智能化发展，使得有限的资源得到了更加合理的分配、使用，从而提高了行业效率、效益。在家居、医疗健康、教育、金融与服务业、旅游业等与人们生活息息相关的领域，物联网使服务范围、服务方式和服务质量等都得到了极大的改进，大大提高了人们的生活质量。

1.6.5 大数据

现在的社会是一个高速发展的社会，科技发达，信息流通快，人们之间的交流越来越密切，生活也越来越方便，大数据（Big Data）就是这个时代的产物。大数据，或称巨量资料，指的是所涉及的资料量规模巨大到无法通过目前主流软件工具，在合理时间内提取、管理、处理并整理成帮助企业做出经营决策的信息。

1. 大数据的定义

对于大数据，研究机构 Gartner（高德纳）给出了这样的定义：大数据是需要新处理模式才能具有更强的决策力、洞察力和流程优化能力来适应海量、高增长率和多样化的信息资产。

麦肯锡全球研究院给出的大数据的定义如下：一种规模大到在获取、存储、管理、分析方面大大超出了传统数据库软件工具能力范围的数据集合，具有海量的数据规模、快速的数据流转、多样的数据类型和价值密度低四大特征。大数据技术的战略意义不在于庞大的数据量，而在于对这些含有意义的数据进行专业化处理。换言之，如果把大数据比作一种产业，那么这种产业实现盈利的关键在于提高数据的"加工能力"，通过"加工"实现数据的"增值"。

大数据一般无法用单台计算机进行处理，必须采用分布式架构进行处理。它的特色在于对海量数据进行分布式数据挖掘。但它必须依托云计算的分布式处理、分布式数据库和云存储、虚拟化技术。

随着"云计算时代"的到来，大数据得到越来越多的关注。分析师团队认为，大数据通常用来形容一个公司创造的大量非结构化数据和半结构化数据，这些数据在下载到关系数据库中进行分析时会花费过多时间和金钱。大数据分析常和云计算联系到一起，因为实时的大型数据集分析需要像 MapReduce 一样的框架来向数十、数百，甚至数千台计算机分配工作。

2. 大数据的发展趋势

大数据的发展趋势主要包含以下几方面。

① 数据资源化。数据资源化是指大数据成为企业和社会关注的重要战略资源，并已成为大家争相抢夺的新焦点。因而，企业必须提前制订大数据营销战略计划，抢占市场先机。

② 与云计算深度结合。大数据离不开云计算，云计算为大数据提供了弹性可拓展的基础设备，云计算平台是产生大数据的平台之一。自 2013 年开始，大数据技术和云计算技术紧密结合，两者的关系越来越紧密。除此之外，物联网、移动互联网等新兴计算形态也将助力"大数据革命"，使大数据营销发挥出更大的影响力。

③ 科学理论的突破。随着大数据的快速发展，就像计算机和互联网一样，大数据很有可能引起新一轮的技术革命。随之兴起的数据挖掘、机器学习和人工智能等相关技术，可能会改变"数据世界"里的很多算法，实现科学技术上的突破。

④ 数据科学学科和数据联盟的成立。数据科学将成为一门专门的学科，被越来越多的人熟知。各大高校将设立专门的数据科学类专业，也会催生一批与之相关的新的岗位。与此同时，基于数据这个基础平台，将建立起跨领域的数据共享平台，之后，数据共享将扩展到企业层面（即成立数据联盟），并成为未来产业的核心一环。

⑤ 数据泄露泛滥。在未来，每个企业都可能会面临数据攻击，无论其是否已经做好安全防范。而所有企业，无论规模大小，都需要重新审视现阶段的安全定义。在世界"500 强"企业中，可能超过 50% 的企业将会设置首席信息安全官这一岗位。企业需要从新的角度来确保自身及客户数据的安全，所有数据在创建之初便需要获得安全保障，而不是在数据保存的最后一个环节。仅仅加强后者的安全防护已被证明于事无补。

⑥ 数据管理成为核心竞争力。数据管理成为核心竞争力，直接影响企业财务状况。在"数据资产是企业核心资产"的概念深入人心之后，企业对数据管理便有了更清晰的界定，会将数据管理作为企业核心竞争力，持续发展，战略性规划与运用数据资产，使之成为企业数据管理的核心。数据资产管理效率与主营业务收入增长率、销售收入增长率显著正相关。此外，对于具有互联网思维的企业而言，数据资产竞争力的比例约为 36.8%，数据资产的管理效果将直接影响企业的财务状况。

⑦ 数据质量是商业智能（Business Intelligence，BI）成功的关键。采用自助式 BI 工具进行大数据处理的企业将会脱颖而出。它们要面临的一个挑战是很多数据源会带来大量低质量数据。想要成功，企业需要理解原始数据与数据分析之间的差距，从而消除低质量数据并通过 BI 工具获得更优的决策。

⑧ 数据生态系统复合化程度加强。大数据的世界不只是一个单一的、巨大的计算机网络，而是一个由大量活动构件与多元参与者元素所构成的生态系统，是由终端设备提供商、基础设施提供商、网络服务提供商、网络接入服务提供商、数据服务使能者、数据服务提供商、触点服务及数据服务零售商等一系列的参与者共同构建的生态系统。如今，这样一个数据生态系统的雏形已然形成，接下来的发展将趋向于系统内部角色的细分，也就是市场的细分；系统机制的调整，也就是商业模式的创新；系统结构的调整，也就是竞争环境的调整等，使得数据生态系统复合化程度逐渐提高。

1.6.6 人工智能

人工智能（Artificial Intelligence，AI）是研究、开发用于模拟、延伸和扩展人类智能的理论、方法、技术及应用系统的一门技术学科。

人工智能是计算机科学的一个分支，它试图了解智能的实质，并生产出一种新的、能以与人类智能相似的思维做出反应的智能机器，该领域的研究包括机器人、语言识别、图像识别、自然语言处理和专家系统等。人工智能从诞生以来，理论和技术日益成熟，应用领域也不断扩大。可以设想，未来人工智能带来的科技产品将会是人类智慧的"容器"。人工智能可以对人类的意识、思维的信息过程进行模拟。人工智能不是人类的智能，但是能像人类那样思考。

人工智能是一门极富挑战性的学科，从事这项工作的人必须掌握计算机学、心理学和哲学等学科的知识。人工智能涉及的领域十分广泛，如机器学习、计算机视觉等。总的来说，人工智能的主要研究目标是使机器能够完成一些通常需要人类智能才能完成的复杂工作。但不同的时代、不同的人对这种"复杂工作"的理解是不同的。

1. 人工智能的安全问题

有学者认为让计算机拥有智慧是很危险的，它可能会反抗人类。这种担忧也在多部电影中体现过，其关键是能否允许机器拥有自主意识的产生与延续。如果使机器拥有自主意识，则意味着机器具有与人类同等或类似的创造性、自我保护意识、情感和自发行为。

2. 人工智能的应用领域

人工智能的应用领域十分广泛，包括机器翻译、智能控制、专家系统、机器人学、语言和图像理解、遗传编程机器人工厂、自动化程序设计、航天应用等。

值得一提的是，机器翻译是人工智能的重要分支和最先应用的领域。不过就已有的机器翻译成果来看，机器翻译系统的译文质量与人工翻译的质量仍相差甚远，而机器翻译系统是机器翻译质量的关键。中国数学家、语言学家周海中教授曾在论文《机器翻译五十年》中指出：要提高机器翻译的质量，首先要解决的是语言本身的问题而不是程序设计问题；单靠若干程序来做机器翻译系统，肯定是无法提高机器翻译的质量的；另外，在人类尚未明了大脑是如何进行语言的模糊识别和逻辑判断的情况下，机器翻译要想达到"信、达、雅"的程度是不可能的。

技能实践

任务 1.1 双绞线的制作

【实训目的】
（1）掌握 T568A 与 T568B 线序标准及双绞线制作方法。
（2）掌握双绞线制作工具的使用方法。

【实训环境】
（1）准备 5 类线与 6 类线。
（2）准备水晶头、网钳、测线器和寻线器等相关工具。

【实训内容与步骤】
（1）双绞线的线序标准。

EIA/TIA 布线标准中规定了两种双绞线的线序标准——T568A 与 T568B，如图 1.40 所示。

V1-1 双绞线的制作

T568A 标准：绿白-1，绿-2，橙白-3，蓝-4，蓝白-5，橙-6，棕白-7，棕-8。
T568B 标准：橙白-1，橙-2，绿白-3，蓝-4，蓝白-5，绿-6，棕白-7，棕-8。
两端线序标准相同，都为 T568A 或 T568B 的双绞线叫作直通线；两端线序标准不相同，一端为 T568A、另一端为 T568B 的双绞线叫作交叉线，如图 1.41 所示。

（2）网钳工具。
可以使用网钳工具（见图 1.42）制作双绞线。

（3）网线测试工具。
可以使用测线器与寻线器（见图 1.43）对制作完成的网线进行连通性测试。

图 1.40　T568A 与 T568B 线序标准

图 1.41　直接线与交叉线

图 1.42　网钳工具

图 1.43　测线器与寻线器

任务 1.2　Cisco Packet Tracer 模拟器的使用

【实训目的】

（1）认识 Cisco Packet Tracer 模拟器，掌握 Cisco Packet Tracer 模拟器的使用方法。

（2）使用 Cisco Packet Tracer 模拟器进行网络拓扑设计及配置管理。

【实训环境】

Cisco Packet Tracer 模拟器。

【实训内容与步骤】

随着思科网络设备越来越多地被使用，学习思科网络设备知识的人也越来越多。Cisco Packet Tracer 8.0 模拟器能很好地模拟交换机、路由器设备的各种实验，得到了广泛应用。下面就简单介绍一下 Cisco Packet Tracer 8.0 模拟器的使用方法。

V1-2　Cisco Packet Tracer 模拟器的使用

（1）使用 Cisco Packet Tracer 模拟器搭建网络

打开 Cisco Packet Tracer 8.0 模拟器，其主界面如图 1.44 所示。其中，中间空白区域为工作区，工作区上方是菜单栏、工具栏和设备编辑工具栏，工作区下方为设备类型选择区和设备型号选择区，包括网络设备、计算机、连接线缆等。

图 1.44　Cisco Packet Tracer 8.0 模拟器主界面

① 添加不同类型的网络设备。在设备类型选择区中可以选择不同类型的网络设备，如图 1.45 所示，从左到右依次为网络设备、终端设备、组件、连接、杂项和多用户连接。选择网络设备的类型后，可以在下方选择不同的设备，如选择网络设备后，可以在下方选择路由器、交换机、集线器、无线设备、安全设备和 WAN 仿真设备等，选择路由器设备后，在其右侧可以选择不同型号的路由器。

图 1.45　选择不同类型的网络设备

② 搭建网络实验环境并添加网络设备，使用线缆连接设备，同时更改设备标签名。Cisco Packet Tracer 8.0 模拟器中的每个设备都是独立的，如果想要进行网络配置，则需要进行设备之间的连接，在网络设备添加好之后，选择相应的线缆，在要进行连接的设备上选择相应的端口进行连接即可。Cisco Packet Tracer 8.0 模拟器对设备的连线要求是非常严格的，不同的设备、不同的端口之间需要采用不一样的线缆进行连接，否则无法进行通信。添加网络设备与连线的效果如图 1.46 所示。

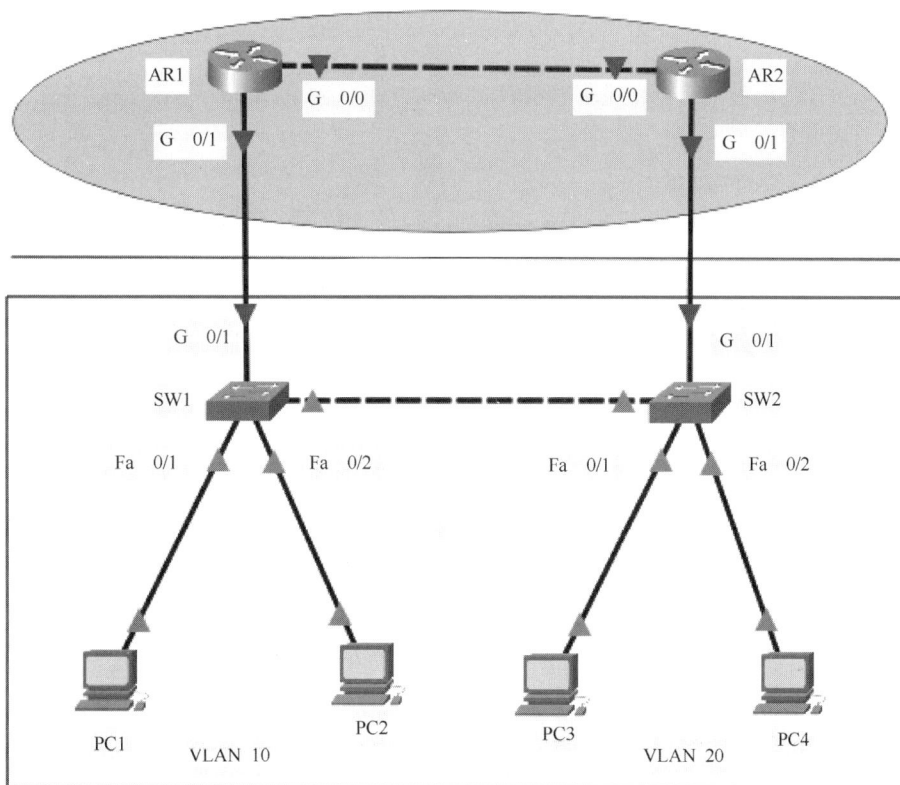

图 1.46　添加网络设备与连线的效果

（2）熟悉鼠标操作

鼠标操作分为单击、拖动和框选，说明如下。

① 单击：单击任意一个设备，可以打开该设备的配置面板。

② 拖动：拖动任意一个设备，可以调整该设备在界面中的位置。

③ 框选：框选多个设备，结合拖动操作可以同时移动多个选中的设备，从而调整设备的位置。

（3）设备编辑工具栏的使用

设备编辑工具栏如图 1.47 所示。使用设备编辑工具栏可以对设备进行编辑，设备编辑工具栏中的工具从左到右依次为选择、查看、删除、更改布局、注释、绘制直线、绘制矩形、绘制椭圆、绘制任意形状、增加简单协议数据单元、增加复杂协议数据单元，说明如下。

图 1.47　设备编辑工具栏

① 选择：用于选中设备或线缆。

② 查看：在选中此工具后，可以在路由器、PC 上看到各种表，如路由表等。

③ 删除：使用此工具可以删除一个或多个设备、线缆、注释等。

④ 更改布局：用于总体移动。当网络拓扑比较大时，可以使用此工具进行移动查看。

⑤ 注释：用来添加注释，使用户看得更清楚、明白。

⑥ 绘制直线：在选中此工具后，可以在工作区中绘制直线。

⑦ 绘制矩形：在选中此工具后，可以在工作区中绘制矩形。

⑧ 绘制椭圆：在选中此工具后，可以在工作区中绘制椭圆。

⑨ 绘制任意形状：在选中此工具后，可以在工作区中绘制任意形状。

⑩ 增加简单协议数据单元：提供测试网络连通性功能。

⑪ 增加复杂协议数据单元：用户可以选择协议类型、源/目标 IP 地址、源/目标端口号、数据包大小、发送间隔等信息。

（4）认识网络连接的线缆类型

在设备类型选择区中选中线缆时，在右侧的设备型号选择区中可以看到许多不同的线缆类型，如图 1.48 所示。线缆类型从左到右依次为自动选择类型、配置线、直通线、交叉线、光纤、电话线、同轴电缆、串行 DCE 线、串行 DTE 线、Octal 线、IoT 自定义线缆、USB 线缆。

图 1.48　网络连接的线缆类型

① 自动选择类型：自动连线，可以通用，但是一般不建议使用，除非真的不知道设备之间该使用什么类型的线缆。

② 配置线：用来连接计算机的 COM 端口和网络设备的 Console 端口。

③ 直通线：双绞线的两端采用同一种线序标准制作的网线，一般用来连接不同网络设备之间的以太网端口，如计算机与交换机、交换机与路由器之间的以太网端口。

④ 交叉线：双绞线的两端采用不同线序标准制作的网线，一般用来连接相同或相似网络设备之间的以太网端口，如计算机与计算机、计算机与路由器、路由器与路由器之间的以太网端口。

⑤ 光纤：又称光导纤维，软而细，是利用内部全反射原理来传导光束的传输介质。光纤用来连接光纤设备，如交换机的光纤模块。

⑥ 电话线：用来连接调制解调器（Modem）或路由器的基本电话连接服务的 RJ-11 端口的模块。

⑦ 同轴电缆：现行以太网同轴电缆的接法有两种，一种是直径为 0.4cm 的 RG-11 粗缆，采用凿孔接头接法；另一种是直径为 0.2cm 的 RG-58 细缆，采用 T 形头接法。

⑧ 串行 DCE 线、串行 DTE 线：用来接入通过路由器连接的广域网。在实际应用中，需要把串行 DCE 线和一台路由器相连，串行 DTE 线和另一台设备相连。但是在 Cisco Packet Tracer 8.0 模拟器中，只需要

选择一条线即可。若选择了串行 DCE 线，则和这条线相连的路由器为 DCE 端，需要配置该路由器的时钟。

⑨ Octal 线：俗称"八爪线"，用来连接多台设备。通过 CAB-OCTAL-ASYNC 电缆在一个异步端口上引出 8 条电缆连接到 8 台设备的 Console 端口。

⑩ IoT 自定义线缆：主要用来连接物联网设备。

⑪ USB 线缆：主要用来连接事物、组件、微控制器和单板计算机作为数据线连接。

（5）显示网络拓扑图中设备的端口

完成网络搭建后，可能无法看到网络设备之间使用的端口，可以在菜单栏中选择"Options"→"首选项"命令，如图 1.49 所示；弹出"Preferences"对话框，勾选"在逻辑工作区始终显示端口标签"复选框，如图 1.50 所示。

图 1.49 "首选项"命令

图 1.50 "Preferences"对话框

（6）网络设备管理

在 Cisco Packet Tracer 8.0 模拟器中，网络设备包括路由器、交换机、集线器、无线设备、安全设备、WAN 仿真设备等，各设备都有相应的管理界面。下面以路由器的管理界面为例进行讲解。

在工作区中添加一台型号为 4331 的路由器，单击工作区中路由器的图标，将会弹出路由器的管理界面，如图 1.51 所示。路由器可以添加许多模块，"物理"选项卡中有许多模块。该界面的左下方是对选中模块的文字描述，界面的右下方是选中模块的图标，界面的中间区域是路由器的实物图，其中的许多黑色区域为添加模块的插槽。例如，当需要添加 NIM-2T 模块时，将该模块拖动到插槽中即可。

在添加模块前一定要先关闭电源，否则会弹出"无法添加模块"提示框，如图 1.52 所示。绿点（箭头位置）表示电源处于开启状态，单击绿点处，即可关闭电源。在模块添加完成后需要重新打开电源。

图 1.51 路由器的管理界面

图 1.52 "无法添加模块"提示框

卸载模块的方法与添加模块的方法类似，首先关闭路由器的电源，然后把添加好的模块从插槽拖动到模块区域即可。

Cisco Packet Tracer 8.0 模拟器中还专门设置了路由器和交换机的"配置"选项卡与"CLI"选项卡。在"配置"选项卡中，可以进行全局、路由、静态、端口等相关配置，如进行端口配置时，双击"GigabitEthernet0/0/0"端口，即可直接进入端口配置模式，如图 1.53 所示。使用"CLI"选项卡进行网络设备的配置与后面讲解的超级终端的管理方法是一致的，都可以完成对交换机或路由器的相应配置，如图 1.54 所示。

图 1.53　"配置"选项卡

图 1.54　"CLI"选项卡

（7）终端设备管理

在设备类型选择区中选择"终端设备"选项，如图 1.55 所示。在工作区中添加一台 PC，单击该计算机图标，弹出计算机的管理界面，如图 1.56 所示。

图 1.55　选择"终端设备"选项

图 1.56　计算机的管理界面

选择"配置"选项卡，在其中可以进行主机名、IPv4/IPv6 地址、网关、DNS 服务器 IP 地址等的设置，如图 1.57 所示。

选择"桌面"选项卡，在其中可以进行 IP 配置、拨号、终端、命令提示符、Web 浏览器、PC 无线、VPN、流量生成器等功能配置，如图 1.58 所示。

图 1.57 计算机的"配置"选项卡

图 1.58 计算机的"桌面"选项卡

选择"IP 配置"选项，将以模拟窗口的形式配置并显示当前主机的 IP 配置信息，如图 1.59 所示；选择"拨号"选项，可以实现拨号连接；选择"终端"选项，可以打开虚拟超级终端；选择"命令提示符"选项，可以提供 MS-DOS 命令环境，在该环境中可以执行 ping、ipconfig、arp、netstat、telnet和 tracert 等网络调试和诊断命令，如图 1.60 所示。

图 1.59 "IP 配置"界面

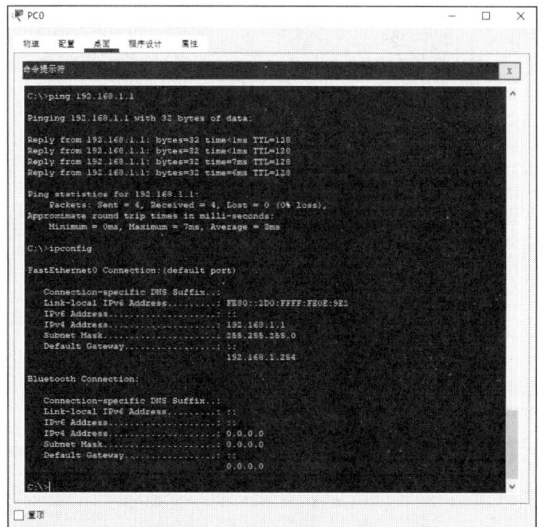

图 1.60 "命令提示符"界面

（8）为网络设备添加注释文字

选择设备编辑工具栏中的注释工具，在工作区单击后可直接输入注释文字。例如，为计算机添加VLAN 划分注释文字信息等，如图 1.61 所示。

图 1.61　为网络设备添加注释文字

（9）删除相关操作

使用设备编辑工具栏中的删除工具，可以删除已经添加好的网络设备、线缆、注释文字等。删除操作非常简单，使用删除工具直接单击想要删除的设备即可，如删除路由器 RA，如图 1.62 所示；也可以先选中多个设备，再单击删除工具的图标，以便一次性删除多个设备。

图 1.62　删除路由器 RA

模块小结

本模块讲解了计算机网络基础、计算机网络类别、计算机网络的组成、网络传输介质以及网络连接设备的相关知识，并且介绍了计算机网络新技术（三网融合、5G 网络技术、云计算、物联网、大数据、人工智能）。

本模块最后通过技能实践使学生掌握双绞线的制作方法、Cisco Packet Tracer 模拟器的使用方法，培养学生动手解决问题的能力和团结协作的精神。

模块练习

1. 选择题

（1）世界上第一个计算机网络是（　　　）。

A. ARPANet　　　　B. Internet　　　　　C. CERNET　　　　D. ChinaNet

（2）计算机网络的目的是实现联网计算机系统的（　　　）。

A. 硬件共享　　　　B. 软件共享　　　　C. 数据共享　　　　D. 资源共享

（3）学校办公室网络的类型是（　　　）。

A. 局域网　　　　　B. 城域网　　　　　C. 广域网　　　　　D. 互联网

（4）下列传输介质中，（　　　）的传输速率最快。

A. 双绞线　　　　　B. 光纤　　　　　　C. 同轴电缆　　　　D. 无线介质

（5）【多选】计算机网络的功能有（　　　）。

A. 资源共享　　　　B. 数据通信　　　　C. 分布式处理　　　D. 集中管理

（6）【多选】计算机网络的应用有（　　　）。

A. 科学计算　　　　B. 信息管理　　　　C. 个人信息服务　　D. 商业管理

（7）【多选】按覆盖的地理范围分类，计算机网络可分为（　　　）。

A. 局域网　　　　　B. 城域网　　　　　C. 广域网　　　　　D. 社区网

（8）【多选】计算机网络的逻辑组成包括（　　　）。

A. 通信子网　　　　B. 硬件子网　　　　C. 软件子网　　　　D. 资源子网

2. 简答题

（1）简述什么是计算机网络以及其产生与发展情况。

（2）简述计算机网络的功能、组成及应用。

（3）简述计算机网络按网络覆盖范围的分类。

（4）简述网络传输介质的分类。

（5）简述什么是三网融合。

（6）简述什么是 5G 网络。

（7）简述云计算的定义及其服务模式。

（8）简述物联网的特点及其应用。

（9）简述什么是大数据及大数据的趋势。

（10）简述人工智能及其应用领域。

模块2
数据通信技术

情景导入

如今，绝大多数模拟电视已停止播出，基本实现有线、卫星和无线数字广播电视全国覆盖，那么究竟什么是模拟电视？什么是数字电视？它们有什么区别？家庭用户很多采用电话拨号上网，电话线（模拟信道）中传输的是模拟信号，而计算机中的信号是数字信号，人们是怎样实现数字信号通过模拟信道进行传输的呢？我们现在使用的数字电话是怎么传输模拟音频信号的呢？在多个通信系统中，数据从源节点到达目标节点很难实现收发两端直接相连传输，通常需要通过多个节点转发才能到达，那么是怎么实现数据的交换与转发的呢？有哪些数据交换方式？

数据通信技术是计算机网络的技术基础，是以信息处理技术和计算机技术为基础的通信技术。数据通信技术为计算机网络的应用和发展提供了技术支持及可靠的通信环境。本模块主要讲解与数据通信有关的基础知识，其中包括数据通信的基本概念、数据通信方式、数据编码与调制技术、数据交换技术、信道多路复用技术和差错控制技术等。

学习目标

【知识目标】
- 掌握数据通信的基本概念。
- 掌握数据编码与调制技术及数据交换技术。
- 掌握信道多路复用技术的类型及各自的特点。
- 掌握数据差错的类型以及常用的差错控制方法。

【技能目标】
- 掌握交换机的基本配置方法。
- 掌握路由器的基本配置方法。

【素质目标】
- 培养工匠精神，要求做事严谨、精益求精、着眼细节、爱岗敬业。
- 培养团队互助、合作进取的意识。

✎ 相关知识

2.1 数据通信的基本概念

数据通信是指通过通信系统将数据以某种信号的形式从一端安全、可靠地传输到另一端，包括数据的传输及传输前后的处理。

2.1.1 信息、数据和信号

信息、数据与信号是数据通信系统中的最基本的概念，下面对其进行简单介绍。

1. 信息

信息是对客观事物特征和运行状态的描述，其形式包括数字、文字、声音、图形、图像等。通信的目的是传递信息，任何事物的存在都伴随着相应的信息，信息不仅能够反映事物的特征、状态和行为，还能够借助介质（如空气、光波、电磁波等）传播和扩散。这里把"事物发出的消息、情报、数据、指令、信号等当中包含的意义"定义为信息。

2. 数据

数据是传递信息的实体，是把事件的某些属性规范化后的表现形式，数据可以被识别，也可以被描述。通信的目的是传递信息，传递之前必须将信息用数据表示出来。

数据按其连续性可分为模拟数据与数字数据。用于描述连续变化量的数据称为模拟数据，如声音、温度等。用于描述不连续变化量（离散值）的数据称为数字数据，如文本信息、整数等。

3. 信号

数据在被传输之前，要转换成适合传输的电磁信号，即模拟信号或数字信号。由此可知，信号是数据在传输过程中的电磁波表示形式。信号一般以时间为自变量，以表示信息的某个参量（振幅、频率或相位）为因变量。

信号可以分为模拟信号和数字信号两种。模拟信号是一种连续变化的信号，其波形可以表示成一种连续的正弦波，如图 2.1（a）所示，这种信号的某种参量，如振幅或频率，可以表示要传输的信息。例如，电视图像信号、语音信号、温度压力传感器的输出信号等。数字信号是一种离散信号，最常见、最简单的计算机通信使用的是由二进制数 0 和 1 组成的信号，其波形是一种不连续的方波，如图 2.1（b）所示。

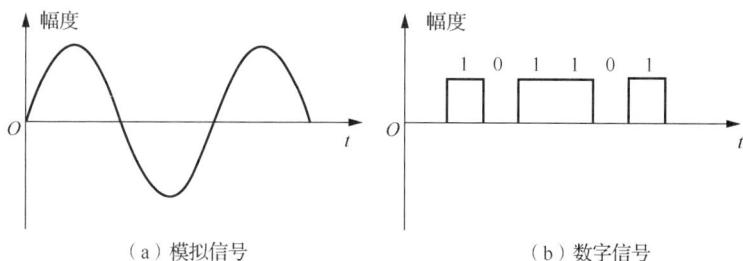

（a）模拟信号　　　　　　　　　　（b）数字信号

图 2.1　模拟信号和数字信号

值得一提的是，模拟信号与数字信号是有着明显差别的两类信号，它们之间的区别可以这样描述：数字信号只有"开"和"关"两种离散的状态；模拟信号则包括从"开"到"关"的所有状态。但是，模拟信号和数字信号之间并不存在不可逾越的鸿沟，它们在一定条件下是可以相互转换的。模拟信号可以通过采样、量化、编码等步骤转换成数字信号，而数字信号也可以通过解码、平滑等步骤转换成模拟信号。

2.1.2　信号的分类

除了模拟信号和数字信号之外，信号还可分为基带信号、宽带信号及载波信号。

1. 基带信号

信息源（简称信源）是指发出的没有经过调制（进行频谱搬迁和转换）的原始电信号，其特点是频率较低，信号频谱从零频附近开始，具有低通形式。根据原始电信号的特征，基带信号可分为数字基带信号和模拟基带信号（相应地，信源也分为数字信源和模拟信源），其类型由信源决定。通俗来讲，基带信号就是发出的直接表达了要传输的信息的信号，例如，人们说话的声波可被当作基带信号。

由于近距离范围内基带信号的衰减不大，从而信号内容几乎不会发生变化，因此在某些具有低通特性的有线信道中，特别是在传输距离不太远的情况下，基带信号可以不经过调制而直接进行传输。例如，计算机内部并行总线上的信号全部是基带信号，从计算机到监视器、打印机等外设的信号也都是通过基带传输的。大多数的局域网直接使用基带脉冲信号传输，如以太网、令牌环网。常见的网络设计标准10BASE-T 使用的就是基带信号。因为基带信号中的低频分量极其丰富，所以不适用于远距离传输。

简单地说，基带信号就是低频信号，也就是需要被传输的信号，相当于货物。但是因为基带信号频率低，传输损耗大，所以需要将信号调制到高频。调制到高频（即载频，相当于货车）以后的传输损耗就可以接受了。

基带信号包含频率比较低的分量，这些低频的分量不容易通过无线传输，无线电磁波一般在空中传播的频率要高于 100kHz。基带信号需要进行调制，与载波高频信号混频后转换到较高的频率，这样比较容易通过天线发射。因此自由空间通常传输的都是宽带信号。

2. 宽带信号

在远距离通信时，基带信号具有频率很低的频谱分量，出于抗干扰和提高传输速率的考虑，一般不宜直接传输，需要把基带信号转换成频带适合在特定信道中传输的信号，转换后的信号就是宽带信号（也称频带信号）。宽带信号是一个相对概念，它的传输介质具有很宽的带通能力，这样的好处是能够在传输介质上复用很多信号，降低线路铺设的成本，目前带宽最宽的传输介质是单模光纤。宽带信号主要用于网络电视和有线电视的信号传输，为了提高传输介质的带宽利用率，宽带信号在传输过程中通常采用多路复用技术。

3. 载波信号

载波是指被调制以后的传输信号的波形。调制就是把信号转换成适合在信道中传输的一种过程。载波调制就是用基带信号去控制载波的参数，使载波的某一个或某几个参数按照基带信号的规律进行变化。基带信号的频带很宽（理论上无限宽），但由于带通原因，几乎不存在无限带宽的传输介质，所以基带信号无法通过普通介质进行远距离传输，否则码间干扰和衰减会导致信号无法恢复。载波频率较为单一，因此调制后的信号的带宽较小。用载波对基带信号进行调制，减小带宽，可以使信号可靠传输，减小衰减，接收端再进行解调即可还原出原来的基带信号。

2.1.3　信道及信道的分类

传输信息时的必经之路称为信道，包括传输介质和通信设备。传输介质可以是有线传输介质，如电缆、光纤等，也可以是无线传输介质，如电磁波等。

信道可以按不同的方法进行分类，常见的分类如下。

1. 物理信道和逻辑信道

物理信道是指用来传输信号或数据的物理通道，网络中两个节点之间的物理通路称为通信链路（简称通路），物理信道由传输介质及相关设备组成。逻辑信道也是一种通路，但一般是指人为定义的信息传输通路，在信号收发点之间并不存在实际的物理传输介质，通常把逻辑信道称为"连接"。

2. 有线信道和无线信道

使用有线传输介质的信道称为有线信道，主要包括双绞线、同轴电缆和光缆等。以电磁波在空间传播的方式传输信息的信道称为无线信道，主要包括长波信道、短波信道和微波信道等。

3. 数字信道和模拟信道

传输离散数字信号的信道称为数字信道，利用数字信道传输数字信号时不需要进行转换，通常需要进行数字编码。传输模拟信号的信道称为模拟信道，利用模拟信道传输数字信号时需要经过数字信号与模拟信号之间的转换。

2.1.4 数据通信系统的基本结构

为了使信息在信道中传输，首先应将信息表示成模拟数据或数字数据，然后将模拟数据或数字数据转换成相应的模拟信号或数字信号进行传输。

以模拟信号进行通信的方式叫作模拟通信，实现模拟通信的系统称为模拟通信系统。以数字信号作为载体来传输信息或以数字信号对载波进行数字调制后再传输的通信方式叫作数字通信，实现数字通信的系统称为数字通信系统。

1. 模拟通信系统

传统的电话、广播、电视等系统都属于模拟通信系统，模拟通信系统通常由信源、调制器、信道、解调器、信宿及噪声源组成，如图 2.2 所示。信源所产生的原始模拟信号一般要经过调制后通过信道传输。信号到达信宿前，通过解调器将其解调出来。

图 2.2 模拟通信系统模型

信源是指在数据通信过程中，产生和发送信息的终端设备；信宿是指在数据通信过程中，接收和处理信息的终端设备。

在理想状态下，数据从信源发出到信宿接收，不会出现问题。但实际的情况并非如此。对于实际的数据通信系统，由于信道中存在噪声，传输到信道上的信号在到达信宿之前可能会因受到干扰而出错。因此，为了保证在信源和信宿之间实现正确的信息传输与交换，还要使用差错检测和控制技术。

2. 数字通信系统

计算机通信、数字电话及数字电视等系统都属于数字通信系统。数字通信系统通常由信源、编码器、信道、译码器、信宿及噪声源组成，如图 2.3 所示。信源和信宿之间还有时钟同步系统，时钟同步系统是数字通信系统中一个不可缺少的部分。为了保证信宿正确地接收数据，信源与信宿必须有各自的发送时钟和接收时钟，信宿的接收时钟必须与信源的发送时钟保持同步。

图 2.3 数字通信系统模型

2.1.5　数据通信的技术指标

通信的任务是快速、准确地传输信息。因此，从研究信息传输的角度来说，有效性和可靠性是评价数据通信系统优劣的主要性能指标。有效性是指通信系统传输信息的速率，可靠性则是指通信系统传输信息的质量。

通信系统的有效性和可靠性是矛盾的。一般情况下，要想提高通信系统的有效性，就要适当降低其可靠性。通常依据实际通信系统的要求采取相对统一的办法，在满足一定的可靠性指标的前提下，尽量提高信息的传输速率，即尽量提高通信系统的有效性；或者在维持一定有效性的条件下，尽可能提高传输信息的质量，即尽量提高通信系统的可靠性。

对模拟通信系统来说，系统的有效性和可靠性可分别用信道带宽和输出信噪比（或均方误差）来衡量；对数字通信系统而言，系统的有效性和可靠性可分别用数据传输速率和差错率来衡量。

1. 信道带宽

信道带宽是指信道中传输的信号在不失真的情况下所占用的频率范围，单位为赫兹（Hz）。信道带宽是由信道的物理特性决定的。例如，电话线路的频率范围为300～3400Hz，则它的带宽范围也为300～3400Hz。

为了更好地理解带宽的概念，不妨用人类的听觉系统打个比方，人耳所能感受的声波范围是20～20000Hz，低于这个范围的声波称为次声波，高于这个范围的声波称为超声波，人类的听觉系统无法将次声波和超声波传输到大脑中，所以20000Hz减去20Hz所得的值就是人类听觉系统的带宽。数字通信系统的信道传输的不是声波，而是电磁波（包括无线电波、微波、光波等），其带宽就是所能传输电磁波的最大有效频率减去最小有效频率得到的值。

2. 输出信噪比

输出信噪比是衡量模拟通信系统信号质量的重要指标，其定义为接收端解调后信号的平均功率与噪声平均功率之比，即

$$输出信噪比=\frac{信号平均功率}{噪声平均功率}$$

输出信噪比通常可从信号保真度、错误率关联和抗干扰能力等方面衡量系统可靠性。输出信噪比越高，说明信号相对于噪声的强度越大，信号的保真度越高；同样地，高输出信噪比意味着解调出错的概率更低，以及系统的抗干扰能力较强。

3. 数据传输速率

数据传输速率是指信道上传输信息的速率，是描述数字通信系统的重要技术指标之一。数据传输速率越高，系统的有效性越好。通常，可从码元速率和信息速率这两个不同的角度来定义数据传输速率。

（1）码元速率。码元速率又称波特率或调制速率，是指每秒传输的码元数，即每秒传输的脉冲数，常用符号 B 来表示，单位为波特（Baud），数字信号的速率通常用波特/秒（B/s）来表示。由于数字信号是用离散值表示的，因此，每一个离散值就是一个码元，其定义为

$$B=1/T$$

其中，T 为一个数字脉冲信号的宽度。码元示意如图 2.4 所示。

图 2.4　码元示意

例如，某系统在 2s 内共传输 9600 个码元，请计算该系统的码元速率。

根据公式可知，9600B/2s=4800B/s。

> **注意** 数字信号一般有二进制与多进制之分，但码元速率与信号的进制数无关，只与信号宽度 T 有关。

（2）信息速率。信息速率又称比特率，是指单位时间内传输的二进制代码的有效位数，常用符号 S 来表示，单位为位/秒（bit/s）。它可反映出一个数字通信系统每秒实际传输的信息量，其定义为

$$S=1/T\log_2 M \text{ 或 } S=B\log_2 M$$

其中，T 为一个数字脉冲信号的宽度，M 表示采用 M 级电平传输信号。$\log_2 M$ 表示一个码元所取的离散值个数，即一个脉冲表示的有效状态。因为信息量与信号进制数 M 有关，因此，信息速率 S 也与 M 有关。

对于一个用二级电平（二进制）表示的信号，每个码元包含一位信息，即每个码元携带一位信息量，其信息速率与码元速率相等。对于一个用四级电平（四进制）表示的信号，每个码元包含两位信息，即每个码元携带两位信息量，则其信息速率应该是码元速率的两倍，如图 2.5 所示。

图 2.5　二级电平与四级电平（二进制与四进制）

4. 差错率

衡量数字通信系统的可靠性可使用信号在传输过程中出错的概率（即差错率）这一指标。差错率越高，表明系统可靠性越差。

差错率通常有误码率和误比特率这两种表示方法。

（1）误码率。其定义为

$$误码率 = \frac{传输出错的码元数}{传输的总码元数}$$

（2）误比特率。其定义为

$$误比特率 = \frac{传输出错的位数}{传输的总位数}$$

2.2　数据通信方式

数据传输无处不在，如在打电话、使用对讲机、收听广播时均有数据传输。那么这几种通信方式中所用到的数据通信方式是否相同呢？

数据通信方式是指通信双方的信息交互的方式。在设计一个通信系统时，要考虑如下问题。

（1）是采用单工通信方式，还是采用半双工或全双工通信方式？

（2）是采用串行通信方式，还是采用并行通信方式？

（3）是采用同步通信方式，还是采用异步通信方式？

2.2.1 信道通信的方式

按照信号的传输方向与时间的关系，信道通信方式可分为 3 种，即单工通信、半双工通信和全双工通信。

1. 单工通信

单工通信是指通信信道是单向信道，信号仅沿一个方向传输，发送端只能发送不能接收，接收端只能接收而不能发送，任何时候都不能改变信号传输方向，如图 2.6 所示。例如，无线电广播、有线电视使用的都是单工通信方式，电视台只能发送信息，用户的电视机只能接收信息。

图 2.6　单工通信

2. 半双工通信

半双工通信是指信号可以沿两个方向传输，但同一时刻一个信道只允许单方向传输，即两个方向的传输只能交替进行，而不能同时进行，如图 2.7 所示。要改变传输方向，需通过开关装置进行切换。例如，对讲机之间的通话属于半双工通信。

图 2.7　半双工通信

3. 全双工通信

全双工通信是指数据可以同时沿相反的两个方向进行传输，如图 2.8 所示。例如，手机通话属于全双工通信。全双工通信需要两条信道，一条用来接收信息，另一条用来发送信息，因此其通信效率很高。

图 2.8　全双工通信

2.2.2 数据的传输方式

在数字通信中，按每次传输的数据位数，传输方式可分为串行通信和并行通信两种。

1. 串行通信

在进行串行通信时，数据是一位一位地在通信线路上传输的。这时先由计算机内的发送设备将几位并行数据经转换硬件转换成串行数据，再逐位传输到接收设备中，接收设备将串行数据重新转换成并行数据，以便使用，如图 2.9 所示。串行通信的传输速率比并行通信慢得多，但对于覆盖面极广的公用电话系统来说具有很大的现实意义。

串行通信的优点是收发双方只需要一条传输信道，易于实现，成本低；缺点是传输速率比较慢。在远程数据通信中，一般采用串行通信方式。

2．并行通信

在进行并行通信时，多个数据位可同时在两台设备之间传输。发送设备将这些数据位通过对应的数据线传输给接收设备，还可附加一位数据校验位，如图 2.10 所示；接收设备可同时接收到这些数据，不需要做任何转换就可以直接使用。并行方式主要用于近距离通信，计算机内的总线结构就是并行通信的例子。

图 2.9　串行通信

图 2.10　并行通信

并行通信的优点是传输速率快，缺点是发送设备与接收设备之间需要铺设多条线路，费用高，仅适用于近距离和高速数据通信环境，不适用于远距离传输。

2.2.3　数据传输同步技术

在网络通信过程中，通信双方交换数据时需要高度地协同工作。为了正确解释信号，接收端必须确切地知道应当何时开始和何时结束接收信号，因此定时是至关重要的。在数据通信中，定时的技术称为同步。同步是指接收端按照发送端发送的每个位的起止时刻和速率来接收数据，否则，收发双方之间就会产生很小的衰减。衰减随着时间的推移逐步累积，就会造成传输的数据出错。

所谓同步，就是要求通信双方在时间基准上保持一致。在串行通信中，通信双方交换数据，需要有高度的协同动作，彼此传输数据的速率、每比特持续的时间和间隔都必须相同。下面举例说明同步的重要性。

假如甲打电话给乙，当甲拨通电话并确定对方就是他要找的人时，双方就可以进入通话状态。在通话过程中，甲要讲清每一个字，在每讲完一句话时需要停顿一下。乙要适应甲的说话速度，听清楚甲讲的每一个字，并根据甲的语气和停顿来判断一句话的开始和结束，这样才有可能听懂甲所说的每一句话，这就是人们在电话通信过程中需要解决的同步问题。

通常，同步技术有两种：同步方式和异步方式。

1．同步方式

同步方式的信息格式是一组字符或一个由二进制位组成的数据块（也称为帧）。这些数据不需要附加起始位或停止位，而是在发送一组字符或数据块之前先发送一个同步字符 SYN（以 01101000 表示）或一个同步字节（01111110），用于接收端进行同步检测，从而使收发双方进入同步状态。在发送同步字符或同步字节之后，可以连续发送任意多个字符或数据块，发送完毕后，再使用同步字符或同步字节来标识整个发送过程的结束，如图 2.11 所示。

同步字节	数据帧	同步字节
01111110	1010111000110…011010101001	01111110

计算机　　　　　　　数据传输方向　　　　　　　计算机

图 2.11　同步方式

在同步传输时，由于发送端和接收端将整个字符组作为一个单位传输，且附加位非常少，因此提高了数据传输的效率。这种方法一般用于高速传输数据的系统中，如计算机之间的数据通信。

另外，在同步通信中，收发双方的时钟要严格同步，而使用同步字符或同步字节后，只是同步接收数据帧，只有保证接收端接收的每一比特数据都与发送端的一致，接收端才能正确地接收数据，这就要求使用位同步的方法。对于位同步，收发双方可以使用一个额外的专用信道发送同步时钟保持同步，也可以使用编码技术将时钟编码到数据中，在接收数据的同时获取同步时钟。这两种方法相比，后者的效率更高，应用范围更广。

2. 异步方式

采用异步方式时，每传输一个字符（7 位或 8 位）都要在这个字符码前加一个起始位，以表示字符代码开始；在字符代码校验码后加一个或两个停止位，表示字符结束，如图 2.12 所示。接收端根据起始位和停止位来判断新字符的开始和结束，从而起到同步通信双方的作用。异步方式的实现比较简单，但因为每传输一个字符都需要多使用 2 或 3 位，所以适用于低速通信。

图 2.12　异步方式

2.2.4　通信网络中节点的连接方式

在数据通信的发送端和接收端之间，可以采用不同的线路连接方式，即点到点连接方式或点到多点连接方式。

1. 点到点连接方式

点到点连接方式就是发送端和接收端之间采用一条线路连接，也称为一对一通信或端到端通信，如图 2.13 所示。

2. 点到多点连接方式

点到多点连接方式是一个端点通过通信线路连接两个以上的端点。这种连接方式可细分为分支式和集线式两种。

（1）分支式。分支式通常是一台主计算机和多台终端通过一条主线路相连，如图 2.14 所示，主计算机称为主站（也称控制站），各终端称为从站。

图 2.13　点到点连接方式

图 2.14　分支式

（2）集线式。集线式即在终端较集中的地方，使用集中器先将这些终端集中，再通过高速线路与计算机相连，如图 2.15 所示。其中，集中器设备有集线器与交换机两种。

图 2.15　集线式

（a）集线器连接　　（b）交换机连接

2.2.5　数据传输的基本形式

数据传输的基本形式有基带传输、频带传输和宽带传输。

1．基带传输

基带是原始信号所占用的基本频带，基带传输是指在线路上直接传输基带信号或将基带信号稍加整形后进行的传输。在基带传输中，整个信道只传输一种信号，因此通信信道利用率低。数字信号被称为数字基带信号。在基带传输中，需要先对数字信号进行编码，再对其进行传输。

基带传输是一种最简单、最基本的传输方式。基带传输过程简单，设备价格低，基带信号的功率衰减不大，适用于近距离传输的场合。局域网通常使用基带传输技术。

2．频带传输

远距离通信信道多为模拟信道，例如，传统的电话（电话信道）只适用于传输音频范围为 300～3400Hz 的模拟信号，不适用于直接传输频带很宽但能量集中在低频段的数字基带信号。

频带传输先将基带信号转换（调制）成便于在模拟信道中传输的、具有较高频率范围的模拟信号（称为频带信号），再将这种频带信号在模拟信道中传输。

计算机网络的远距离通信通常采用的是频带传输，基带信号与频带信号的转换是由调制解调器完成的。

3．宽带传输

所谓宽带，就是指比音频带宽还要宽的频带，简单地说就是包括了大部分电磁波频谱的频带。

使用宽带进行传输的系统称为宽带传输系统，它几乎可以收发所有的广播，并且可以进行高速率的数据传输。

借助频带传输，一个宽带信道可以被划分为多个逻辑基带信道。这样就能把声音、图像和数据信息的传输综合在一个物理信道中进行，以满足用户对网络的更高要求。总之，宽带传输一定是采用频带传输的，但频带传输不一定是宽带传输。

2.3　数据编码与调制技术

数据是信息的载体，计算机中的数据是以离散的 0 和 1 二进制比特序列方式表示的。为了正确地传输数据，必须对原始数据进行编码，而数据编码类型取决于通信子网的信道所支持的数据通信类型。

2.3.1　数据的编码类型

模拟数据和数字数据都可以用模拟信号或数字信号来表示及传输。在一定条件下，可以将模拟信号编码成数字信号，或将数字信号调制成模拟信号。数据的编码类型有 4 种，如图 2.16 所示。

图 2.16　数据的编码类型

2.3.2　数据的编码技术

若模拟数据或数字数据采用数字信号传输，则需要采用编码技术进行转换。

1. 模拟数据的编码

在数字化的电话交换和传输系统中，通常需要先将模拟语音数据编码成数字信号，再对信号进行传输。常用的一种技术称为脉冲编码调制（Pulse Code Modulation，PCM）。

脉冲编码调制技术以采样定理为基础，对连续变化的模拟信号进行周期性采样，以有效信号最高频率的两倍或两倍以上的速率对该信号进行采样，通过低通滤波器可不失真地从这些采样值中重新构造出有效信号。

采用脉冲编码调制对模拟信号进行数字化的步骤如下。

① 采样：以采样频率把模拟信号的值采出，如图 2.17 所示。

② 量化：使连续模拟信号变为时间轴上的离散值。例如，采用 8 个量化级，每个采样值用 3 位二进制数表示，如图 2.18 所示。

图 2.17　采样

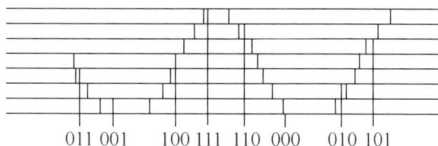

图 2.18　量化

③ 编码：将离散值变成一定位数的二进制码，如图 2.19 所示。

图 2.19　编码

例如，若有一个数字化语音系统，将声音分为 128 个量化级，用一个比特位进行差错控制，采样速率为 4000 次/秒，那么一路语音的数据传输速率是多少呢？

（1）128 个量化级表示的二进制位数为 7 位，加一位差错控制位，故每个采样值用 8 位表示。

（2）数据传输速率：4000 次/秒×8 位=32000 比特/秒。

2. 数字数据的编码

数字信号可以直接采用基带传输。基带传输就是在线路中直接传输数字信号的脉冲，是一种最简单的传输方式，近距离通信的局域网都采用基带传输。采用基带传输时，需要解决的问题是确定数字数据的编码方式及收发两端之间的信号同步。

数字数据的编码方式主要有 3 种：不归零编码、曼彻斯特编码和差分曼彻斯特编码，如图 2.20 所示。

（1）不归零编码（Non-Return-to-Zero，NRZ）。其编码规则如下：用低电平表示 0，用高电平表示 1，但必须在发送 NRZ 的同时，用另一个信号传输同步信号。NRZ 的缺点是发送端和接收端不能保持同步，需采用其他方法保持收发同步。

（2）曼彻斯特编码（Manchester Coding）。该编码每一位的中间有一个跳变，位中间的跳变

图 2.20 数字信号的编码

既用作时钟信号，又用作数字信号；从高到低跳变表示 1，从低到高跳变表示 0。

（3）差分曼彻斯特编码（Differential Manchester Coding）。该编码每位中间的跳变仅提供时钟定时，用每位开始时有无跳变表示数字信号，有跳变为 0，无跳变为 1。

两种曼彻斯特编码将时钟和数据包含在数据流中，在传输数据的同时，将时钟同步信号一起传输给对方，每位编码中有一个跳变，不存在直流分量，因此具有自同步能力和良好的抗干扰能力。但每一个码元都被调成两个电平，所以数据传输速率只有调制速率（码元速率）的一半。

> **提示** 原来的黑白电视和彩色电视都属于模拟电视，它们都以模拟信号进行传输或处理，易受干扰，容易生产"雪花""斜纹"等干扰信号；而数字电视利用数字化的传播手段提供卫星电视传播与数字电视节目服务，它的传播几乎不受噪声干扰，清晰度高、音频效果好、抗干扰能力强。

2.3.3 数据的调制技术

若模拟数据或数字数据采用模拟信号进行传输，则需要采用调制解调技术进行转换。

1. 模拟数据的调制

模拟数据的基本调制技术主要有调幅、调频和调相，它们之间的关系如图 2.21 所示。

调幅即振幅调制（Amplitude Modulation，AM）。调幅通过改变输出信号的振幅来达到传输信息的目的。一般而言，在调制端输出的高频信号的幅度变化与原始信号成一定的函数关系，在解调端进行解调并输出原始信号。

调频即频率调制（Frequency Modulation，FM）。调频是一种以载波的瞬时频率变化来表示信息的调制方式，可通过载波的不同频率来表达不同的信息。调频就是对无线电进行信息加载，得到调制波。

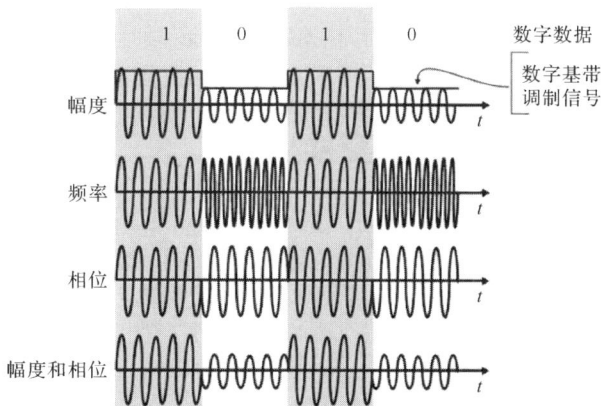

图 2.21 调幅、调频和调相的关系

调相即相位调制（Phase Modulation，PM）。载波的相位对其参考相位的偏离值随调制信号的瞬时值成比例变化。调相和调频有密切的关系。调相时，有调频伴随发生；调频时，有调相伴随发生，不过两者的变化规律不同。实际使用时很少采用调相，调相主要用来获取调频。

2. 数字数据的调制

在目前的实际应用中，数字信号通常采用模拟通信系统传输，如目前我们通过传统电话线上网时，数字信号就是通过模拟通信系统（公共电话网）传输的，数字数据调制如图 2.22 所示。

传统的电话通信信道是为传输语音信号设计的，用于传输 300～3400Hz 的音频模拟信号，不能直接传输数字数据。为了利用模拟语音通信的传统电话线实现计算机之间的远程通信，必须将发送的数字信号转换成能够在公共电话网上传输的模拟信号，这个过程称为调制（Modulation）。经传输后在接收端将模拟信号逆转换成对应的数字信号，这个过程称为解调（Demodulation）。实现数字信号与模拟信号互换的设备叫作调制解调器。

数字数据的调制有 3 种基本技术，即幅移键控（Amplitude Shift Keying，ASK）、频移键控（Frequency-Shift Keying，FSK）和相移键控（Phase-Shift Keying，PSK）。在实际应用中，这 3 种调制技术通常结合起来使用，数字数据的模拟信号编码如图 2.23 所示。

图 2.22　数字数据调制

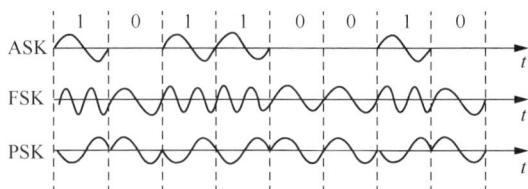

图 2.23　数字数据的模拟信号编码

（1）ASK

ASK 通过改变载波的振幅 V 来表示数字 1、0。例如，保持频率 ω 和相位 φ 不变，V 不等于 0 时表示 1，V 等于 0 时表示 0。

（2）FSK

FSK 通过改变载波的角频率 ω 来表示数字 1、0。例如，保持振幅 V 和相位 φ 不变，ω 等于某值时表示 1，ω 等于另一个值时表示 0。

（3）PSK

PSK 通过改变载波的相位 φ 的值来表示数字 1、0。

PSK 包括以下两种类型。

① 绝对调相，即用相位的绝对值来表示数字 1、0。

② 相对调相，即用相位的相对偏移值来表示数字 1、0。

2.4　数据交换技术

在多个通信系统中，数据从源节点到达目标节点很难实现收发两端直接相连传输，通常要通过多个节点转发才能实现。那么怎么实现数据的交换与转发呢？有哪些数据交换方式呢？

数据经编码后在通信线路上进行传输，最简单的方式是使用传输介质将两个端点直接连接起来进行数据传输。但是每个通信系统都采用把收发两端直接相连的方式是不可能的，一般要通过一个由多个节点组成的中间网络来把数据从源节点转发到目标节点，以实现通信。这个中间网络不关心所传输的数据内容，只是为这些数据从一个节点到另一节点直至目标节点提供数据交换的功能。因此，这个中间网络也叫作交换网络，组成交换网络的节点叫作交换节点。一般而言，交换网络拓扑结构如图 2.24 所示。

数据交换是在多节点网络中实现数据传输的有效手段。常用的数据交换技术有电路交换技术和存储交换技术两种，存储交换技术又可细分为报文交换技术和分组交换技术。

图 2.24　交换网络拓扑结构

2.4.1　电路交换技术

电路交换（Circuit Switching）也叫作线路交换，是数据通信领域最早使用的交换技术。使用电路交换进行通信时，需要通过中心交换节点在两个站点之间建立一条专用通信线路。

1. 电路交换通信的 3 个阶段

电路交换通信包括线路建立、数据传输和线路释放 3 个阶段，如图 2.25 所示。

（1）线路建立。在传输任何数据之前，要先经过呼叫建立一条端到端的线路，如图 2.26 所示。若主机 T1 要与主机 T2 连接，则主机 T1 要先向其相连的节点 A 提出请求，然后节点 A 在关联的路径中找到下一个支路节点 B，在此线路上分配一个未用的通道，并告诉节点 B 它要连接节点 C，接着用同样的方法连接节点 D，完成所有的连接，再由被叫用户主机 T2 发出应答信号给主叫用户主机 T1，这样通信链路就接通了。

只有通信的两个站点之间建立起物理链路之后，才被允许进入数据传输阶段。电路交换的这种"连接"过程所需时间的长短（建立时间）与中间节点的个数有关。

图 2.25　电路交换通信的 3 个阶段

图 2.26　线路建立

（2）数据传输。线路 A-B-C-D 建立之后，数据就可以从节点 A 传输到节点 B，然后由节点 B 传输到节点 C，再由节点 C 传输到节点 D，数据也可以从节点 D 经节点 C、节点 B 传输到节点 A。在整个数据传输过程中，所建立的线路必须始终保持为连接状态。

（3）线路释放。数据传输结束后，先由某一方（T1 或 T2）发出线路释放请求，再逐步拆除所建立的线路。

2. 电路交换技术的特点

电路交换技术的特点如下。

（1）在数据传输开始之前必须建立一条专用的通路，采用面向连接的方式。

（2）一旦线路建立，用户就可以固定的速率传输数据，中间节点不会对数据进行其他缓冲和处理，传输实时性好，透明性好，数据传输可靠、迅速，数据不会丢失且会保持原来的顺序。这种传输方式适用于系统间要求高质量数据传输的情况，常用于电话通信系统中。目前的公共电话网和移动网采用的都是电路交换技术。

（3）在线路释放之前，该线路由一对用户完全占用，即使没有数据传输也要占用线路，因此线路利用率低。

（4）线路建立延迟较大，对于突发式的通信，线路交换效率不高。

（5）线路交换既适用于传输模拟信号，又适用于传输数字信号。

2.4.2 报文交换技术

电路交换技术主要适用于传输语音业务，对数据通信业务而言，这种交换方式有着很大的局限性。数据通信具有很强的突发性，与语音传输相比，数据通信对时延没有严格的要求，但需要进行无差错的传输；而语音传输可以有一定程度的失真，但实时性一定要高。报文交换（Message Switching）技术就是针对数据通信的特点而提出的一种交换方式。

1. 报文交换原理

报文交换的数据传输单位是报文，报文就是站点一次性要发送的数据块，其长度不限且可变。在报文交换过程中，交换设备将接收到的报文先存储起来，待信道空闲时再转发给下一节点，一级一级地中转，直到目的地，这种数据传输技术称为"存储-转发"，如图 2.27 所示。

图 2.27 报文交换

报文传输之前不需要建立端到端的连接，仅需要在相邻节点传输报文时建立节点间的连接，这种方式称为"无连接"方式。

在报文交换过程中，每一个报文都由报头和要传输的数据组成，报头中有源地址和目的地址。节点根据报头中的目的地址为报文进行路径选择，并且对收发的报文进行相应的处理。在报文交换过程中，中间设备必须有足够的内存，以便将接收到的整个报文完整存储下来，然后根据报文的头部控制信息找出报文转发的下一个交换节点。若一时没有空闲的链路，则报文只好暂时存储起来，并等待发送。因此一个节点对一个报文造成的时延往往是不确定的。

报文在交换网络中完全是按接力方式传输的，通信双方事先并不知道报文所要经过的传输通路，但每个报文确实经过了一条逻辑上存在的通路。由于按接力方式工作，任何时刻一份报文只占用一条链路的资源，不会占用通路上的所有链路资源，提高了网络资源的共享性。报文交换技术虽然不需要经历建立线路和释放线路的过程，但每一个节点对报文进行存储转发的时间比较长。报文交换技术适用于非实时的通信，如电报，而不适用于实时的或交互式的通信，如语音、传真等。另外，由于报文交换技术是以整个报文作为存储转发单位的，因此，当报文传输出现错误需要重传时，必须重传整个报文。

2. 报文交换技术的特点

报文交换技术的特点如下。

（1）线路的利用率高，任何时刻一份报文只占用一条链路的资源，不会占用通路上的所有链路资源，可提高网络资源的共享性。

（2）报文交换系统可以把一个报文发送到多个目的地。

（3）可以建立报文的优先级，优先级高的报文在节点上可优先转发。

（4）报文大小不一，因此存储管理较为复杂。

（5）大报文造成存储转发的时延过长，对存储容量要求较高。

（6）出错后必须重传整个报文。

（7）报文交换技术只适用于传输数字信号。

（8）数据传输的可靠性高，每个节点在存储转发过程中都进行差错控制，即进行检错和纠错。

（9）源节点和目标节点在通信时不需要建立一条专用的通路，与电路交换相比，报文交换没有线路建立和线路释放所需的等待和时延。

（10）由于每一个节点都对完整报文进行了存储转发，因此传输时延较长，不适用于实时或交互式通信。

2.4.3　分组交换技术

分组交换（Packet Switching）又称包交换。其与报文交换同属于"存储-转发"式交换，它们之间的差别在于参与交换的数据单元长度不同。分组交换不像报文交换以"整个报文"为单位进行交换传输，而是以更短的、标准的"报文分组"为单位进行交换传输。为了更好地利用信道容量，降低节点中数据量的突发性，应将报文交换技术改进为分组交换技术。分组交换技术将报文分成若干个组，每个分组的长度有一个上限，有限长度的分组使得每个节点所需的存储能力降低了。分组可以存储到内存中，传输时延缩短，提高了交换速度。分组交换技术适用于交互式通信，如终端与主机通信。

1.　分组交换技术的特点

分组交换技术的特点如下。

（1）采用"存储-转发"方式，具有报文交换技术的优点。

（2）提高了数据在网络中的传输速率。这是因为分组是逐个传输的，后一个分组的存储操作与前一个分组的转发操作可以并行，这种流水线式的传输方式减少了报文的传输时间。此外，传输一个分组所需的缓冲区比传输一堆报文所需的缓冲区小得多，这样因缓冲区不足而等待发送的概率就小得多，等待的时间也必然少得多。

（3）简化了存储管理。因为分组长度固定，所以相应的缓冲区的大小也固定，在交换节点中对存储器的管理通常被简化为对缓冲区的管理，相对比较容易。

（4）降低了出错概率和减少了重发数据量。因为分组较短，所以出错概率必然会降低，重发的数据量就会大大减少，这样不仅提高了可靠性，还缩短了传输时延。

（5）分组短小，更适合采用优先级策略，便于及时传输一些紧急数据。对于计算机之间突发式的数据通信，分组交换显然更合适。

2.　分组交换方式

分组交换方式可分为数据包方式和虚电路方式两种。

（1）数据包方式

在数据包分组交换中，每个分组自身携带足够的地址信息，能独立地确定路由（传输路径）。因为不能保证分组按序到达，所以目的站点需要按分组编号重新排序和组装。

主机 A 先后将分组 1 与分组 2 发送给主机 B，分组 2 经过 S1、S4、S5 先到达主机 B，分组 1 经过 S1、S2、S3、S5 后到达主机 B，主机 B 必须对分组重新排序才能获得有效数据，如图 2.28 所示。

数据包方式的特点如下。

① 数据包分组交换中，每个分组被称为一个数据包（Datagram），若干个数据包构成一次要传输的报文或数据块。

② 在传输的过程中，每个数据包都要进行路径选择。每个分组都必须带有数据、源地址和目的地址，其长度受到限制，一般在 2000bit 以内，典型长度为 128 个字节，各个数据包可以按照不同的路径到达目的地。各数据包不能保证按发送的顺序到达目标节点，有些数据包甚至可能在途中丢失。

③ 同一报文的分组可以由不同的传输路径通过通信子网，到达目标节点时可能会出现乱序、重复或丢失现象。在接收端，按分组的顺序将这些数据包重新组合成一个完整的报文。

④ 传输时延较长，适用于突发性通信，不适用于长报文、会话式通信。

图 2.28　数据包方式

（2）虚电路方式

虚电路方式结合了数据包方式与电路交换方式的优点，能达到最佳的数据交换效果。数据包在分组发送之前，发送端和接收端之间不需要预先建立连接；而虚电路在分组发送之前，必须先在发送端和接收端建立一条通路，在这一点上，虚电路方式和电路交换方式相同。与电路交换方式不同的是，虚电路方式建立的通路不是一条专用的物理线路，而只是一条路径。在每个分组沿此路径转发的过程中，经过每个节点仍然需要存储，并且等待队列输出。通路建立后，每个分组都经此路径到达目标节点，因此在虚电路分组交换过程中，各个分组是按照发送端的分组顺序依次到达目标节点的，这一点和数据包方式不同。

虚电路是为传输某一报文而设立和存在的，它是两个用户节点在开始互相发送和接收数据之前需要通过通信网络建立的逻辑上的连接，所有分组都必须沿着事先建立的这条虚电路传输，用户在不需要发送和接收数据时应清除该连接。

虚电路的整个通信过程分为 3 个阶段，分别是虚电路建立、数据传输、虚电路拆除，如图 2.29 所示。

在虚电路方式中，为了进行数据传输，网络的源节点和目标节点之间要先建立一条逻辑通路。每个分组除了包含数据之外，还包含一个虚电路标识符。在预先建好的通路上，每个节点都知道把这些分组传输到哪里去，不再需要进行路径选择判定。最后由其中一站用户来请求结束这次连接。它之所以是"虚"的，是因为这条电路不是专用的。

如图 2.30 所示，主机 H1 与主机 H4 进行数据传输，先在主机 H1 与主机 H4 之间建立虚电路，然后依次传输分组 1、2、3、4、5，主机 H4 依次接收分组 1、2、3、4、5，无须重新进行组装和排序，数据传输过程中不需要再进行路径选择。

虚电路方式的特点如下。

① 虚电路可以看作采用了电路交换思想的分组交换。

② 虚电路的路由表是由路径上的所有交换机中的路由表定义的。

③ 虚电路的路由在建立时确定，传输数据时不再需要，由虚电路号标识。

④ 在进行数据传输时，只需指定虚电路号，分组即可按虚电路号进行传输，类似于"数字管道"。

⑤ 能够保证分组按序到达，提供的是"面向连接"的服务。

⑥ 虚电路又分为永久虚电路和交换虚电路两种。

图 2.29 虚电路的整个通信过程

图 2.30 虚电路方式

虚电路方式的主要特点如下：在数据传输之前必须通过虚呼叫设置一条虚电路，但并不像电路交换那样有一条专用通路，分组在每个节点上仍然需要缓冲，并在线路上进行排队，以等待输出。

2.4.4 数据交换技术比较

数据交换技术分为电路交换技术、报文交换技术和分组交换技术这 3 种，它们的比较如下。

1. 分组交换技术与报文交换技术比较

分组交换技术与报文交换技术相比，具有以下优点。

（1）缩短了时延。当分组交换把第一个分组发送给第一个节点后，可发送第二个分组，随后可发送其他分组，这样多个分组可同时在网络中传播，总的时延大大缩短，网络信道的利用率大大提高。

（2）分组交换把数据的最大长度限制在较小的范围内，这样每个节点所需要的存储量减少了，有利于提高节点存储资源的利用率。

（3）数据出错时，只需要重传错误分组，而不需要重发整个报文，这样有利于迅速进行数据纠错，大大降低了每次传输发生错误的概率以及减少了重传信息的数量。

（4）易于开始新的数据传输。可使紧急报文迅速发送出去，不会因传输优先级较低的报文而堵塞。

2. 3 种数据交换技术比较

电路交换技术、报文交换技术和分组交换技术 3 种数据交换技术的传输过程如图 2.31 所示。

图 2.31 电路交换技术、报文交换技术和分组交换技术 3 种数据交换技术的传输过程

在进行数据传输的过程中，若要传输的数据量很大，并且传输时间远大于呼叫时间，则采用电路交换技术较为合适；当端到端的通路由很多段的链路组成时，采用分组交换技术较为合适。从提高整个网

络的信道利用率来看，报文交换技术和分组交换技术优于电路交换技术，其中分组交换技术比报文交换技术的时延短，尤其适用于计算机之间的突发式的数据通信。

2.4.5 高速交换技术

常见的高速交换技术包括异步传输模式技术和光交换技术。下面将分别对其进行简单介绍。

1. 异步传输模式技术

异步传输模式（Asynchronous Transfer Mode，ATM）的每一个字符独立形成一个帧进行传输，一个连续的字符串同样被封装成连续的独立帧进行传输，各个字符的间隔可以是任意的。

随着分组交换技术的广泛应用和发展，出现了传输语音业务的电路交换网络和传输数据业务的分组交换网络这两大网络共存的局面。语音业务和数据业务的分别传输，促使人们思考一种新的技术来同时发挥电路交换和分组交换的优点，并同时向用户提供统一的服务，包括传输语音业务、数据业务和图像信息。因此，20世纪80年代末，国际电信联盟（International Telecommunications Union，ITU）提出了宽带综合业务数字网的概念，并提出了一种全新的技术，即 ATM 技术。

ATM 技术兼顾各种数据类型，将数据分成一个个的数据组，每个分组称为一个信元，ATM 信元格式如图 2.32 所示。

图 2.32 ATM 信元格式

ATM 的每个信元固定长度为 53 个字节，其中 5 个字节为信元头，48 个字节为信元信息域，用来装载来自不同用户、不同业务的信息。ATM 技术采用异步时分多路复用技术，不固定时隙传输，每个时隙的信息中都带有地址信息，数据包进一步减小，能更充分地利用线路的通信容量和带宽。

信元头中有信元去向的逻辑地址、优先级、信元头差错控制、流量控制等信息。信元信息域中装入被分解成数据块的各种不同业务的用户信息或其他管理信息，并透明地穿过网络。

ATM 的特点是每一个字符按照一定的格式组成一个帧进行传输，即在一个字符的数据位前后分别插入起始位、校验位和停止位构成一个传输帧。起始位起位同步时钟置位作用，即起始位到达时，启动位同步时钟，开始进行信息接收，以实现传输字符所有位的码元同步。起始位、校验位和停止位的加入会引入 20%～30%的开销，传输的开销格外大，使传输效率只能达到 70%左右。ATM 仅采用奇偶校验码进行检错，检错能力较差。

在数据传输中，来自不同业务和不同源端的信息统一以固定字节的信元汇集在一起，在 ATM 交换机的缓冲区排队，然后传输到线路上，由信元头中的地址来确定信元的去向。使用这种方式可使任何业务按实际需要占用资源，保证网络资源得到合理利用。目前，ATM 技术被广泛应用于银行等金融机构中。

2. 光交换技术

由于光传输技术的不断发展，目前在传输领域中光传输已占主导地位。光传输速率正向太比特每秒级进军，其高速、宽带的传输特性，导致以电信号分组交换为主的交换技术很难适应，因为在光传输下必须在中转节点经过光电转换，无法充分利用底层提供的带宽资源。光交换技术是一种光纤通信技术，它是指不经过任何光电转换，直接将输入的光信号交换到不同的输出端。

拓展阅读 2-1

光交换技术是全光网络的关键技术之一。在现代通信网络中，光交换技术的最终发展趋势将是光控制下的全光交换，并与光传输技术完美结合，即数据从源节点到目标节点的传输过程都在光域内进行。全光网络可以克服电路交换在容量上的瓶颈限制，可以节省大量建网成本，可以大大提高网络的灵活性和可靠性。光交换技术可以分为光路交换技术和光分组交换技术等。由于技术上的原因，目前主要开发光路交换技术，光分组交换技术和光突发交换技术是光交换技术中的非常有开发价值的热点技术，也是全光网络的核心技术，它们有着广泛的市场应用前景。

2.5 信道多路复用技术

信道多路复用技术是把多个低速信道组合成一个高速信道的技术，它可以有效提高数据链路的利用率，从而使一条高速的主干链路同时为多条低速的接入链路提供服务，也就是使网络干线可以同时运载大量的语音和数据。信道多路复用技术是人们为了充分利用传输介质而研究出的在一条物理线路上建立多个通信信道的技术。信道多路复用技术的实质是，将一个区域的多个用户数据通过多路复用器进行汇集，然后将汇集后的数据通过一个物理线路进行传输，多路复用器再对数据进行分离，将其分发到多个用户。信道多路复用技术通常分为频分多路复用技术、时分多路复用技术、波分多路复用技术和码分多路复用技术。

2.5.1 频分多路复用技术

频分多路复用（Frequency Division Multiplexing，FDM）技术的工作原理如下：在物理信道的可用带宽超过单个原始信号所需带宽的情况下，将该物理信道的总带宽分割成若干个与传输单个信号带宽相同（或略宽）的子信道，每个子信道传输一路信号，如图 2.33 所示。

图 2.33 频分多路复用技术的工作原理

频分多路复用技术的主要特点如下：信号被划分成若干通道（频道，波段），每个通道互不重叠，能独立进行数据传递。每个载波信号形成一个不重叠、相互隔离（不连续）的频带。接收端通过带通滤波器来分离信号，频分多路复用技术在无线电广播和电视领域中的应用较多。非对称数字用户线（Asymmetric Digital Subscriber Line，ADSL）是数字用户线路服务中最流行的一种，ADSL 也是一个典型的频分多路复用技术的应用。ADSL 用频分多路复用技术在公用电话交换网（Public Switched Telephone Network，PSTN）使用的双绞线上划分出 3 个频段：0～4kHz，用来传输传统的语音信号；20kHz～50kHz，用来传输计算机上下载的数据信息；150kHz～500kHz 或 140kHz～1100kHz，用来传输从服务器上下载的数据信息。

2.5.2 时分多路复用技术

频分多路复用技术以信道频带作为分割对象，通过为多个信道分配互不重叠的频率范围的方法来实现多路复用，因而更适用于模拟信号的传输。时分多路复用（Time Division Multiplexing，TDM）技术则以信道传输的时间作为分割对象，通过为多个信道分配互不重叠的时间片的方法来实现多路复用，因此时分多路复用更适用于数字信号的传输。

时分多路复用技术的工作原理如下：将信道用于传输的时间划分为若干个时间片，给每个用户分配一个或几个时间片，使不同信号在不同时间段内传输。在用户占有的时间片内，用户使用信道的全部带宽来传输数据，如图 2.34 所示。

图2.34 时分多路复用技术的工作原理

时分多路复用技术可细分为同步时分多路复用技术和异步时分多路复用技术两种。

1. 同步时分多路复用技术

同步时分多路复用（Synchronous Time Division Multiplexing，STDM）技术按照信号的路数划分时隙，每一路信号具有相同大小的时隙且预先被指定，类似于"对号入座"。时隙轮流分配给每路信号，每路信号在时隙使用完毕以后要停止通信，并把信道让给下一路信号使用。当其他各路信号把分配到的时隙都使用完以后，该路信号再次取得时隙进行数据传输。

同步时分多路复用技术的优点是控制简单，实现起来容易；缺点是无论输入端是否传输数据，都会占用相应的时隙，若某个时隙对应的装置无数据发送，则该时隙空闲不用，这会造成信道资源的浪费。发送第一帧时，D 路信号和 A 路信号占用了两个时隙，B 路信号和 D 路信号没有数据传输，则空两个时隙；发送第二帧时，只有 C 路信号有数据传输，占用一个时隙，空 3 个时隙，如此往复，如图 2.35 所示。这时，有大量数据要发送的信道会由于没有足够的时隙可利用而花费很长一段时间才能将数据发送完毕，从而降低了线路的利用效率。为了克服同步时分多路复用技术的缺点，引入了异步时分多路复用技术。

图2.35 同步时分多路复用技术的工作原理

2. 异步时分多路复用技术

异步时分多路复用（Asynchronous Time Division Multiplexing，ATDM）技术也叫作统计时分多路复用（Statistical Time Division Multiplexing）技术。它动态"按需分配"时隙，即只要用户有传输数据的需要就为其分配时隙。用户需要传输的数据量较大时，分配给用户较大的时隙；用户需要传输的数据量较小时，分配给用户较小的时隙；如果用户没有数据需要传输，则不分配给用户时隙。因此每个用户分配的时隙宽度及顺序均不固定，而是随用户要传输的数据量的变化而变化。异步时分多路复用技术是目前计算机网络中应用广泛的多路复用技术。异步时分多路复用技术是同步时分多路复用技术的改进版，提高了线路的利用率。

异步时分多路复用技术允许动态地按需分配使用时隙，以避免出现空闲时隙，即在输入端有数据要发送时才分配时隙，当用户暂停发送数据时不分配时隙（线路资源）。同时，异步时分多路复用技术的时隙顺序与输入端之间没有一一对应的关系，任何一个时隙都可以被用于传输任意一路输入信号。A、B、C、D 路信号有数据传输时，依次占用时隙，如图 2.36 所示。

另外，在异步时分多路复用过程中，每路信号可以通过多占用时隙来获得更高的传输速率，采用这种方式的传输速率可以高于平均速率，最高速率可实现线路总的容量带宽，即用户占用所有的时隙。

图 2.36　异步时分多路复用技术的工作原理

例如，线路总的传输速率为 64kbit/s，4 个用户共用此线路，在同步时分多路复用过程中，每个用户的最高传输速率为多少？在异步时分多路复用过程中，每个用户的最高传输速率又为多少？

在同步时分多路复用过程中，每个用户的最高传输速率为 16kbit/s；在异步时分多路复用过程中，每个用户的最高传输速率为 64kbit/s。

2.5.3　波分多路复用技术

在同一根光纤中同时让两个或两个以上的光波长信号通过不同光信道各自传输信息的技术称为光波分复用技术，通常称为波分多路复用（Wavelength Division Multiplexing，WDM）技术。

波分多路复用技术用同一根光纤传输多路不同波长的光信号，以提高单根光纤的传输能力。光通信的光源在光通信的"窗口"中只占用了很小的一部分，还有很大的范围没有利用。如果将一系列载有信息的不同波长的光载波，在光领域内以一至几百纳米的波长间隔合在一起，沿单根光纤传输，在接收器再用一定的方法，将各个不同波长的光载波分开。例如，在光通信的"窗口"中安排 100 个波长不同的光源，并同时在一根光纤上传输其各自携带的信息，则能使光纤通信系统的容量变为原来的 100 倍。

波分多路复用技术一般用波长分割复用器和解复用器（也称合波/分波器）分别置于光纤两端，实现不同光波长信号的耦合与分离，这两个器件的工作原理是相同的。波分多路复用技术的工作原理如图 2.37 所示，将信号 1、信号 2、信号 3 连接到三棱柱上，每路信号处于不同的波段，3 路信号通过三棱柱/衍射光栅合成到一根共享光纤上，待传输到目的地后，再将它们用同样的方法分离。

图 2.37　波分多路复用技术的工作原理

拓展阅读 2-2

2.5.4　码分多路复用技术

码分多路复用（Code Division Multiplexing，CDM）技术又称码分多路访问（Code Division Multiple Access，CDMA）技术。

码分多路复用技术是一种共享信道的技术，每个用户可在同一时间使用同样的频带进行通信，但使用的是基于码型的分割信道的方法，即为每个用户分配一个地址码，各个码型互不重叠，通信各方不会相互干扰，抗干扰能力强。

码分多路复用技术的特征是每个用户有特定的地址码，而地址码之间相互具有正交性，因此各用户信息的发射信号在频率、时间和空间上都可能重叠，从而使有限的频率资源得到利用。

码分多路复用技术是在扩频技术上发展起来的无线通信技术，即将需要传输的具有一定信号带宽的信息数据，通过一个带宽远大于信号带宽的高速伪随机码进行调制，使原数字信号的带宽被扩展，再经载波调制并发送出去。接收端也使用完全相同的伪随机码，对接收的带宽信号做相关处理，把宽带信号换成原信息数据的窄带信号（这一过程被称为解扩），以实现通信。

码分多路复用技术主要用于无线通信系统，特别是移动通信系统。它不仅可以提高通信的语音质量和数据传输的可靠性，以及减小干扰对通信的影响，还可以增大通信系统的容量。笔记本电脑或个人数字助理（Personal Digital Assistant，PDA）等移动计算机的联网通信就使用了这种技术。

2.6 差错控制技术

正如邮局的信件在投递过程中会产生一些错误投递一样，数据在传输过程中也会产生差错，那么为什么会产生差错呢？如何进行差错控制呢？

2.6.1 差错的产生

所谓差错，就是指在数据通信中，接收端接收到的数据与发送端实际发出的数据不一致。差错的产生是无法避免的，信号在物理信道中传输时，线路本身电气特性造成的随机噪声、信号幅度的衰减、频率和相位的畸变、电气信号在线路上产生反射造成的回音效应、相邻线路间的干扰以及各种外界因素（如大气中的闪电、开关的跳火、外界强电磁场的变化、电源的波动等）等，都会造成信号的失真。数据传输过程中位丢失时，发出的数据位为0而接收到的数据位为1，或发出的数据位为1而接收到的数据位为0，也会产生差错，如图2.38所示。

图2.38 差错的产生

根据差错产生的原因，可把噪声分为两类：热噪声和冲击噪声。

（1）热噪声。热噪声又称为白噪声，是由导体中电子的热震动引起的，它存在于所有电子器件和传输介质中。它是温度变化引起的，但不受频率变化的影响。热噪声在所有频谱中以相同的形态分布，它是不能够消除的，由此造成通信系统性能有上限。

例如，线路本身电气特性随机产生的信号幅度、频率与相位的畸变和衰减、电气信号在线路上产生反射造成的回音效应、相邻线路之间的串扰等都属于热噪声。

（2）冲击噪声。冲击噪声的波形呈突发状，是由外界电磁干扰引起的，其噪声幅度可能相当大，是数据传输中的主要差错。冲击噪声引起的传输差错为突发差错，这种差错的特点如下：前面的码元出现了差错，往往会使后面的码元出现错误，即错误之间有相关性。

例如，大气中的闪电、自然界磁场的变化及电源的波动等因素所引起的噪声都属于冲击噪声。

2.6.2 差错控制编码

为了保证通信系统的传输质量，降低误码率，必须采取差错控制措施，即差错控制编码。

数据信息在向信道发送之前，先按照某种关系附加上一定的冗余位，构成一个完整码字再发送，这个过程称为差错控制编码过程。接收端收到该码字后，检查信息和附加的冗余位之间的关系，以判定传输过程中是否有差错产生，这个过程称为检错过程。如果发现错误，则及时采取措施，纠正错误，这个过程称为纠错过程。因此差错控制编码可分为检错码和纠错码两类。

（1）检错码。检错码是能够自动发现错误的编码，如奇偶校验码、循环冗余校验码。

（2）纠错码。纠错码是能够发现错误且能自动纠正错误的编码，如海明码、卷积码。

1. 奇偶校验码

奇偶校验码是最简单的检错码。其校验规则如下：在原数据位后附加校验位（冗余位），根据附加后的整个数据码中的 1 的个数为奇数或偶数，而分别叫作奇校验码或偶校验码。奇偶校验可分为水平奇偶校验、垂直奇偶校验、水平垂直奇偶校验和斜奇偶校验。

例如，字符 A 的 ASCII 为 1000001，在其后面增加一位校验位进行奇校验，增加后为 10000011（使 1 的个数为奇数），如果传输时其中一位出错，如 11000011，则奇校验能检查出错误；如果传输时有两位出错，如 11100011，则奇校验无法检查出错误。在实际传输过程中，偶然一位出错的概率最大，故这种简单的校验方法还是很有用处的。但这种方法只能检测错误，不能纠正错误，不能检测出错误在哪一位，故一般用于对通信要求较低的情况。

2. 循环冗余校验码

循环冗余校验（Cyclic Redundancy Check，CRC）先将要发送的数据与通信双方共同约定的数据进行除法运算，根据余数得出一个校验码，再将这个校验码附加在数据帧之后发送出去。

接收端在接收到数据后，将包括校验码在内的数据帧与约定的数据进行除法运算。若余数为 0，则表示接收的数据正确；若余数不为 0，则表明数据在传输的过程中出现了错误。循环冗余校验的数据传输过程如图 2.39 所示。

图 2.39　循环冗余校验的数据传输过程

2.6.3　差错控制方法

当没有差错控制时，信源输出的数字（也称符号或码元）序列将直接送往信道。由于信道中存在干扰，信道的输出将产生差错。数字在传输中产生差错的概率（误码率）是衡量传输准确性的一个主要指标。在数字通信中，信道给定以后，如果误码率不能满足要求，则要采取差错控制。按具体实现方法的不同，差错控制方法可以分为前向纠错方法、反馈重发检错方法和混合法 3 种类型。

1. 前向纠错方法

在前向纠错（Forward Error Correction，FEC）方法中，接收端不但会对数据进行检测，当检测出差错后还能利用编码的方法自动纠正差错，其工作原理如图 2.40 所示，前向纠错方法必须使用纠错码。

图 2.40　前向纠错方法的工作原理

61

差错控制系统只包含信道编码器和译码器。从信源输出的数字序列在信道编码器中被编码，然后送往信道。由于信道编码器使用的是纠错码，因此译码器可以纠正传输中带来的大部分差错而使信宿得到比较正确的序列。

在接收端检测到接收码元差错后，可以通过一定的运算确定差错的具体位置，并自动加以纠正。这又称自动纠错，是提高信道利用率的一种有效手段。信息论中的信道编码理论研究的是给定信道的前向纠错能力及其极限，而纠错编码理论研究的是用于前向纠错的纠错码的具体编译码方法。

传统的纠错编码理论认为，为了使一种码具有纠错能力，必须对原码字增加多余的码元以扩大码字间的差别（称为码距离）。一般认为发送时因纠错所增加的多余码元将引起占用带宽的增加而减少单位带宽的传信率。组合编码调制理论把调制与纠错编码综合起来考虑，通过扩大调制信号集合而能在不增加所需信道带宽的条件下提高编码调制系统的纠错能力。前向纠错方法已被广泛用于卫星通信、移动通信和频带数据传输之中。

2. 反馈重发检错方法

反馈重发检错方法又称自动重传请求（Automatic Repeat Quest，ARQ）方法，其利用编码的方法在接收端检测差错。当检测出差错后，设法通知发送端重新发送数据，直到无差错为止，其原理如图 2.41 所示，反馈重发检错方法只使用检错码。

图 2.41 反馈重发检错方法的原理

反馈重发检错方法只利用检错码以发现传输中的差错，同时在发现差错以后通过反向信道通知发送端重新传输相应的一组数字，以此来提高传输的准确性。根据重发控制方法的不同，反馈重发检错方法还可以分成若干种实现方式。其中最简单的一种方式为等待重传。采用这种方式时，发送端每发送出一组数字就停下来等待接收端的回答。这时检错码译码器如未发现差错，便会通过接收端重发控制器和反向信道向发送端发出表示正确的回答。发送端收到该信息后通过发送端重发控制器控制信源传输下一组数字，否则信源会重新传输原先那组数字。

前向纠错方法与反馈重发检错方法的主要差别如下。

① 前向纠错方法不需要反向信道，而反馈重发检错方法必须有反向信道。

② 前向纠错方法利用了纠错码，而反馈重发检错方法利用了检错码。一般来讲，纠错码的实现比较复杂，可纠正的差错少，而检错码的实现比较容易，可发现的差错多。

③ 前向纠错方法带来的消息延迟是固定的，传输消息的速率也是固定的，而反馈重发检错方法中的消息延迟和消息的传输速率都会随重发频率的变化而变化。

④ 前向纠错方法不要求对信源进行控制，而反馈重发检错方法要求信源可控。

⑤ 经前向纠错的被传消息的准确性仍然会随着信道干扰的变化而发生很大变化，而经反馈重发检错的被传消息的准确性比较稳定，一般不随干扰的变化而变化。因此，两者的适用场合不同。

3. 混合法

在信道干扰较大时，单用反馈重发检错方法会因不断重传而使消息的传输速率下降过多，而仅用前向纠错方法又不能保证足够的准确性，这时两者兼用比较有利，这就是混合法。此法所用的信道编码是一种既能纠正部分差错又能发现大部分差错的编码。信道译码器会先纠正那些可以纠正的差错，只对那些不能纠正但能发现的差错要求重传，这会大大降低重传的次数。同时，由于编码的检错能力很强，因此最后得到的数字信息的准确性是比较高的。

技能实践

任务 2.1　交换机基本配置

【实训目的】
（1）了解网络连接设备。
（2）掌握交换机的基本配置。

【实训环境】
（1）准备 Cisco Packet Tracer 8.0 模拟器。
（2）设计网络拓扑结构。

【实训内容与步骤】
　　某公司组建了局域网，为了保障网络安全和网络速度，需要为交换机配置主机名称和密码，并对密码进行加密，同时对网络速度进行限制。

V2-1　交换机基本配置

（1）交换机基本配置。

① 对交换机进行基本配置，如图 2.42 所示，进行网络拓扑连接。

图 2.42　交换机基本配置

② 配置主机 PC1 和主机 PC2 的 IP 地址等相关信息，如图 2.43 所示。

图 2.43　主机 PC1 和主机 PC2 的 IP 地址等相关信息

③ 配置交换机的控制台密码。为交换机配置一个控制台密码，避免 Console 端口被恶意访问。网

络管理员在通过 Console 端口进行配置时需要输入此密码验证身份。因为 Console 端口只有一个，所以默认其后以 0 来表示端口 ID，相关实例代码如下。

```
Switch>enable
Switch#configure  terminal
Switch(config)#line  console  0                //进入 console 0 端口线路配置模式
Switch(config-line)#password  lncc123          //为 console 0 端口配置密码 lncc123
Switch(config-line)#login                      //允许通过本地登录，如果没有此命令，则密码不生效
Switch(config-line)#exit
Switch(config)#
```

④ 配置交换机的特权密码。刚出厂的新交换机是没有密码的，在用户视图（Switch＞）下直接执行 "enable" 命令就可以进入特权视图（Switch＃）。在特权视图下，完成对交换机特权密码的配置，相关实例代码如下。

```
Switch#configure  terminal
Switch(config)#enable ?
  password   Assign the privileged level password
  secret     Assign the privileged level secret
Switch(config)#enable  password  lncc123          //配置特权明文密码为 lncc123
Switch(config)# service  password-encryption       //加密系统中的所有密码
Switch(config)#enable  secret  level  ?
  <1-15>  Level number
Switch(config)#enable  secret  level  15  ?
  0      Specifies an UNENCRYPTED password will follow
  5      Specifies an ENCRYPTED secret will follow
  LINE   The UNENCRYPTED (cleartext) 'enable' secret
Switch(config)#enable  secret  level  15  5  lncc123      //配置特权密文密码为 lncc123
```

其中，level 为口令应用到的交换机的管理级别，可以设置 1 到 15 共 15 个级别，如果不指明级别，则默认为 15 级，"level 15" 表示特权密码设置；"0" 表示用明文输入口令，"5" 表示用密文输入口令，如果加密类型为 "0"，则口令以明文形式输入，如果加密类型为 "5"，则口令以密文形式输入。

可以使用该命令的 no 选项禁用该级别的密码，相关实例代码如下。

```
Switch(config)#no  enable  secret  level  15
Switch(config)#no  enable  password
```

为了验证刚刚输入的密码是否正确，从特权视图返回到用户视图后，重新进入特权视图，相关实例代码如下。

```
Switch#exit                        //返回用户视图
User Access Verification
Password:                          //输入 console 0 端口密码
Switch>enable
Password:                          //输入特权密码
Switch#
```

如果在提示输入密码处输入 "lncc123" 并按【Enter】键后能够顺利进入特权视图，则说明设置成功；否则设置失败，需要重新进行设置。

> **注意** 如果在设置 "enable password" 命令后又设置了 "enable secret password" 命令，则 "enable secret password" 命令会覆盖 "enable password" 命令。

⑤ 配置交换机端口的双工模式。因为思科 C2900 系列交换机的端口是支持 10Mbit/s、100Mbit/s、1000Mbit/s 多种传输速率的，所以在与其他设备连接时，可以使用 duplex 端口配置命令来指定交换机

端口的双工模式。可以指定双工模式和传输速率为 auto，与对端设备进行自动协商；也可以手动指定交换机端口的双工模式为 full（全双工）或 half（半双工），传输速率可以指定为 100Mbit/s 或 10Mbit/s，以避免厂商之间的自动协商出现问题，相关实例代码如下。

```
Switch>enable
Switch#configure terminal
Enter configuration commands, one per line.   End with CNTL/Z.
Switch(config)#hostname   SW1                    //修改主机名称为 SW1
SW1(config)#interface    fastEthernet 0/1        //进入端口配置视图
SW1(config-if)#duplex   ?                        //双工模式参数查询
   auto   Enable AUTO duplex configuration
   full   Force full duplex operation
   half   Force half-duplex operation
SW1(config-if)#duplex   auto                     //配置为自动协商模式
SW1(config-if)#speed   ?
   10      Force 10 Mbps operation
   100     Force 100 Mbps operation
   auto    Enable AUTO speed configuration
SW1(config-if)#speed   auto                      /配置传输速率为 auto
SW1(config-if)#end
SW1#wr                                           //保存当前配置
Building configuration...
[OK]
SW1#
```

⑥ 测试主机连通性。在主机 PC1 上使用 ping 命令访问主机 PC2，测试主机连通性，如图 2.44 所示。

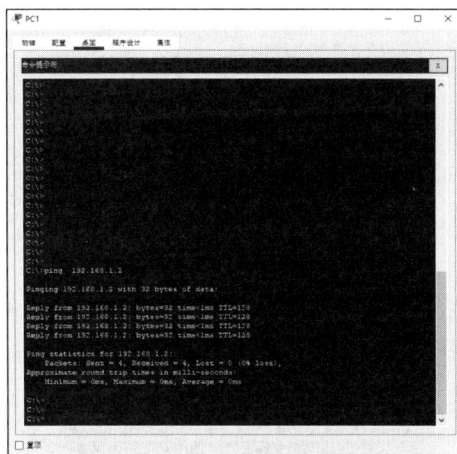

图 2.44　测试主机连通性

（2）Telnet 方式管理交换机。

远程访问思科交换机上的虚拟型（Virtual Type，VTY）端口有两种选择：Telnet 协议与安全外壳（Secure Shell，SSH）协议。老式交换机可能不支持使用 SSH 协议的安全通信。

Telnet 协议起源于 ARPANet，是最古老的 Internet 应用之一。Telnet 协议为用户提供了一种通过网络上的终端远程登录服务器的方式。Telnet 使用 TCP 作为传输层协议，使用的端口号为 23，Telnet 协议采用客户端/服务器（Client Server，C/S）模式。当用户通过 Telnet 登录远程计算机时，实际上启用了两个程序：一个是 Telnet 客户端程

V2-2　Telnet 方式
管理交换机

65

序，它运行在本地计算机上；另一个是 Telnet 服务器程序，它运行在要登录的远程设备上。因此，在远程登录过程中，用户的本地计算机是一个客户端，而提供服务的远程计算机是一台服务器。

Telnet 协议是早期型号的思科交换机上支持使用 SSH 协议的安全通信的最初方法。Telnet 协议是用于终端访问的常用协议，这是因为大部分最新的操作系统都附带内置的 Telnet 客户端。但是 Telnet 协议不是访问网络设备的安全方法，因为它在网络上是以明文形式发送所有数据的。攻击者使用网络监视软件可以读取 Telnet 客户端和思科交换机的 Telnet 服务器之间发送的每个字符。

Telnet 远程登录方式是通过连接计算机与交换机的网络来登录交换机的，只要管理员的计算机能够通过网络访问到交换机，就可以使用 Telnet 方式登录交换机。因为使用网络传递登录信息，所以在登录之前必须对交换机设置管理 IP 地址和登录密码等参数，且保证网络畅通。Telnet 登录方式的特点是可以通过网络对交换机进行远距离登录，比较方便；登录信息在网络上传递时不加密，不够安全，同时登录密码需要保管好。

① 设置交换机远程登录密码。设置 Telnet 远程登录密码的命令格式与设置特权密码的格式相同，只是需设置 level 参数为"1"，而不是"15"，即"level 1"表示远程登录密码设置、"level 15"表示特权密码设置，相关实例代码如下。

```
Switch>enable
Password:
Switch#configure terminal
Enter configuration commands, one per line.   End with CNTL/Z.
Switch(config)#enable  secret  level  1  0  lncc123        //远程 Telnet 登录密码为 lncc123
Switch(config)#
```

② 设置线路远程登录密码，相关实例代码如下。

```
Switch(config)#line  vty  0  4             //允许虚拟终端线路 0~4 共 5 个用户同时登录
Switch(config-line)#password    lncc123    //设置线路登录密码为 lncc123
Switch(config-line)#login                  //允许通过本地登录，如果没有此命令，则密码不生效
Switch(config-line)#exit
Switch(config)#
```

③ 配置交换机管理 IP 地址，相关实例代码如下。

```
Switch(config)#interface  vlan  1
Switch(config-if)#ip  address  192.168.1.254  255.255.255.0    //配置交换机管理 IP 地址
Switch(config-if)#no  shutdown                                 //开启交换机虚拟端口 VLAN1
Switch(config-if)#
```

④ 在主机 PC1 命令提示符方式下，访问交换机管理 IP 地址，确定可以 ping 通，执行"telnet 192.168.1.254"命令登录交换机，输入密码"lncc123"进行登录，如图 2.45 所示。

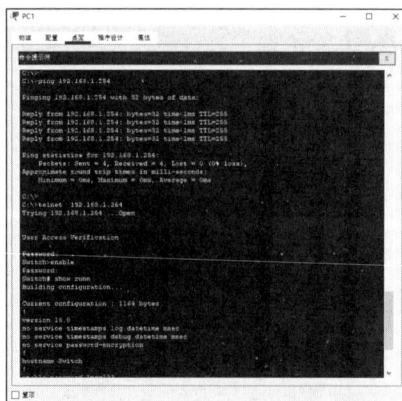

图 2.45　Telnet 登录交换机

⑤ 配置二层交换机默认网关。二层交换机与计算机一样,交换机与要访问的设备不在同一个网段时,必须配置一个默认网关,相关实例代码如下。

```
Switch#configure terminal
Switch(config)#hostname   SW1                          //修改主机名称
SW1 (config)#ip   default-gateway   192.168.1.254       //配置二层交换机默认网关
SW1 (config)#exit
SW1#
```

上述设置默认网关 IP 地址命令只在二层交换机上有效。

⑥ 查看交换机的配置文件。在特权视图下执行"show   running-config"命令,也可以执行该命令的简写"sh run",查看当前运行的配置文件,相关实例代码如下。

```
SW1#sh  run                                  //输入简写命令,查看当前运行的配置文件
Building configuration...
Current configuration : 1215 bytes
!
version 15.0                                 //软件版本
 no service timestamps log datetime msec
no service timestamps debug datetime msec
service password-encryption
!
hostname   SW1                               //主机名称
!
enable secret 5 lncc123
!
spanning-tree mode pvst
spanning-tree extend system-id
!
interface GigabitEthernet0/1
!
interface Vlan1
 ip address 192.168.1.254 255.255.255.0       //管理 IP 地址
!
ip default-gateway 192.168.1.254              //默认网关
!
line con 0
 password 7 082D424D0A485744                  //console 0 端口配置密码
 login
line vty 0 4
 password 7 082D424D0A485744                  //线路登录密码
 login
line vty 5 15
 login
!
end
SW1#
```

(3)SSH 方式管理交换机。

由于 Telnet 协议存在安全性问题,因此 SSH 协议成为用于远程访问虚拟终端线路设备的首选协议。SSH 协议提供与 Telnet 协议相同类型的访问,但是增强了安

V2-3 SSH 方式
管理交换机

全性。SSH 客户端和 SSH 服务器之间的通信是加密的。SSH 协议有多个版本,思科设备目前支持 SSHv1 协议和 SSHv2 协议。建议尽可能实施 SSHv2 协议,因为它使用了比 SSHv1 协议强的安全加密算法。SSH 标准协议端口号为 22。SSH 协议是一种网络安全协议,通过对网络数据的加密,在一个不安全的网络环境中提供了安全的远程登录和其他安全网络服务,解决了 Telnet 远程登录的安全性问题。SSH 通过 TCP 进行数据交互,它在 TCP 之上构建了一个安全的通道。另外,除了支持标准端口 22 之外,SSH 协议还支持其他服务端口,以提高安全性,防止受到非法攻击。

需要注意的是,交换机进行 Telnet 和 SSH 连接的前提条件是配置 IP 地址使网络连通。但是由于 Telnet 协议采用明文形式传送信息,不够安全,而 SSH 协议使用密钥加密后传送信息,因此 SSH 协议是推荐使用的带内管理方式。

① 配置交换机的域名,相关实例代码如下。

```
Switch>enable
Switch#terminal   no   monitor                    //关闭终端反馈显示信息
Switch#configure   terminal
Switch(config)#ip   domain-name   xyz.com         //配置当前交换机所在的域名为 xyz.com
Switch(config)#
```

② 配置远程登录用户和密码,相关实例代码如下。

```
Switch(config)#username   admin   ?
   password     Specify the password for the user
   privilege    Set user privilege level
   secret       Specify the secret for the user
   <cr>
Switch(config)#username   admin   password   lncc123 //配置用户（admin）和密码（lncc123）
Switch(config)#line   vty   5   15                //允许虚拟终端线路 5～15 共 11 个用户同时登录
Switch(config-line)#password   lncc123           //配置线路登录密码为 lncc123
Switch(config-line)#login   local                //允许通过本地登录,如果没有此命令,则密码不生效
Switch(config-line)#exit
SW1(config)#line   vty   0   4
SW1(config-line)#no   login                      //关闭 Telnet 用户登录
SW1(config-line)#exit
SW1(config)#line   console   0                   //配置 console 0 端口
SW1(config-line)#password   lncc123
SW1(config-line)#login
SW1(config)#enable   secret   level 15   0   lncc123   //配置特权视图
Switch(config)#
```

③ 生成 RSA 密钥对。在交换机上启用 SSH 服务器以进行本地和远程身份验证,执行“crypto key generate rsa”命令生成 RSA 密钥对,相关实例代码如下。

```
Switch(config)#hostname   SW1                     //修改主机名称为 SW1
SW1(config)#crypto   key   generate   rsa         //生成 RSA 密钥对
The name for the keys will be: SW1.xyz.com
Choose the size of the key modulus in the range of 360 to 2048 for your
   General Purpose Keys. Choosing a key modulus greater than 512 may take
   a few minutes.
How many bits in the modulus [512]: 1024
//输入“1024”,输入的数值要大于等于 768,否则无法使用 SSHv2 协议
% Generating 1024 bit RSA keys, keys will be non-exportable...[OK]
SW1(config)#
```

当生成 RSA 密钥对时,系统提示用户输入模数长度。思科建议使用 1024 位的模数长度。虽然模数

长度越长越安全，但是生成密钥对和使用模数的时间也会越长。

如果想要阻止非 SSH 连接，则应在线路配置模式下添加"transport input ssh"命令，将交换机限制为仅允许 SSH 连接。直接（非 SSH）Telnet 连接将被拒绝，相关实例代码如下。

```
SW1(config)#line  vty  5  15
SW1(config-line)#transport   input   ssh              //仅允许 SSH 登录
SW1(config-line)#exit
SW1(config)#
```

④ 配置 SSH 协议的版本。在全局配置模式下，执行"ip ssh version [1 | 2]"命令将交换机配置为运行 SSHv1 协议或 SSHv2 协议，相关实例代码如下。

```
SW1(config)#ip  ssh  time-out  ?
  <1-120>   SSH time-out interval (secs)
SW1(config)#ip  ssh  time-out  30                     //超时连接时间间隔 30s
SW1(config)#ip  ssh  version  2                       //配置协议为 SSHv2 协议
SW1(config)#
```

⑤ 配置交换机管理 IP 地址，相关实例代码如下。

```
Switch(config)#interface  vlan  1
Switch(config-if)#ip  address  192.168.1.254  255.255.255.0      //配置交换机管理 IP 地址
Switch(config-if)#no  shutdown                                   //开启交换机虚拟端口 VLAN1
SW1(config-if)#end
SW1#
```

⑥ 查看当前配置信息，主要相关实例代码如下。

```
SW1#sh   run
!
hostname   SW1
!
enable secret 5 $1$mERr$AYFXDm/MdkKyg.KscwUjO/
!
ip ssh version 2
ip ssh time-out 30
ip domain-name xyz.com
!
Username   admin   privilege 15   password   0   lncc123
!
spanning-tree mode pvst
spanning-tree extend system-id
!
interface Vlan1
  ip address 192.168.1.254 255.255.255.0
!
line con 0
password   lncc123
  login
!
line vty 0 4
no   login
line vty 5 15
  password lncc123
  login local
```

```
  transport input ssh
  !
  SW1#
```

⑦ 测试交换机的 SSH 服务。选择 PC1 管理界面"桌面"选项卡中的"命令提示符"选项，执行 "ssh –l admin 192.168.1.254"命令进行测试（在测试前需要先关闭交换机上的 Telnet 服务），如图 2.46 所示。

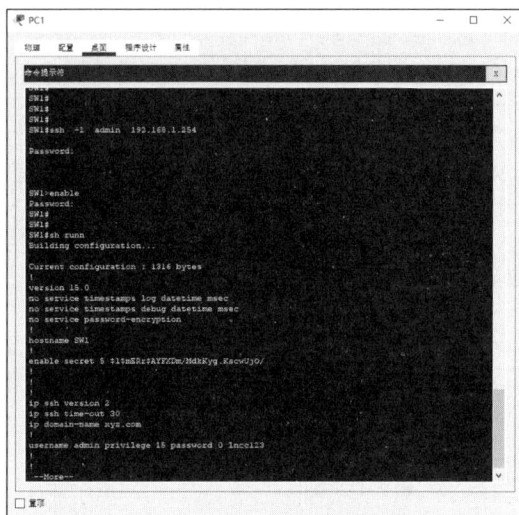

图 2.46　测试交换机的 SSH 服务

任务 2.2　路由器基本配置

【实训目的】

（1）了解网络连接设备。

（2）掌握路由器的基本配置。

【实训环境】

（1）准备 Cisco Packet Tracer 8.0 模拟器。

（2）设计网络拓扑结构。

【实训内容与步骤】

（1）对路由器进行基本配置，如图 2.47 所示，进行网络拓扑连接。

V2-4　路由器基本配置

图 2.47　路由器基本配置

（2）配置主机 PC1 和主机 PC2 的 IP 地址等相关信息，如图 2.48 所示。

图 2.48　配置主机 PC1 和主机 PC2 的 IP 地址等相关信息

（3）配置路由器 R1 的 IP 地址，相关实例代码如下。

```
Router>enable
Router#configure   terminal
Enter configuration commands, one per line.   End with CNTL/Z.
Router(config)#hostname   R1                              //更改路由器名称为 R1
R1#terminal   no   monitor                               //关闭终端反馈显示信息
R1(config)#interface   gigabitEthernet 0/0
R1(config-if)# ip   address   192.168.1.254   255.255.255.0    //配置端口 IP 地址
R1(config-if)#no shutdown                                //开启端口
R1(config-if)#exit
R1(config)#interface gigabitEthernet 0/1
R1(config-if)#ip   address   192.168.3.1   255.255.255.252
R1(config-if)#no shutdown                                //开启端口
R1(config-if)#exit
R1(config)#enable secret level 15   5   lncc123           //配置特权视图密码
R1(config)#enable secret level 1   5   lncc123            //配置 Telnet 远程登录密码
R1(config)#line vty   0   4                               //配置允许线路用户数
R1(config-line)#password   lncc123
R1(config-line)#login
R1(config-line)#end
R1#
```

（4）配置路由器 R2 的 IP 地址，相关实例代码如下。

```
Router>enable
Router#configure   terminal
Enter configuration commands, one per line.   End with CNTL/Z.
Router(config)#hostname   R2                              //更改路由器名称为 R2
R2#terminal   no   monitor                               //关闭终端反馈显示信息
R2(config)#interface   gigabitEthernet 0/0
R2(config-if)# ip   address   192.168.2.254   255.255.255.0    //配置端口 IP 地址
R2(config-if)#no shutdown                                //开启端口
R2(config-if)#exit
```

```
R2(config)#interface gigabitEthernet 0/1
R2(config-if)#ip  address  192.168.3.2  255.255.255.252
R2(config-if)#no shutdown                              //开启端口
R2(config-if)#exit
R2(config)#enable secret level 15  0  Incc123          //配置特权视图密码
R2(config)#enable secret level 1  0  Incc123           //配置 Telnet 远程登录密码
R2(config)#line vty  0  4                              //配置允许线路用户数
R2(config-line)#password  Incc123
R2(config-line)#login
R2(config-line)#end
R2#
```

（5）显示路由器 R1、R2 的配置信息，以路由器 R1 为例，相关实例代码如下。

```
R1#show  running-config
!
hostname R1
!
enable secret level 1 5 Incc123
enable secret 5 Incc123
!
interface GigabitEthernet0/0
 ip address 192.168.1.254 255.255.255.0
 duplex auto
 speed auto
!
interface GigabitEthernet0/1
 ip address 192.168.3.1 255.255.255.252
 duplex auto
 speed auto
!
line vty 0 4
 password  Incc123
 login
!
R1#
```

（6）在主机 PC1 上使用 ping 命令访问路由器 R1，测试网络连通性，如图 2.49 所示。

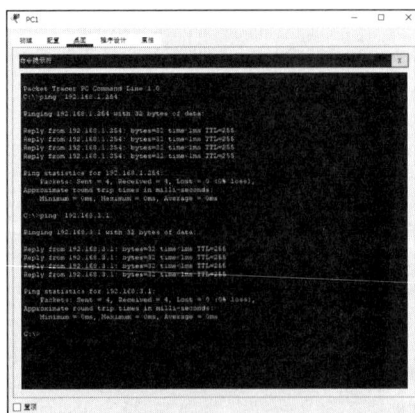

图 2.49 主机 PC1 访问路由器 R1

模块小结

本模块讲解了数据通信的基本概念、数据通信方式、数据编码与调制技术、数据交换技术、信道多路复用技术和差错控制技术等知识，详细讲解了电路交换技术、报文交换技术、分组交换技术等知识，并且讨论了差错控制编码和差错控制方法。

本模块最后通过技能实践使学生掌握交换机和路由器的基本配置方法，培养学生动手解决问题的能力。

模块练习

1. 选择题

（1）如果一个码元所载的信息是两位，则这个码元可以表示的状态为（　　）个。
    A. 2　　　　　　B. 4　　　　　　C. 8　　　　　　D. 16

（2）CDMA 系统中使用的多路复用技术是（　　）。
    A. 频分多路复用技术　　　　　　B. 时分多路复用技术
    C. 码分多路复用技术　　　　　　D. 波分多路复用技术

（3）调制解调器的主要功能是（　　）。
    A. 模拟信号与数字信号的转换　　　　　　B. 模拟信号的放大
    C. 数字信号的整形　　　　　　D. 数字信号的编码

（4）在同一个信道上的同一时刻，能够进行双向数据传输的通信方式是（　　）。
    A. 单工　　　　B. 半双工　　　　C. 全双工　　　　D. 上述 3 种均不是

（5）采用异步传输方式，设数据位为 7 位，1 位校验位，1 位停止位，则其通信效率为（　　）。
    A. 20%　　　　B. 30%　　　　C. 70%　　　　D. 80%

（6）对于实时性要求很高的场合，适合采用的交换技术是（　　）。
    A. 报文交换技术　　B. 电路交换技术　　C. 分组交换技术　　D. 上述 3 种均不是

（7）将物理信道总频带分割成若干个子信道，每个子信道传输一路信号，这就是（　　）。
    A. 波分多路复用技术　　　　　　B. 频分多路复用技术
    C. 同步时分多路复用技术　　　　　　D. 异步时分多路复用技术

（8）在获取与处理音频信号的过程中，正确的处理顺序是（　　）。
    A. 采样、量化、编码、存储、解码、D/A 变换
    B. 量化、采样、编码、存储、解码、A/D 变换
    C. 编码、采样、量化、存储、解码、A/D 变换
    D. 采样、编码、存储、解码、量化、D/A 变换

2. 简答题

（1）简述信道通信的工作方式以及数据的传输方式。
（2）简述通信网络中节点的连接方式。
（3）简述电路交换技术、报文交换技术以及分组交换技术的特点。
（4）简述信道多路复用技术。
（5）简述差错控制技术。

模块3
计算机网络体系结构

情景导入

随着计算机网络技术的不断发展，出现了多种不同结构的网络系统，如何实现它们的互联呢？它们又有什么样的要求呢？当我们使用QQ进行聊天时，发送的消息总是可靠、准确地传输给对方，即使因为某些原因即时消息发送不成功，也会给出提示信息。但是当我们进行语音或视频通话时，经常会出现数据丢失的情况，导致声音和图像不连续，这是为什么？怎么才能确保数据在网络中准确、可靠、快速地传输？

计算机网络是一个非常复杂的系统，它不仅综合了当代计算机技术和通信技术，还涉及其他应用领域的知识和技术。这样一个复杂而庞大的系统要高效、可靠地运行，网络中的各个部分必须遵守一整套合理而严谨的结构化管理规则，计算机网络就是按照高度结构化的设计思想采用功能分层原理方法来实现的。本模块主要讲解网络体系结构、网络协议、OSI参考模型、TCP/IP参考模型、IPv4编址和IPv6编址等。

学习目标

【知识目标】
- 理解网络体系结构和网络协议的概念。
- 掌握OSI参考模型与TCP/IP参考模型的层次结构和各层功能。
- 了解OSI参考模型与TCP/IP参考模型的区别。
- 掌握IPv4编址和IPv6编址。

【技能目标】
- 掌握构建局域网实现资源共享的方法。
- 掌握共享网络打印机的方法。

【素质目标】
- 培养实践动手能力及解决工作中的实际问题的能力，树立爱岗敬业精神。
- 培养团队互助、合作进取的意识。

相关知识

3.1 网络体系结构与网络协议概述

随着计算机网络技术的不断发展，出现了多种不同结构的网络系统，如何实现它们的互联呢？有什么方法能有效地分析和管理这些网络系统呢？

计算机网络的体系结构采用层次结构来描述复杂的计算机网络，把复杂的网络互联问题划分为若干个较小的、单一的问题，并在不同层次上予以解决。把不同厂商的软硬件系统、不同的通信网络及各种外部辅助设备连接起来，构成网络系统，实现高速、可靠的信息共享，是计算机网络发展面临的主要难题。为了解决这个难题，人们必须为网络系统定义一个让不同的计算机、不同的通信系统和不同的应用能够互联及互操作的开放式网络体系结构。互联意味着不同的计算机能够通过通信子网互相连接起来进行数据通信；互操作意味着不同的用户能够在联网的计算机上，用相同的命令和相同的操作使用其他计算机中的资源与信息，如同使用本地的计算机系统中的资源和信息一样。因此，计算机网络的体系结构应该为不同的计算机之间互联和互操作提供相应的规范及标准。

3.1.1 网络体系结构的概念

网络体系结构是指整个网络系统的逻辑组成和功能分配，其定义和描述了一组用于计算机及其通信设施之间互联的标准和规范的集合。研究网络体系结构的目的在于定义计算机网络各个组成部分的功能，以便在统一的原则指导下进行网络的设计、使用和发展。

1. 层次结构的概念

对计算机网络进行层次划分就是将计算机网络这个庞大的、复杂的对象划分成若干较小的、简单的对象。通常把一组相近的功能放在一起，形成网络的一个结构层次。

计算机网络层次结构包含两方面的含义，即结构的层次性和层次的结构性。层次的划分依据"层内功能内聚，层间耦合松散"的原则。也就是说，在网络中，功能相似或紧密相关的模块应放置在同一层；层与层之间应保持松散的耦合，使层与层之间的信息流动减到最小。

层次结构将计算机网络划分成有明确定义的层次，并规定了相同层次的进程通信协议和相邻层次之间的端口及服务。通常将网络的层次结构、相同层次的通信协议集和相邻层的端口及服务，统称为网络体系结构。

2. 层次结构划分的主要内容

在划分层次结构时，需要考虑以下问题。

（1）网络应该具有哪些层次？每一个层次的功能是什么？（分层与每层功能。）

（2）各层之间的关系是怎样的呢？它们如何进行交互？（服务与层间端口。）

（3）通信双方的数据传输需要遵循哪些规则？（各层协议。）

因此，层次结构的划分主要包括 3 个内容：分层和每层功能，服务与层间端口，以及各层协议。

3. 层次结构划分原则

在划分层次结构时，需要遵循如下原则。

（1）以网络功能作为划分层次的基础，每层的功能必须明确，层与层之间相互独立。当某一层的具体实现方法更新时，只要保持上下层的端口不变，便不会对相邻层产生影响。

（2）层间端口必须清晰，跨越端口的信息量应尽可能少。

（3）层数应适中，若层数太少，则会造成每一层的协议太复杂；若层数太多，则会造成体系结构过于复杂，使描述和实现各层功能变得困难。

（4）第 n 层的实体在实现自身定义的功能时，只能使用第 $n-1$ 层提供的服务。第 n 层在向第 $n+1$ 层提供服务时，此服务不仅要包含第 n 层本身的功能，还要包含下层服务提供的功能。

（5）层与层之间仅在相邻层间有端口，每一层所提供服务的具体实现细节对上一层完全屏蔽。

4. 采用层次结构的优势

我们知道，计算机网络是一个复杂的综合性技术系统，因此，引入协议分层模型是必需的。采用层次结构有很多方面的优势，主要有以下 6 个方面。

（1）把网络操作分成复杂性较低的单元，结构清晰，灵活性好，易于实现和维护。如果把网络协议作为整体处理，那么对任何方面的改进都必须对整体进行修改，这与网络的迅速发展是极不协调的。若采用分层体系结构，由于整个系统已被分解成了若干个易于处理的部分，那么这样一个庞大又复杂的系统的实现与维护就变得容易控制了。当任何一层发生变化时，只要层间端口保持不变，层内实现方法可任意改变，其他各层不会受到影响。另外，当某层提供的服务不再被其他层需要时，可以将该层直接取消。

（2）层与层之间定义了具有兼容性的标准端口，使设计人员能够专心设计和开发所关心的功能模块。

（3）每一层都具有很强的独立性。上层并不需要知道下层是采用何种技术实现的，而只需要知道下层通过端口能提供哪些服务，并不需要了解下层的具体内容，这种方法类似于"暗箱操作"。每一层都有一个清晰、明确的任务，以实现相对独立的功能，因而可以将复杂的系统问题分解为一层一层的小问题。如果属于每一层的小问题都解决了，那么整个系统的问题就接近于完全解决了。

（4）一个区域的网络的变化不会影响另外一个区域的网络，因此每个区域的网络可单独升级或改造。

（5）有利于促进标准化。这主要是因为每一层的协议已经对该层的功能与所提供的服务做了明确的说明。

（6）降低了关联性。某一层协议的增减或更新都不影响其他层协议的运行，实现了各层协议的独立性。

3.1.2　网络体系的分层结构

网络体系都是按层的方式来组织的，每一层都能完成一组特定的、有明确含义的功能，每一层的目的都是向上一层提供一定的服务，而上一层不需要知道下一层是如何实现服务的。

每一对相邻层之间都有一个端口，端口定义了下层向上层提供的命令和服务，相邻层都是通过端口来交换数据的。当网络设计者在决定一个网络应包括多少层、每一层应当做什么的时候，其中一个很重要的内容就是要在相邻层之间定义一个清晰的端口。下层通过端口向上层提供服务。只要端口条件不变、下层功能不变，下层功能的具体实现方法与技术的变化就不会影响整个系统的工作。

层次结构一般以垂直分层模型来表示，如图 3.1 所示，相应特点如下。

图 3.1　网络体系的层次结构模型

（1）除了在物理介质上进行的是实通信之外，其余各对等实体间进行的都是虚通信。

（2）对等层的虚通信必须遵循该层的协议。

（3）第 n 层的虚通信是通过第 n 层和第 $n-1$ 层之间端口处、第 $n-1$ 层提供的服务及第 $n-1$ 层的通信（通常也是虚通信）来实现的。

第 n 层是第 $n-1$ 层的用户，又是第 $n+1$ 层的服务提供者。第 $n+1$ 层虽然只直接使用了第 n 层提供的服务，但是实际上它通过第 n 层间接地使用了第 $n-1$ 层及以下所有各层的服务，如图 3.2 所示。

图 3.2 网络体系结构中协议、层、服务与端口之间的关系

3.1.3 网络协议的概念

在网络通信中，协议是指诸如计算机、交换机、路由器等网络设备为了实现通信或数据交换而必须遵从的、事先定义好的一系列规则、标准或约定。网络通信协议包含超文本传送协议（Hypertext Transfer Protocol，HTTP）、文件传送协议（File Transfer Protocol，FTP）、传输控制协议（Transmission Control Protocol，TCP）、IPv4、IEEE 802.3（以太网协议）等。网络通信协议对计算机网络是不可缺少的，一个功能完备的计算机网络必须具备一套复杂的协议集为通信双方的通信过程做出约定。

拓展阅读 3-1

联网的计算机及网络设备之间要想进行数据与控制信息的成功传递就必须共同遵守网络协议，网络协议包含了 3 个方面的内容：语义、语法和时序。

语义：规定通信的双方准备"讲什么"，即需要发出何种控制信息、完成何种动作，以及做何种应答。

语法：规定通信双方"如何讲"，即确定用户数据与控制信息的结构、格式、数据编码等。

时序：又可称为"同步"，规定双方"何时进行通信"，即对事件实现顺序的详细说明。

下面以打电话为例来说明"语法""语义""时序"。假设甲要打电话给乙，首先甲拨通乙的电话，双方电话准备连接，乙拿起电话，然后甲乙开始通话，通话完毕后，双方挂断电话。在此过程中，双方都遵守了打电话的协议。其中，甲拨通乙的电话后，乙的电话振铃，振铃是一个信号，表示有电话打进，乙选择接听电话并与甲对话，这一系列动作包括了控制信号、响应动作、讲话内容等，这些就是语义，电话号码就是语法。时序的概念更好理解，甲拨打了电话，乙的电话才会响，乙听到铃声后才会考虑要不要接，这一系列事件的因果关系十分明确，不可能没人拨电话乙的电话就响起，也不可能在电话铃声未响的情况下，乙拿起电话却从中听到甲的声音。

3.1.4 网络层次结构的相关概念

网络层次结构涉及实体、端口、服务、层间通信、服务访问点、协议数据单元、接口数据单元等概念。

1. 实体

在网络层次结构中，每一层中的活动元素通常称为实体（Entity），每一层都由一些实体组成，它们抽象地表示了通信时的软件元素（如进程或子程序）或硬件元素（如智能 I/O 芯片）。实体既可以是软件实体（如一个进程），又可以是硬件实体（如智能 I/O 芯片）。不同通信节点上的同一层实体称为对等实体（Peer Entity），实体是通信时能发送和接收信息的软件、硬件元素。

2. 端口

端口是指相邻层之间交互的界面，每一对相邻层之间都有一个端口，端口定义了下层向上层提供的命令和服务，相邻层都是通过端口来交换数据的。

如果网络中的每一层都有明确功能，相邻层之间有一个清晰的端口，则能减少在相邻层之间传递的信息量，在修改本层的功能时不会影响到其他各层。也就是说，只要能向上层提供完全相同的服务集合，

改变下层功能的实现方式并不会影响上层。

3. 服务

服务（Service）是指某一层及其以下各层通过端口提供给其相邻上层的一种能力。服务位于层端口的位置，表示下层为上层提供哪些操作功能，至于这些功能是如何实现的，则不在服务考虑的范畴。

在计算机网络的层次结构中，层与层之间具有服务与被服务的单向依赖关系。

当第 $n+1$ 层实体向第 n 层实体请求服务时，服务使用者与服务提供者之间通过服务访问点进行交互，在进行交互时所要交换的一些必要信息被称为服务原语。在计算机中，原语指一种特殊的广义指令（不能中断的指令）。相邻层的下层对上层提供服务时，二者交互采用广义指令。当第 n 层向第 $n+1$ 层提供服务时，根据是否需建立连接可将服务分为两类：面向连接的服务（Connection-oriented Service）和无连接服务（Connectionless Service）。

（1）面向连接的服务。先建立连接，再进行数据交换。因此面向连接的服务具有建立连接、数据传输和释放连接这 3 个阶段。这种服务的最大好处就是能够保证数据高速、可靠和有序地传输。

（2）无连接服务。两个实体之间的通信不需要事先建立好连接，因此这是一种不可靠的服务。这种服务常被描述为"尽最大努力交付"（Best Effort Delivery）或"尽力而为"，它不需要两个通信的实体同时是活跃的。例如，发电报就属于无连接服务，发送端并不能马上确认对方是否已收到电报。因此，无连接服务没有维护连接的额外开销，但是可靠性较低，也不能保证数据的有序传输。

4. 层间通信

实际上，每一层必须依靠相邻层提供的服务来与另一台主机的对应层通信，这包含了以下两方面的通信。

（1）相邻层之间通信。相邻层之间通信发生在相邻的上下层之间，通过服务来实现。上层使用下层提供的服务，上层称为服务调用者或使用者；下层向上层提供服务，下层称为服务提供者。

（2）对等层之间通信。对等层是指不同开放系统中的相同层次，对等层之间的通信发生在不同开放系统的相同层次之间，通过协议来实现。对等层实体之间是虚通信，依靠下层向上层提供服务来完成，而实际的通信是在底层完成的。

显然，通过相邻层之间的通信，可以实现对等层之间的通信。相邻层之间的通信是手段，对等层之间的通信是目的。

需要注意的是，服务与协议存在以下区别。

（1）协议是"水平的"，是对等实体之间的通信规则。

（2）服务是"垂直的"，是下层向上层通过端口提供的。

5. 服务访问点

服务访问点（Service Access Point，SAP）是相邻层实体之间通过端口调用服务或提供服务的联系点。

6. 协议数据单元

协议数据单元（Protocol Data Unit，PDU）是对等实体之间通过协议传输的数据单元。

7. 接口数据单元

接口数据单元（Interface Data Unit，IDU）是相邻层之间通过端口传输的数据单元，接口数据单元又称为服务数据单元（Service Data Unit，SDU）。

3.2 OSI 参考模型

为了使不同的计算机网络都能互联，20 世纪 70 年代末，ISO 提出了 OSI 参考模型。OSI 中的"O"是指只要遵循 OSI 标准，一个系统就可以和位于世界上任何地方的、遵循同一标准的其他任何系统进行通信。

3.2.1 OSI 参考模型的网络体系结构

OSI 参考模型将计算机网络通信协议分为 7 层。OSI 参考模型的层次是相互独立的，每一层都有各自独立的功能，这 7 层由低至高分别是物理层、数据链路层、网络层、传输层、会话层、表示层和应用层，每一层完成通信中的一部分功能，并遵循一定的通信协议。OSI 参考模型具有以下特点。

（1）网络中的每个节点均有相同的层次。

（2）不同节点的对等层具有相同的功能。

（3）同节点内相邻层之间通过端口通信。

（4）每一层可以使用其下层提供的服务，并向其上层提供服务。

（5）仅在底层进行直接的数据传输。

OSI 参考模型的网络体系结构如图 3.3 所示。当发送端（主机 A）的应用进程数据到达 OSI 参考模型的应用层时，网络中的数据将沿着垂直方向往下层传输，即由应用层向下经表示层、会话层……一直到达物理层。到达物理层后，再经传输介质传输到接收端（主机 B），由接收端物理层接收，向上经数据链路层等到达应用层，再由接收端获取。数据在由发送进程交给应用层时，由应用层加上该层有关控制和识别的信息，再向下传输，这一过程一直重复到物理层。在接收端信息向上传递时，各层的有关控制和识别的信息被逐层剥去，最后将数据送到接收端。

图 3.3 OSI 参考模型的网络体系结构

OSI 参考模型只给出了一些原则性的说明，它并不是一个具体的网络。OSI 参考模型将整个网络的功能划分成 7 个层次，顶层为应用层，面向用户提供网络应用服务；底层为物理层，与通信介质相结合实现真正的数据通信。两个用户的计算机通过网络进行通信时，除物理层之外，其余各对等层之间均不存在直接的通信关系，而是通过各对等层的协议进行通信，只有两个物理层之间通过通信介质进行的通信才是真正的数据通信。

在 OSI 标准的制定过程中，采用的方法是将整个庞大而复杂的问题划分为若干个容易处理的小问题，这就是分层体系结构方法，分层的原则如下。

（1）根据不同层次的抽象分层。

（2）每层应当实现明确的功能。

（3）每层功能的选择应该有助于制定网络协议的国际标准。

（4）各层边界的选择应尽量减少跨过端口的通信量。

（5）层数应该足够多，以避免不同的功能混杂在同一层中，但也不能太多，否则体系结构会过于庞大。

层次化的网络体系的优点在于每层实现相对独立的功能，层与层之间通过端口来提供服务，每层都对上层屏蔽实现协议的具体细节，使网络体系结构做到与具体物理实现无关。这种层次结构允许连接到网络的主机和终端型号性能不同，但只要遵守相同的协议就可以实现互操作。上层用户可以从具有相同功能的协议层开始进行互联，使网络成为开放式系统。遵守相同协议的任意两个系统之间可以进行通信，因此层次结构便于系统的实现和维护。

3.2.2 OSI 参考模型各层的功能

OSI 参考模型并非指一个现实的网络，它仅规定了每一层的功能，为网络的设计规划出一张蓝图。

各网络设备或软件生产厂商都可以按照这张蓝图来设计和生产自己的网络设备或软件，尽管设计和生产出的网络产品的样式、外观各不相同，但它们应该具有相同的功能。

OSI 参考模型的层次是相互独立的，每一层都有独立的功能，表 3.1 所示为 OSI 参考模型各层的功能。

表 3.1　OSI 参考模型各层的功能

OSI 参考模型的层次	主要功能
物理层	提供适用于传输介质承载的物理信号的转换功能，实现物理信号的发送、接收，以及在物理传输介质上的数据比特流传输
数据链路层	在物理链路连接的相邻节点间建立逻辑通路，实现数据帧的点到点、点到多点方式的直接通信，能够进行编码和差错控制
网络层	将数据分为一定长度的分组，根据数据报文中的地址信息，在通信子网中选择传输路径，将数据从一个节点发送到另一个节点
传输层	建立、维护和终止端到端的数据传输过程，能提供控制传输速率、调整数据的传输顺序等功能
会话层	在通信双方的进程间建立、维持、协调和终止会话，确定双方是否开始通信
表示层	提供数据转换、加密、压缩等功能，确保一个系统生成的应用层数据能够被另一个系统的应用层所识别和理解
应用层	为用户应用程序提供丰富的系统端口

OSI 参考模型已经为各层制定了标准，各个标准作为独立的国际标准公布，下面以从底层到顶层的顺序依次介绍 OSI 参考模型各层的功能。

1. 物理层

物理层（Physical Layer）为 OSI 参考模型的底层。物理层的主要功能是利用物理传输介质为数据链路层提供物理连接，以便透明地传输"比特"流。物理层传输的单位是比特（bit），但物理层并不关心比特流的实际意义和结构，只是负责接收和传输比特流。

信号的传输离不开传输介质，而传输介质两端必然有端口用于发送和接收信号。因此，既然物理层主要关心如何传输信号，物理层的主要任务就是规定各种传输介质和端口与传输信号相关的一些特性，包括使用什么样的传输介质及与传输介质连接的接头等，典型规范代表有 EIA/TIA RS-232、EIA/TIA RS-449、V.35、RJ-45 等。

除了不同的传输介质自身的物理特性之外，物理层还对通信设备和传输介质之间使用的端口做了详细规定，主要体现在以下 4 个方面。

（1）机械特性。确定了连接电缆材质、引线的数目及定义、电缆接头的几何尺寸、锁紧装置等，规定了物理连接时插头和插座的几何尺寸、插针或插孔芯数及排列方式、锁定装置形式、端口形状、引脚数量、排列顺序等，这很像生活中常见的各种规格的电源插头，其尺寸有严格的规定。

（2）电气特性。规定了在物理连接上导线的电气连接及有关的电路的特性，指明了在端口电缆的各条线上出现的电压的范围，一般包括接收器和发送器电路特性的说明、信号的识别、最大传输速率的说明、与互联电缆相关的规则、发送器的输出阻抗、接收器的输入阻抗等电气参数，等等。

（3）功能特性。规定了端口信号的来源、作用，以及与其他信号之间的关系，即物理端口上各条信号线的功能分配和确切定义。物理端口信号一般分为数据线、控制线、定时线和地线。

（4）规程特性。定义了在信号线上进行二进制比特流传输的一组操作过程，包括各信号线的工作顺序和时序，使比特流传输得以完成。

2. 数据链路层

数据链路层（Data Link Layer）是 OSI 参考模型中的第二层，介于物理层和网络层之间。数据链路层在物理层提供的服务的基础上向网络层提供服务，其最基本的服务是将源自物理层的数据可靠地传输到相邻节点的目标主机的网络层。

数据链路层通过在通信实体之间建立数据链路连接，传输以"帧"为单位的数据，使有差错的物理链路变成无差错的数据链路，保证点到点可靠传输，如图 3.4 所示。

数据链路层定义了在单个链路上如何传输数据的协议。这些协议与被讨论的各种介质有关，如 ATM、光纤分布式数据接口（Fiber Distributed Data Interface，FDDI）等。数据链路层必须具备一系列相应的功能，例如，将数据组合成数据块，数据链路层中称这种数据块为帧，帧是数据链路层的传输单位。数据链路层还能够控制帧在物理链路上的传输，包括处理传输差错，调节发送速率以使之与接收端相匹配，以及在两个网络实体之间进行数据链路通路的建立、维持和释放等。

图 3.4　数据链路层传输

数据链路层最基本的功能是向该层的用户提供透明、可靠的数据传输基本服务，同时提供差错控制和流量控制的方法。透明性是指该层上传输数据的内容、格式及编码没有限制，也没有必要解释信息结构的意义。可靠的传输使用户不必担心发生丢失信息、干扰信息及顺序不正确等情况。在物理层中，这些情况都有可能发生，在数据链路层中必须用纠错码来检错与纠错。数据链路层对物理层传输原始比特流的功能进行了加强，将物理层提供的可能出错的物理连接改造成逻辑上无差错的数据链路，使之对网络层表现为无差错的链路。

数据链路层主要有两个功能：帧编码和误差纠正控制。帧编码意味着定义一个包含信息频率、位同步、源地址、目的地址及其他控制信息的数据包。数据链路层协议又被分为逻辑链路控制（Logical Link Control，LLC）协议和介质访问控制（Medium Access Control，MAC）协议。

3. 网络层

网络层（Network Layer）是 OSI 参考模型中的第三层，介于传输层和数据链路层之间，它在数据链路层提供的两个相邻端点之间数据帧的传输功能的基础上，进一步管理网络中的数据通信，将数据设法从源端经过若干个中间节点传输到目的端，从而向传输层提供最基本的端到端的数据传输服务，如图 3.5 所示。在源端与目的端之间提供最佳路由传输数据，以实现两台主机之间的逻辑通信，网络层是处理端到端数据传输的底层，体现了网络应用环境中资源子网访问通信子网的方式。其主要内容有：虚电路分组交换和数据包分组交换、路由

图 3.5　网络层传输

选择算法、阻塞控制方法、X.25 协议、综合业务数字网（Integrated Service Digital Network，ISDN）、异步传输方式及网际互联原理与实现。

网络层的目的是实现两个端系统之间的数据透明传输，具体功能包括寻址和路由选择，以及连接的建立、保持和释放等，它提供的服务使传输层不需要了解网络中的数据传输和交换技术。

网络层主要为传输层提供服务，为了向传输层提供服务，网络层必须使用数据链路层提供的服务。而数据链路层的主要作用是负责解决两个直接相邻节点之间的通信，并不负责解决数据经过通信子网中多个转接节点时的通信。因此，为了实现两个端系统之间的数据透明传输，让源端的数据能够以最佳路径透明地通过通信子网中的多个转接节点到达目的端，使得传输层不必关心网络的拓扑结构，以及所使用的通信介质和交换技术，网络层必须具有以下功能。

（1）分组与分组交换。把从传输层接收到的数据包封装成分组，并将其向下传输到数据链路层。

（2）路由。通过路由选择算法为分组通过通信子网选择最佳路径。

（3）网络连接复用。为分组在通信子网中节点之间的传输创建逻辑链路，在一条数据链路上复用多

条网络连接（多采取时分多路复用技术）。

（4）差错检测与恢复。一般用分组中的头部校验和差错校验，使用确认和重传机制来进行差错恢复。

（5）服务选择。网络层可为传输层提供数据包和虚电路两种服务。

（6）网络管理。管理网络中的数据通信过程，将数据设法从源端经过若干个中间节点传输到目的端，为传输层提供最基本的端到端的数据传输服务。

（7）流量控制。通过流量整形技术来实现流量控制，以防止通信量过大造成通信子网性能下降。

（8）拥塞控制。当网络的数据流量超过额定容量时，会引发网络拥塞，致使网络的吞吐能力急剧下降。因此需要采用适当的控制措施来进行疏导。

（9）网络互联。把一个网络与另一个网络连接起来，在用户之间实现跨网络的通信。

（10）分片与重组。如果要发送的分组超过了协议数据单元允许的长度，则源节点的网络层要对该分组进行分片，分片到达目的主机之后，由目标节点的网络层重新组装成原分组。

4. 传输层

传输层（Transport Layer）是 OSI 参考模型中的第四层，是整个网络体系结构中的关键层之一，主要负责向两个主机中进程之间的通信提供服务。由于一台主机可以同时运行多个进程，因此传输层具有复用和分用功能。传输层在终端用户之间提供透明的数据传输，向上层提供可靠的数据传输服务。传输层在给定的链路上通过流量控制、分段/重组和差错控制来保证数据传输的可靠性。传输层的一些协议是面向连接的，这就意味着传输层能保持对分段的跟踪，并且重传那些失败的分段。

该层协议为网络端点主机上的进程提供了可靠、有效的报文传输服务，其功能依赖于网络层的虚电路或数据包服务，定义了主机应用程序之间端到端的连通性。传输层也称为运输层，传输层只存在于端开放系统中，是介于下3层和上3层之间的一层，是很重要的一层。

传输层的服务一般要经历传输连接建立阶段、数据传输阶段和传输连接释放阶段，这样才算完成一个完整的服务过程。而在数据传输阶段中，又分为一般数据传输和加速数据传输两种形式。传输层中最常见的两种协议是 TCP 和用户数据报协议（User Datagram Protocol，UDP）。传输层可提供逻辑连接建立、传输层寻址、数据传输、传输连接释放、流量控制、拥塞控制、多路复用和解复用、崩溃恢复等服务。

传输层的任务是根据通信子网的特性，最佳地利用网络资源，为两个端系统的会话层提供建立、维护和取消传输连接的功能，负责端到端的可靠数据传输。在这一层，信息传输的协议数据单元称为段或报文。

网络层只是根据网络地址将源节点发出的数据包传输到目标节点，而传输层负责将数据可靠地传输到相应的端口。计算机网络中的资源子网是通信的发起者和接收者，其中的每台设备称为端点。通信子网提供网络中的通信服务，其中的设备称为节点。OSI 参考模型中用于通信控制的是下4层，但它们的控制对象不一样。

传输层提供了两个端点间可靠的透明数据传输服务，实现了真正意义上的"端到端"的连接，即应用进程间的逻辑通信，如图 3.6 所示。

图 3.6　传输层通信

传输层提供了主机应用程序进程之间的端到端的服务，基本功能如下。

（1）分割与重组数据。

（2）按端口号寻址，连接管理。

（3）差错控制、流量控制及纠错。

传输层要向会话层提供可靠的通信服务，避免报文出错、丢失、延迟时间紊乱、重复、乱序等差错。

传输层既是 OSI 参考模型中负责数据通信的顶层，又是面向网络通信的下 3 层和面向信息处理的上 3 层之间的一层。该层能弥补上层所要求的服务和网络层所提供的服务之间的差距，并向上层用户屏蔽通信子网的细节，使上层用户看到的只是在两个传输实体间的一条端到端的、可由用户控制和设定的、可靠的数据通路。

传输层提供的服务可分为传输连接服务和数据传输服务。

（1）传输连接服务。通常对会话层要求的每个传输连接，传输层都要在网络层上建立相应的连接。

（2）数据传输服务。强调提供面向连接的可靠服务，并提供流量控制、差错控制和序列控制，以实现两个终端系统间传输的报文无差错、无丢失、无重复、无乱序。

5. 会话层

会话层（Session Layer）是 OSI 参考模型中的第五层，它建立在传输层之上，利用传输层提供的服务建立应用和维持会话，并使会话获得同步。会话层使用了校验点，以使会话在通信失效时从校验点继续恢复通信。这种能力对传输大文件极为重要。

会话层、表示层、应用层构成 OSI 参考模型的上 3 层，面对应用进程提供分布处理、对话管理、信息表示、恢复最后的差错等服务。会话层同样要满足应用进程服务要求，而传输层不能完成的那部分工作由会话层来弥补。其主要的功能是对话管理、数据流同步和重新同步。要完成这些功能，需要由大量的功能单元组合。如果要用尽量少的词来记住这一层，则是"对话和交谈"。

会话层的主要功能如下。

（1）为会话实体间建立连接。为给两个对等会话服务用户建立一个会话连接，应该完成以下几项工作。

① 将会话地址映射为传输地址。

② 选择需要的传输服务质量（Quality of Service，QoS）参数。

③ 对会话参数进行协商。

④ 识别各个会话连接。

⑤ 传输有限的透明用户数据。

（2）数据传输。这个阶段是在两个会话用户之间实现有组织的、同步的数据传输。会话用户之间的数据传输过程是将服务数据单元转变为协议数据单元。

（3）连接释放。连接释放是通过"有序释放""废弃""有限量透明用户数据传输"等功能单元来释放会话连接的。为了使会话连接建立阶段能进行功能协商，也为了便于其他国际标准参考和引用，定义了 12 种功能单元。各个系统可根据自身情况和需要，以核心功能单元为基础，选配其他功能单元组成合理的会话服务子集。

会话层允许不同机器上的用户建立会话关系。会话层循序进行类似传输层的普通数据的传输，在某些场合还提供了一些有用的增强型服务，允许用户利用一次会话在远端的分时系统上登录，或者在两台机器间传递文件。会话层提供的服务之一是对话管理。会话层允许信息同时双向传输，或者任意时刻只能单向传输。如果属于后者，则类似于物理信道上的半双工模式，会话层将记录此时轮到哪一方。一种与对话控制有关的服务是令牌管理（Token Management）。有些协议会保证双方不能同时进行同样的操作，为了管理这些活动，会话层提供了令牌，令牌可以在会话双方之间移动，只有持有令牌的一方可以执行某种关键性操作。另一种会话层服务是同步。如果在平均每小时出现一次大故障的网络上，两台机器间要进行一次两小时的文件传输，则会出现什么样的情况呢？每一次传输中途失败后，都不得不重新传输这个文件，当网络再次出现大故障时，文件传输可能又会中止。为了解决这个问题，会话层提供了一种方法，即在数据中插入同步点。每次网络出现故障后，仅重传最后一个同步点以后的数据。

6. 表示层

表示层（Presentation Layer）是 OSI 参考模型中的第六层，它向上为应用层服务，向下接受来自会话层的服务。表示层为在应用进程之间传输的信息提供表示方法的服务，保证一个系统的应用层发出的信息被另一个系统的应用层读出。表示层用一种通用的数据表示格式在多种数据格式之间进行转换，包括数据格式转换、数据加密与解密、数据压缩与恢复等功能，它只关心信息发出的语法和语义，应用层需要负责处理语义，而表示层需要负责处理语法。

表示层的主要作用之一是为异种机通信提供一种公共语言，以便进行互操作。这种类型的服务之所以被需要，是因为不同的计算机体系结构使用的数据表示法不同。与第五层提供透明的数据传输服务不同，表示层处理所有与数据表示及运输有关的问题，包括转换、加密和压缩。每台计算机可能有它自己的表示数据的内部方法，例如，ASCII 与 EBCDIC，因此需要表示层来保证不同的计算机可以彼此理解。

表示层的功能如下。

（1）网络的安全和保密管理、文本的压缩与打包、虚拟终端协议（Virtual Terminal Protocol，VTP）。

（2）语法转换。将抽象语法转换成传输语法，并在对方语法上实现相反的转换（将传输语法转换成抽象语法）。涉及的内容有代码转换、字符转换、数据格式的修改，以及对数据结构操作的适应、数据压缩和加密等。

（3）语法协商。根据应用层的要求协商选用合适的上下文，即确定传输语法并传输。

（4）连接管理。其中包括利用会话层服务建立表示连接，管理在这个连接之上的数据运输和同步控制（利用会话层相应的服务），以及正常地或异常地终止这个连接。

通过前面的介绍可知，会话层以下 5 层完成了端到端的数据传输，并且是可靠、无差错的传输。但是数据传输只是手段而不是目的，最终目的是实现对数据的使用。各种系统对数据的定义并不完全相同，最简单的例子是键盘，其上的某些键的含义在许多系统中有差异。这自然给利用其他系统的数据造成了障碍，表示层和应用层就负责消除存在这种障碍的任务。

7. 应用层

应用层（Application Layer）是 OSI 参考模型中的第七层。它是最靠近用户的一层，是用户应用程序与网络的端口、应用层和应用程序协同工作的层次，直接向用户提供服务，完成用户希望在网络上完成的各种工作，如 DNS、FTP、HTTP 等服务。应用层是 OSI 参考模型的顶层，是直接为应用进程提供服务的。其作用是在实现多个系统应用进程相互通信的同时，提供一系列业务处理所需的服务。其服务元素分为两类：公共应用服务元素（Common Application Service Element，CASE）和特定应用服务元素（Special Application Service Element，SASE）。

拓展阅读 3-2

CASE 提供最基本的服务，它是应用层中所有用户和服务元素的基础，主要为应用进程通信、分布系统实现提供基本的控制机制；SASE 则要满足一些特定服务，如文件传输、访问管理、作业传输、银行事务、订单输入等。这些将涉及虚拟终端、作业传输与操作、文件传输及访问管理、远程数据库访问、图形核心系统、开放系统互联管理等。

在 OSI 参考模型中，只有下 3 层涉及与通信子网的数据传输，上 4 层是端到端的层次，因而通信子网只包括下 3 层的功能。OSI 参考模型规定的是两个开放系统进行互联要遵循的标准，对于上 4 层来说，这些标准是由两个端系统上的对等实体来共同执行的；对于下 3 层来说，这些标准是由端系统和通信子网边界上的对等实体来执行的，通信子网内部采用的标准是任意的。

3.2.3　OSI 参考模型数据传输过程

OSI 参考模型中数据的实际传输过程如图 3.7 所示。发送进程传输数据给接收进程，实际上是经过发送端通过发送进程到各层，从上到下传输到物理传输介质（物理介质），通过物理介质传输到接收端，再经过从下到上各层的传递，最后到达接收端的接收进程。

图 3.7　OSI 参考模型中数据的实际传输过程

在发送端从上到下逐层传递的过程中，每层都要加上适当的控制信息，如 AH、PH、SH、TH、NH、DH 等，它们统称为报头。数据到底层时成为由 0 和 1 组成的比特流，然后转换为电信号在物理介质上传输到接收端。接收端在向上传递时过程正好与此相反，要逐层剥去发送端加上的控制信息。

1. 数据解封装

在 OSI 参考模型中，对等层协议之间交换的信息单元为 PDU。传输层及以下各层的 PDU 都有各自特定的名称，在传输层是数据报文（Segment），在网络层是数据分组，在数据链路层是数据帧（Frame），在物理层是比特流（Bit）。

下层为上层提供服务，就是对上层的 PDU 进行数据封装，然后加入本层的头部和尾部。头部中含有完成数据传输所需的控制信息。

这样数据自上而下递交的过程实际上就是不断封装的过程，到达目的地后自下而上递交的过程就是不断解封装的过程，如图 3.8 所示。由此可知，在物理线路上传输的数据，其外面实际上被封装了多层报头。

图 3.8　数据解封装

某一层只能识别有对等层封装的报头，对于被封装在报头内部的数据，只是将其解封后提交给上层，本层不作任何处理。

因为接收端的某一层不会收到其下各层的控制信息，而上层的控制信息对于它来说又只是透明的数据，所以它只阅读本层的信息，并进行相应的协议操作。发送端和接收端的对等实体看到的信息是相同的，就好像这些信息通过虚拟通信直接给了对方一样。这是开放系统在网络通信过程中最主要的特点，因此在考虑问题时，可以不管实际的数据流向，而认为对等实体在进行直接通信。

2. 网络通信其他常见术语

网络通信中除了前面提到的信号、数据、信息等通俗易懂的常见术语外，还包含一些相对抽象的术语，如表 3.2 所示。

表 3.2　网络通信其他常见术语

术语	说明
数据载荷	根据快递服务的比喻，我们可以将数据载荷理解为最终想要传递的信息。而实际上在层次化结构的网络通信过程中，上一层协议传递给下一层协议的数据单元（报文）都可以称为下一层协议的数据载荷
报文	报文是网络中交换与传输的数据单元，它具有一定的格式，并且通常具有"头部+数据载荷+尾部"的基本结构。在传输过程中，报文的格式和内容可能会发生改变
头部	为了更好地传递信息，在组装报文时，在数据载荷的前面添加的信息段统称为报文的头部
尾部	为了更好地传递信息，在组装报文时，在数据载荷的后面添加的信息段统称为报文的尾部。注意，很多报文是没有尾部的
封装	对数据载荷添加头部和尾部，从而形成新的报文的过程
解封装	解封装是封装的逆过程，也就是去掉报文的头部和尾部，获取数据载荷的过程

3.3　TCP/IP 参考模型

OSI 参考模型的提出在计算机网络发展史上具有里程碑的意义，以至于提到计算机网络就不能不提 OSI 参考模型。但是，OSI 参考模型具有定义过于繁杂、实现困难等缺点，面对市场，OSI 参考模型失败了。与此同时，TCP/IP 参考模型被提出和广泛使用，特别是 Internet 用户的迅速增长，使 TCP/IP 参考模型日益显示出其重要性。

3.3.1　TCP/IP 概述

TCP/IP 是目前最流行的商业化网络协议，尽管它不是某一标准化组织提出的正式标准，但它已经被公认为目前的工业标准或"事实标准"。Internet 之所以能迅速发展，是因为 TCP/IP 参考模型能够适应和满足世界范围内数据通信的需求。

1. TCP/IP 参考模型的优点

TCP/IP 参考模型具有以下优点。

（1）TCP/IP 参考模型不依赖于任何特定的计算机硬件或操作系统，提供开放的协议标准，即使不考虑 Internet，TCP/IP 参考模型也获得了广泛的支持。所以 TCP/IP 参考模型成了一种联合各种硬件和软件的实用体系。

（2）TCP/IP 参考模型并不依赖于特定的网络传输硬件，所以 TCP/IP 参考模型能够集成各种各样的网络。用户能够使用以太网（Ethernet）、令牌环网（Token-Ring Network）、拨号线路（Dial-up Line）、X.25 网，以及所有的网络传输硬件。

（3）TCP/IP 参考模型支持统一的网络地址分配方案，使得整个 TCP/IP 协议设备在网中都具有唯一的地址。

（4）TCP/IP 参考模型提供标准化的上层协议，可以提供多种可靠的用户服务。

2. TCP/IP 参考模型的缺点

TCP/IP 参考模型具有以下几个缺点。

（1）TCP/IP 参考模型没有明显地区分服务、端口和协议的概念。因此，对使用新技术来设计新网络而言，TCP/IP 参考模型不是一个很好的模型。

（2）TCP/IP 参考模型不是通用的，并且不适合描述除 TCP/IP 参考模型之外的任何协议栈。

（3）TCP/IP 参考模型不区分物理层和数据链路层。

3. TCP/IP 参考模型的层次

与 OSI 参考模型不同，TCP/IP 参考模型将网络划分为 4 层，分别是应用层、传输层、网际层（Internet Layer）和网络接口层（Network Interface Layer）。

实际上，TCP/IP 参考模型与 OSI 参考模型有一定的对应关系，如图 3.9 所示。

图 3.9　OSI 参考模型与 TCP/IP 参考模型的对应关系

（1）TCP/IP 参考模型的应用层与 OSI 参考模型的应用层、表示层及会话层相对应。

（2）TCP/IP 参考模型的传输层与 OSI 参考模型的传输层相对应。

（3）TCP/IP 参考模型的网际层与 OSI 参考模型的网络层相对应。

（4）TCP/IP 参考模型的网络接口层与 OSI 参考模型的数据链路层及物理层相对应。

3.3.2　TCP/IP 参考模型各层的功能

TCP/IP 参考模型各层的功能如下。

1. 网络接口层

TCP/IP 参考模型中没有详细定义网络接口层的功能，只是指出通信主机必须采用某种协议连接到网络上，并且能够传输网络数据分组。该层没有定义任何实际协议，只定义了网络接口，任何已有的数据链路层协议和物理层协议都可以用来支持 TCP/IP。

2. 网际层

网际层又称互联层，是 TCP/IP 参考模型中的第二层，它实现的功能相当于 OSI 参考模型网络层的无连接网络服务，主要解决主机到主机的通信问题。它所包含的协议涉及数据包在整个网络上的逻辑传输，并负责数据包在多种网络中的路由。该层主要有 4 种协议：互联网协议（Internet Protocol，IP）、地址解析协议（Address Resolution Protocol，ARP）、互联网组管理协议（Internet Group Management Protocol，IGMP）和互联网控制报文协议（Internet Control Message Protocol，ICMP）。IP 是网际层最重要的协议，它提供的是可靠、无连接的数据包传输服务。

3. 传输层

传输层位于网际层之上，它的主要功能是负责应用进程之间的端到端通信。在 TCP/IP 参考模型中，设计传输层的主要目的是在网际层中的源主机与目的主机的对等实体之间建立用于会话的端到端连接。该层定义了两种主要协议：TCP 和 UDP。

TCP 提供的是一种可靠的、通过"3 次握手"来连接的数据传输服务；而 UDP 提供的是不保证可靠的、无连接的数据传输服务。

87

4. 应用层

应用层是 TCP/IP 参考模型中的顶层。它与 OSI 参考模型上 3 层的任务相同，为用户提供需要的各种服务，如文件传输、远程登录、域名服务和简单网络管理等。

3.3.3　OSI 参考模型与 TCP/IP 参考模型的比较

TCP/IP 参考模型与 OSI 参考模型在设计上都采用了层次结构的思想，但其层次划分及使用的协议有很大的区别。无论是 OSI 参考模型还是 TCP/IP 参考模型，都不是完美的，都存在某些缺陷。

OSI 参考模型现实中没有被应用的主要原因如下。

（1）OSI 参考模型并没有得到市场的认可，而 TCP/IP 参考模型现在获得了最广泛的应用，TCP/IP 参考模型常被称为事实上的国际标准。

（2）OSI 参考模型没有商业驱动力。

（3）OSI 参考模型的协议实现起来过分复杂，并且运行效率很低。

（4）OSI 参考模型标准的制定周期太长，从而使得按 OSI 参考模型标准生产的设备无法及时进入市场。

（5）OSI 参考模型的层次划分不太合理，有些功能在多个层次中重复出现。

1. OSI 参考模型的优缺点

OSI 参考模型的主要问题是定义复杂、实现困难，有些同样的功能在多层重复出现，效率低下。人们普遍希望网络标准化，但 OSI 参考模型迟迟没有成熟的网络产品。因此，OSI 参考模型与协议没有像专家们所预想的那样风靡世界。

（1）OSI 参考模型详细定义了服务、接口和协议 3 个概念，并将它们严格加以区分，实践证明这种做法是非常有必要的。

（2）OSI 参考模型诞生在协议发明之前，这意味着该模型没有偏向于任何特定的协议，因此非常通用。

（3）OSI 参考模型的某些层次（如会话层和表示层）对于大多数应用程序来说没有用，且某些功能在各层重复出现（如寻址、流量控制和差错控制），这影响了系统的工作效率。

（4）OSI 参考模型的结构和协议虽然大而全，但是显得过于复杂和臃肿，因而效率较低，实现起来较为困难。

2. TCP/IP 参考模型的优缺点

TCP/IP 参考模型的缺点是网络接口层本身并不是实际的一层，每一层的功能定义与实现方法未能区分开来，从而使得 TCP/IP 参考模型不适用于非 TCP/IP 协议族。但是，TCP/IP 参考模型与协议在 Internet 中经受了几十年的风风雨雨，得到了 IBM、Microsoft、Novell 及 Oracle 等大型网络公司的支持，成为计算机网络中的主要标准体系。

（1）TCP/IP 参考模型诞生在协议出现以后，该参考模型实际上是对已有协议的描述。因此，协议和参考模型匹配得相当好。

（2）TCP/IP 参考模型并不是作为国际标准开发的，它只是对一种已有标准的概念性描述。所以其设计目的单一，影响因素少，协议简单高效，可操作性强。

（3）TCP/IP 参考模型没有明显地区分服务、接口和协议的概念。因此，对使用新技术设计新网络来说，TCP/IP 参考模型不是一个很好的模型。

（4）由于 TCP/IP 参考模型是对已有协议的描述，因此通用性较差，不适合描述除 TCP/IP 参考模型的协议之外的其他任何协议。

（5）某些层次的划分不合理，如网络接口层。

3.3.4　TCP/IP 网际层协议

在计算机网络的众多协议中，TCP/IP 是应用最广泛的。在 TCP/IP 参考模型的 4 个层次中，只有 3

个层次包含实际的协议。网际层的协议主要包括 IP、ARP、ICMP 和 IGMP。

1. IP

Internet 是由许多网络相互连接之后构成的集合，将整个 Internet 互联在一起的正是 IP。设计 IP 的目的是提高网络的可扩展性，一是解决互联网问题，实现大规模、异构网络的互联互通；二是分割顶层网络应用和底层网络技术之间的耦合关系，以利于两者独立发展。根据端到端的设计原则，IP 只为主机提供一种无连接的、不可靠的、尽力而为的数据包传输服务。IP 是整个 TCP/IP 协议族的核心，也是构成互联网的基础。IP 位于 TCP/IP 参考模型的网际层（相当于 OSI 参考模型的网络层），它可以向传输层提供各种协议的信息，如 TCP、UDP 等；对下可将 IP 信息包放到数据链路层，通过以太网、令牌环网等各种技术来进行数据传输。为了适应异构网络，IP 强调适应性、简洁性和可操作性，并在可靠性方面做了一定的牺牲。IP 不保证分组交付的时限性和可靠性，所传输的分组有可能出现丢失、重复、延迟或乱序等问题。

2. ARP

IP 数据包常通过以太网发送。以太网设备并能不识别 32 位 IP 地址，它们是以 48 位的以太网地址（物理地址或硬件地址）传输以太网数据包的。因此，必须把 IP 目的地址转换成以太网目的地址。ARP 就是用来确定 IP 地址与物理地址之间的映射关系的。反向地址解析协议（Reverse Address Resolution Protocol，RARP）负责完成物理地址向 IP 地址的转换。

3. ICMP

ICMP 是 TCP/IP 协议族的一种子协议，用于在 IP 主机、路由器之间传递控制消息。控制消息是指网络是否可通、主机是否可达、路由是否可用等网络本身的消息。这些控制消息虽然并不传输用户数据，但是对用户数据的传递起着重要的作用。IP 是一种不可靠的协议，无法进行差错控制。但 IP 可以借助其他协议来实现这一功能，ICMP 允许主机或路由器报告差错情况，提供有关异常情况的报告。

4. IGMP

IGMP 是 Internet 协议族中的一种组播协议，该协议运行在主机和组播路由器之间。IGMP 共有 3 个版本，即 IGMPv1、IGMPv2 和 IGMPv3。组播协议包括组管理协议和组播路由协议。组管理协议用于管理组成员的加入和离开，组播路由协议负责在路由器之间交互信息来建立组播树。IGMP 属于前者，是组播路由器用来维护组成员信息的协议。IGMP 信息封装在 IP 报文中，其 IP 的协议号为 2。

IGMPv1 定义了主机只可以加入组播组，但没有定义离开成员组的信息，路由器可基于成员组的超时机制发现离线的组成员。IGMPv1 主要基于查询和响应机制来实现对组播组成员的管理。当一个网段内有多台组播路由器时，由于它们都能从主机那里收到 IGMP 成员关系报告报文，因此只需要由其中一台路由器发送 IGMP 查询报文即可。这就需要有一个查询器的选举机制来确定将哪台路由器作为 IGMP 查询器。

IGMPv2 在 IGMPv1 的基础上增加了主机离开成员组的信息，允许迅速向路由协议报告组成员的离开情况，这对高带宽组播组或易变型组播组成员而言是非常重要的。另外，若一个子网内有多台组播路由器，那么多台路由器同时发送 IGMP 查询报文不仅浪费资源，还会引起网络的堵塞。为解决这个问题，IGMPv2 使用了不同的路由选举机制，能在一个子网内查询多台路由器。

IGMPv3 在继承和兼容 IGMPv1、IGMPv2 的基础上，进一步增强了主机的控制能力，并增强了查询和报告报文的功能。

3.3.5 TCP/IP 传输层协议

传输层协议主要包括 TCP 和 UDP。

1. TCP

TCP 是传输层的一种面向连接的通信协议，它提供可靠的、按序传输数据的服务。对于大量数据，通常要求可靠的数据传输，TCP 提供的连接是双向的，即全双工的。

TCP 旨在适应支持多网络应用的分层协议层次结构。连接在不同但互联的计算机通信网络的主计算机中的成对进程之间，依靠 TCP 提供可靠的通信服务。TCP 假设可以从较低级别的协议获得简单的、可能不可靠的数据包服务。原则上，TCP 应该能够在从硬线连接到分组交换或电路交换网络的各种通信系统之上操作。

TCP 是为了在不可靠的互联网络上提供可靠的端到端字节流而专门设计的一种传输协议。互联网络与单个网络有很大的不同，因为互联网络的不同部分可能有截然不同的拓扑结构、带宽、延迟、数据包和其他参数。TCP 的设计目标是动态地适应互联网络的这些特性，并具备面对各种故障的健壮性。

3 次握手建立 TCP 连接的过程如图 3.10 所示。

TCP 在传输之前会进行 3 次沟通（一般称为"3 次握手"），传完数据断开的时候要进行 4 次沟通（一般称为"4 次挥手"），下面对整个过程中涉及的两个序号和 6 个标志位进行介绍。

（1）序号：seq 序号，占 32 位，用来标识从 TCP 源端向目的端发送的字节流，发送端发送数据时对它进行标记。

（2）确认序号：ack 序号，占 32 位，只有 ACK 标志位为 1 时，确认序号字段才有效，ack=seq+1。

（3）标志位：共 6 个，即 URG、ACK、PSH、RST、SYN、FIN，其具体含义如下。

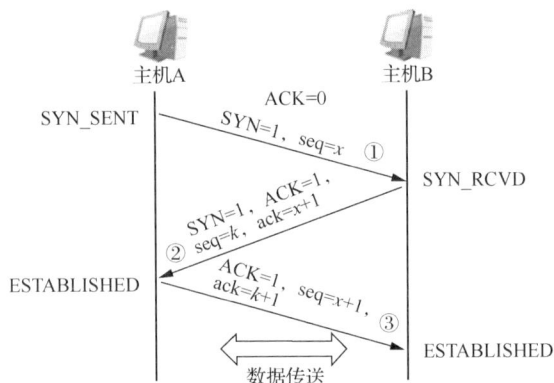

图 3.10　3 次握手建立 TCP 连接的过程

① URG：紧急指针（Urgent Pointer）有效。

② ACK：确认序号有效。

③ PSH：接收端应该尽快将这个报文提交给应用层。

④ RST：重置连接。

⑤ SYN：发起一个新连接。

⑥ FIN：释放一个连接。

需要注意如下情况。

① 不要将确认序号 ack 与标志位中的 ACK 搞混。

② 确认方 ack=发起方 seq+1，两端配对。

在第一次消息发送中，A 随机选取一个序列号作为自己的初始序号发送给 B；在第二次消息发送中，B 使用 ack 对 A 的数据包进行确认。

因为已经收到了序列号为 x 的数据包，准备接收序列号为 $x+1$ 的数据包，所以 ack=x+1，同时 B 告诉 A 自己的初始序列号为 k，即 seq=k。

在第三条消息发送中，A 告诉 B 它收到了 B 的确认消息并准备建立连接，A 的序列号是 x+1，所以 seq=x+1，而 ack=k+1 表示 A 正准备接收 B 的序列号为 k+1 的数据包。

2. UDP

UDP 的创立是为了向应用程序提供一条访问 IP 的无连接功能的途径。

使用该协议，源主机有数据就发送，而不管发送的数据包是否到达目的主机、数据包是否出错，收到数据包的主机也不会告诉发送端它是否收到了数据。因此，它是一种不可靠的数据传输方式。

UDP 不为 IP 提供可靠性、流量控制或差错恢复功能。一般来说，TCP 对应的是可靠性要求高的应用，而 UDP 对应的是可靠性要求低、传输经济的应用。TCP 支持的应用层协议主要有 Telnet 协议、FTP、简单邮件传送协议（Simple Mail Transfer Protocol，SMTP）等，UDP 支持的应用层协议主要有网络文件系统层协议、简单网络管理协议（Simple Network Management Protocol，SNMP）、域名系统（Domain Name System，DNS）协议、简易文件传送协议（Trivial File Transfer Protocol，TFTP）等。

3.3.6 TCP/IP 应用层协议

应用层协议主要包括 HTTP、FTP、Telnet 协议、SMTP、DNS 协议、SNMP、动态主机配置协议（Dynamic Host Configuration Protocol，DHCP）。

1. HTTP

HTTP 是 WWW 浏览器和 WWW 服务器之间的应用层通信协议，它能保证正确传输超文本文档，是一种最基本的 C/S 模式的访问协议。该协议可以使浏览器更加高效，使网络传输流量减少。通常，它通过浏览器向服务器发送请求，而服务器回应相应的网页。同其他应用层协议一样，HTTP 是为了实现某一类具体应用的协议，并由某一运行在用户空间的应用程序来实现其功能。

2. FTP

FTP 用来实现主机之间的文件传输，采用了 C/S 模式，使用 TCP 提供可靠的传输服务，是一种面向连接的协议。FTP 的主要功能是降低或消除在不同操作系统下处理文件的不兼容性。FTP 允许用户以文件操作的方式（如文件的增、删、改、查、传输等）与另一主机相互通信。然而，用户并不真正登录到自己想要存取的计算机上成为完全用户，而可用 FTP 程序访问远程资源，实现传输文件、目录管理及访问电子邮件等功能，即使双方计算机可能配有不同的操作系统和文件存储方式。

3. Telnet 协议

Telnet 协议是一种简单的远程终端协议，采用了 C/S 模式。用户用 Telnet 协议可通过 TCP 连接注册（登录）到远方的另一台主机上（使用主机名或 IP 地址）。

Telnet 协议是 TCP/IP 协议族中的一员，是 Internet 远程登录服务的标准协议和主要方式。它为用户提供了在本地计算机上完成远程主机工作的能力。在终端上使用 Telnet 程序，通过它连接到服务器，终端使用者可以在 Telnet 程序中输入命令，这些命令会在服务器上运行，就像直接在服务器的控制台上输入命令一样，可以在本地控制服务器。要开始一个 Telnet 会话，必须输入用户名和密码来登录服务器，Telnet 是常用的远程控制 Web 服务器的方法。

4. SMTP

SMTP 是一种提供可靠且有效电子邮件传输的协议，建立在 FTP 之上，主要用于传输系统之间的邮件信息，并提供与来信有关的通知。SMTP 独立于特定的传输子系统，并且只需要可靠有序的数据流信道支持。SMTP 的重要特性之一是其能跨越网络传输邮件，即"SMTP 邮件中继"。使用 SMTP，可实现相同网络处理进程之间的邮件传输，也可通过中继器或网关实现某处理进程与其他网络之间的邮件传输。

5. DNS 协议

DNS 协议用来把便于人们记忆的主机域名和电子邮件地址映射为计算机易于识别的 IP 地址。DNS 是互联网的一项服务，它作为将域名和 IP 地址相互映射的一个分布式数据库，能够使人们更方便地访问互联网。DNS 使用了 TCP 和 UDP 端口 53。当前，其对每一级域名长度的限制是 63 个字符，域名总长度不能超过 253 个字符。DNS 采用递归查询请求的方式来响应用户的查询，为互联网的运行提供关键的基础服务。目前绝大多数的防火墙和网络会开放 DNS 服务，DNS 数据包不会被拦截，因此可以基于 DNS 协议建立隐蔽信道，从而顺利穿过防火墙，在客户端和服务器之间传输数据。

常用的 DNS 地址如下。

首选地址 114.114.114.114（备用地址 114.114.115.115）是中国移动、中国电信和中国联通通用的 DNS 地址，解析成功率较高，国内用户使用得比较多，速度较快、较稳定，是国内用户上网常用的 DNS 地址。

首选地址 8.8.8.8（备用地址 8.8.4.4）是谷歌公司提供的 DNS 地址，该地址是全球通用的，相对来说，其更适合国外及访问国外网站的用户使用。

首选地址 119.29.29.29（备用地址 119.28.28.28）是公共 DNS 服务器 IPv4 地址。

首选地址 180.76.76.76 是百度公共 DNS 服务器 IPv4 地址。

首选地址 223.5.5.5（备用地址 223.6.6.6）是阿里巴巴公共 DNS 服务器 IPv4 地址。

6. SNMP

SNMP 是专门用于 IP 网络管理网络节点（服务器、工作站、路由器、交换机及集线器等）的一种标准协议。SNMP 使网络管理员能够管理网络效能，发现并解决网络问题及规划网络。通过 SNMP 接收随机消息（事件报告），网络管理系统可获知网络出现的问题。

7. DHCP

DHCP 可以实现为计算机自动配置 IP 地址的功能。

DHCP 服务器能够从预先设置的 IP 地址池中自动为主机分配 IP 地址，不仅能够保证 IP 地址不重复分配，还能及时回收 IP 地址以提高 IP 地址的利用率。

DHCP 使用 UDP 的 67、68 号端口进行通信，从 DHCP 客户端到达 DHCP 服务器的报文使用的目的端口号为 67，从 DHCP 服务器到达 DHCP 客户端使用的源端口号为 68。其工作过程如下：客户端以广播的形式发送一个 DHCP 的 Discover 报文，用来发现 DHCP 服务器；DHCP 服务器接收到客户端发来的 Discover 报文之后，就单播一个 Offer 报文来回复客户端，Offer 报文包含 IP 地址和租约信息；客户端收到服务器发送的 Offer 报文之后，以广播的形式向 DHCP 服务器发送 Request 报文，用来请求服务器将该 IP 地址分配给它，客户端以广播的形式发送报文是为了通知其他 DHCP 服务器，它已经接受这台 DHCP 服务器的信息了，不再接受其他 DHCP 服务器的信息；服务器接收到 Request 报文后，以单播的形式发送 ACK 报文给客户端。DHCP 工作过程如图 3.11 所示。

图 3.11　DHCP 工作过程

DHCP 租期更新：当客户端的租约期只剩下原来的 50%时，客户端会向 DHCP 服务器单播一个 Request 报文，请求续约，服务器接收到 Request 报文后，会单播 ACK 报文表示延长续约期。

DHCP 重绑定：如果客户端剩下的租约期超过原来的 50%且原先的 DHCP 服务器并没有同意客户端续约 IP 地址，那么当客户端的租约期只剩下原来的 12.5%时，客户端会向网络中的其他 DHCP 服务器发送 Request 报文，请求续约。如果其他服务器有关于客户端当前的 IP 地址信息，则单播一个 ACK 报文回复客户端以续约；如果没有，则回复一个 NAK 报文，此时，客户端会申请重新绑定 IP 地址。

DHCP IP 地址的释放：当客户端直到租约期满都没有收到服务器的回复时，会停止使用该 IP 地址；当客户端租约期未满却不想使用服务器提供的 IP 地址时，会发送一个 Release 报文，告知服务器清除相关的租约信息，释放该 IP 地址。

3.4　IPv4 编址

IP 规定网络上所有的设备都必须有一个独一无二的 IP 地址，就像邮件上必须注明收件人地址，邮递员才能将邮件送到收件人手上一样。同理，每个 IP 信息包都必须包含目的设备的 IP 地址，信息包才可以被正确地送到目的地。同一设备不可以拥有多个 IP 地址，所有使用 IP 地址的网络设备必须有一个唯一的 IP 地址。

3.4.1　IPv4 编址概述

IP 地址用于跨越任意数量的网络，跨越互联网，从世界上任何位置找到目的计算机，网关或路由器根据 IP 地址将数据帧传输到目的计算机，直到数据帧到达本地网络，硬件地址才发挥作用。

1. 二进制与十进制

要掌握 IP 地址和子网划分方法，首先必须要对进制数记数有一定的认识，下面简要介绍十进制和二进制的互相转换。

（1）二进制数与十进制数

二进制数是用 0 和 1 两个数码来表示的数。它的基数为 2，进位规则是"逢二进一"，借位规则是"借一当二"。

十进制是最方便的进制表示，也是日常生活中最常用的数制，但要用计算机处理十进制数必须先将其转换成二进制数。

（2）二进制数转换成十进制数

例如，$(1101)_2 = 1 \times 2^3 + 1 \times 2^2 + 0 \times 2^1 + 1 \times 2^0$
$$= 8 + 4 + 0 + 1$$
$$= 13$$

（3）十进制数转换成二进制数

例如，将十进制数 125 转换成二进制数为 1111101。计算方法为除 2 取余，再逆序排列，如图 3.12 所示。

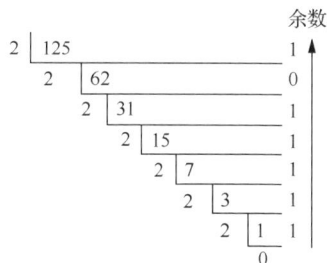

2. 网络地址标识

在网络中，对主机的识别需要依靠地址，在任何一个物理网络中，每个节点的设备必须有一个唯一的可以识别的地址，这样才能使用信息在其中交换，这个地址被称为物理地址。由于物理地址体现在数据链路层上，因此，物理地址也被称为硬件地址。采用物理地址来标识网络中的主机将带来以下问题。

图 3.12　十进制数转换成二进制数的方法示例

（1）每种物理网络都有各自的技术特点，其物理地址的长短、格式不相同。例如，以太网的物理地址在不同的物理网络中难以寻找，而令牌环网的地址格式缺乏唯一性。这两种地址管理方式都会为跨网络通信设置障碍。

（2）物理地址固化在网络设备上，通常无法修改。

（3）物理地址属于非层次化的地址，它只能标识出单台设备，而标识不出该设备连接的是哪一个网络。

为了使主机统一编址，Internet 采用网络层 IP 地址的编址方案。IP 定义了一个与底层物理地址无关的全网统一的地址格式，即 IP 地址，使用该地址可以定位主机在网络中的具体位置。

3.4.2　IPv4 地址的表示方法

Internet 上的不同主机之间要进行通信，除使用 TCP/IP 外，每台主机都必须有一个不与其他主机重复的地址，这个地址就是 Internet 地址，它相当于每台主机的名称。Internet 地址包括 IP 地址和域名地址，本书所讲的 IP 地址除特殊说明外均指 IPv4 地址。

1. IPv4 地址的表示方法

根据 TCP/IP 规定，IP 地址用 4 个字节共 32 位二进制数表示。

（1）点分十进制法。将每个字节的二进制数转换为 0～255 的十进制数，各字节之间采用 "." 分隔。例如，假设 IP 地址为 192.168.1.10，其表示方法如图 3.13 所示。

（2）后缀标记法。在 IP 地址后加 "/"，"/" 后的数字表示网络号位数。例如，对 IP 地址 192.168.1.10/24，其中 24 表示网络号占 24 位。

2. IPv4 地址的组成

IPv4 地址由网络号和主机号两部分组成，如图 3.14 所示。其中，网络号用来标识一个特定的物理网络，而主机号用来标识该网络中的主机。

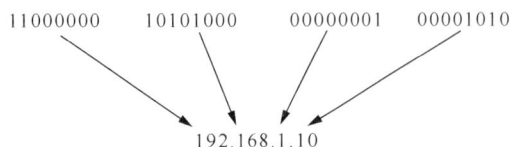

图 3.13　十进制数 IP 地址示例

图 3.14　IPv4 地址的组成

3. IPv4 地址的分类与构成

为适应不同大小的网络，Internet 定义了 5 种类型的 IP 地址，即 A、B、C、D、E 类，使用较多的是 A、B、C 类，D 类用于多播，E 类留待将来使用。

利用 IPv4 地址的基本结构可以在 Internet 上进行寻址，IPv4 的编址方式主要分为有类编址（Classful Addressing）和无类编址（Classless Addressing）。

（1）有类编址

在 Internet 上，所有的主机资源都通过 IP 地址来定位。IP 地址是由互联网名称与数字地址分配机构（Internet Corporation for Assigned Names and Numbers，ICANN）分配和管理的，IP 地址的分配有一套严格的机制和程序，这种机制和程序保证了 IP 地址在 Internet 上的唯一性。IP 地址的格式是由 IP 规定的，如图 3.15 所示。

图 3.15　IP 地址的格式

① A 类地址

A 类地址第 1 个字节的第 1 位为 0，其余 7 位表示网络号。第 2、3、4 个字节共 24 位二进制数，表示主机号。通过网络号和主机号的位数可以知道，A 类地址的网络数为 2^7=128 个，每个网络包括的主机数为 2^{24}=16777216 个。A 类地址范围是 0.0.0.0～127.255.255.255，如图 3.16 所示。因为网络号全为 0 和全为 1 保留用于特殊目的，所以 A 类地址的有效网络数为 2^7-2=126 个，其范围是 1～126。另外，主机号全为 0 和全为 1 也有特殊作用，所以每个网络号包含的主机数目应该是 2^{24}-2=16777214 个。A 类 IP 地址主要分配给具有大量主机而局域网数量较少的大型网络。

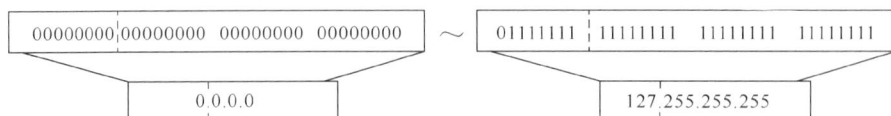

图 3.16　A 类地址范围

② B 类地址

B 类地址的前两个二进制位固定是 10，剩下的 6 位和第 2 个字节的 8 位共 14 位二进制数用来表示网络号。第 3、4 个字节共 16 位二进制数用于表示主机号。B 类地址范围是 128.0.0.0～191.255.255.255，如图 3.17 所示。B 类地址允许有 $2^{14}-2=16382$ 个网络，每个网络有 $2^{16}-2=65534$ 个主机。B 类 IP 地址适用于中等规模的网络，一般用于一些国际性大公司和政府机构等。

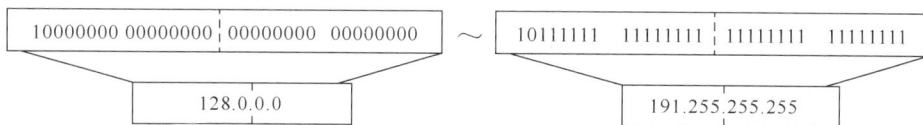

图 3.17　B 类地址范围

③ C 类地址

C 类地址的前 3 个二进制位固定是 110，剩下的 5 位和第 2、3 个字节共 21 位二进制数用来表示网络号。第 4 个字节共 8 位二进制数用于表示主机号。C 类地址范围是 192.0.0.0～223.255.255.255，如图 3.18 所示。C 类地址允许有 $2^{21}-2=2097150$ 个网络，每个网络有 $2^8-2=254$ 个主机。C 类地址的结构适用于小型的网络，如一般的校园网、小型公司的网络和研究机构的网络等。

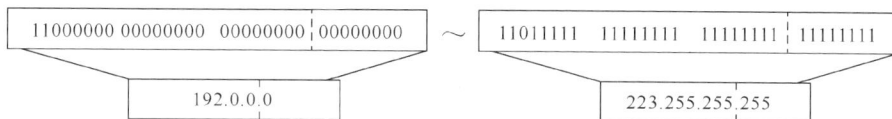

图 3.18　C 类地址范围

④ D 类地址

D 类地址的前 4 个二进制位固定是 1110，D 类地址是组播地址，组播就是同时把数据发送给一组主机，只有那些已经登记可以接收组播地址的主机才能接收组播的数据包，D 类地址范围是 224.0.0.0～239.255.255.255。

⑤ E 类地址

E 类地址的前 5 个二进制位固定是 11110，E 类地址是为将来预留的，同时用于实验目的，但它们不能被分配给主机。

（2）无类编址

在网络通信发展的初期，网络中的计算机数量很少，需要使用的 IP 地址也很少，所以将 IP 地址划分为 5 类的做法基本没有问题。然而，随着通信网络的飞速发展，这种有类编址的地址划分方法暴露了明显的问题。例如，一个集团公司大约需要 10 万个 IP 地址，如果用 A 类地址进行分配，那么将会有大量的 IP 地址被浪费。总之，有类编址进行地址划分的颗粒度太大，使得大量的 A 类地址或 B 类地址不能被充分利用，从而造成大量 IP 地址资源浪费，因此，IPv4 出现了无类编址方式。

在有类编址方式中，A 类地址、B 类地址、C 类地址限定了网络号和主机号的位数。无类编址方式不限定网络号和主机号的位数，这使得 IP 地址的分配更加灵活，IP 地址的利用率也得到了提高。

采用有类编址时，我们很容易知道关于一个 IP 地址的所有信息，特别是网络号和主机号。而采用无类编址就不一样了，其网络号和主机号不是固定的。例如，有一个 IP 地址为 100.1.5.1，它可能是 100.1.0.0 网络中的一个主机地址，也可能是 100.1.5.0 网络中的一个主机地址，以及很多其他的可能性。

4. 子网掩码

子网掩码（Subnet Mask）由 32 位二进制数组成，也可看作由 4 个字节组成，且通常以点分十进制数来表示。但是，子网掩码本身并不是一个 IP 地址，且子网掩码必须由若干个连续的 1 后接若干个连续的 0 组成。表 3.3 所示为子网掩码的示例。

表 3.3　子网掩码的示例

示例					是否为子网掩码
11111100	00000000	00000000	00000000	（252.0.0.0）	是
11111111	11000000	00000000	00000000	（255.192.0.0）	是
11111111	11111111	11111111	11110000	（255.255.255.240）	是
11111111	11111111	11111111	11111111	（255.255.255.255）	是
00000000	00000000	00000000	00000000	（0.0.0.0）	是
11011000	00000000	00000000	00000000	（216.0.0.0）	否
00000000	11111111	11111111	11111111	（0.255.255.255）	否

我们通常将一个子网掩码中 1 的个数称为这个子网掩码的长度。例如，子网掩码 0.0.0.0 的长度为 0，子网掩码 252.0.0.0 的长度为 6，子网掩码 255.192.0.0 的长度为 10，子网掩码 255.255.255.255 的长度为 32。

子网掩码总是与 IP 地址结合使用。当一个子网掩码与一个 IP 地址结合使用时，子网掩码中 1 的个数（即子网掩码的长度）表示这个 IP 地址的网络号的位数，而 0 的个数表示这个 IP 地址的主机号的位数。

（1）子网掩码与网络地址

如果将一个子网掩码与一个 IP 地址进行逐位的"与"运算，则所得的结果是该 IP 地址所在网络的网络地址。

（2）子网掩码与广播地址

广播地址应用于主机同网络内所有其他主机的通信，它是主机号为全 1 的地址。广播地址=网络地址+子网掩码的反码。

（3）基于 IP 地址和子网掩码计算网络地址与广播地址

例如，对于 IP 地址 202.199.184.1，假设其子网掩码为 255.255.255.0，那么可以通过计算得知这个 IP 地址所在网络的网络地址为 202.199.184.0，广播地址为 202.199.184.255，其计算过程如图 3.19 所示。

图 3.19　基于 IP 地址和子网掩码计算网络地址与广播地址的过程

子网掩码的引入，使得无类编址方式可以完全向后兼容有类编址方式，即使用有类编址时，A 类地址的子网掩码总是 255.0.0.0，B 类地址的子网掩码总是 255.255.0.0，C 类地址的子网掩码总是 255.255.255.0。这样一来，所谓的有类编址便成了无类编址的特例。使用无类编址时，子网掩码的长度是可以根据需要而灵活变化的，所以此时的子网掩码也称为可变长子网掩码（Variable-Length Subnet Mask，VLSM）。

目前，Internet 所使用的编址方式都是无类编址，一个 IP 地址总是有其对应的子网掩码。我们在书写 IP 地址及其对应的子网掩码时，习惯 IP 地址在前，子网掩码在后，中间以"/"隔开。另外，为了简化起见，常以子网掩码的长度来代替子网掩码本身。例如，70.1.2.1/255.255.0.0 可以写成 70.1.2.1/16。

5. 特殊的 IP 地址

IP 地址除了可以表示主机的地址之外，还有几种特殊的表现形式。

（1）环回地址

网络地址 127.x.x.x 已经分配给本地主机当作环回地址。这个地址的目的是提供对本地主机的网络配置的测试。例如，127.0.0.1，该标识号被保留用作回路及诊断，称该地址为"环回地址"，其实质是测试本地的 TCP/IP 是否有问题。

（2）私有地址

为了避免企业任选的 IP 地址与合法的 Internet 地址发生冲突，因特网工程任务组（Internet Engineering Task Force，IETF）已经分配了具体的 A 类地址、B 类地址和 C 类地址供企业内部网使用，这些地址称为私有地址，私有地址段如下。

A 类私有地址：10.0.0.0～10.255.255.255。

B 类私有地址：172.16.0.0～172.31.255.255。

C 类私有地址：192.168.0.0～192.168.255.255。

3.4.3 子网划分与规划

为了提高 IP 地址的使用效率，可以将一个网络划分为多个子网。可以采用借位的方法，从主机最高位开始借位使之变为新的子网号，剩余部分仍为主机号，将本来属于主机号的部分变为子网号和主机号，这样就将大的网络划分为多个小的网络，满足了不同网络对 IP 地址的个性化需求，体现了网络的层次性。

1. 子网划分

子网划分使得 IP 地址的结构分为 3 个部分：网络号、子网号和主机号，如图 3.20 所示。

（1）子网划分的原理

划分子网时，子网号借用的主机号位数越多，子网的数目就越多，但每个子网的可用主机数就越少。例如，某企业申请到 C 类地址 192.168.1.1，其中网络号为 192.168.1.0，主机号为 1，主机位为 8 位，主机地址数为 $2^8-2=254$ 个。

如果借用一位主机位，则将产生 $2^1=2$ 个子网，每个子网的主机地址个数为 $2^7=128$ 个；如果借用两位主机位，则将产生 $2^2=4$ 个子网，每个子网的主机地址个数为 $2^6=64$ 个。以此类推，我们知道，每借用 n 个主机号的位，便会产生 2^n 个子网，每个子网的主机地址个数为 $2^{(8-n)}$。以 C 类地址为例，根据子网号借用主机号的位数，我们可以分别计算出子网数、子网掩码和每个子网的主机数及可用主机数，如表 3.4 所示。

图 3.20　子网划分示意

表 3.4　C 类网络的子网划分

借位数	掩码长度	子网掩码	子网数	主机数	可用主机数
1	/25	255.255.255.128	2	128	126
2	/26	255.255.255.192	4	64	62
3	/27	255.255.255.224	8	32	30
4	/28	255.255.255.240	16	16	14
5	/29	255.255.255.248	32	8	6
6	/30	255.255.255.252	64	4	2

（2）VLSM

VLSM 允许在同一个网络地址空间中使用多个子网掩码。VLSM 使得 IP 地址的使用更加有效，减少了 IP 地址的浪费，且 VLSM 允许已经划分过子网的网络继续划分子网。

VLSM 路由汇总范例如图 3.21 所示，网络 172.22.0.0/16 被划分成"/24"的子网，其中子网 172.22.1.0/24 又被继续划分成"/27"的子网。这个"/27"子网的网络范围是 172.22.1.0/27～172.22.1.224/27（从实际应用角度）。从图中可以看出，又将 172.22.1.224/27 的网络划分成"/30"的子网。在这个"/30"的子网中，网络中可用的主机数为两个，这两个 IP 地址正好给两台路由器连接的端口使用。

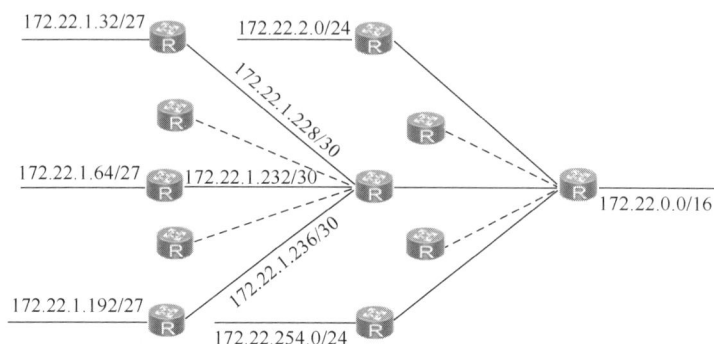

图 3.21　VLSM 路由汇总范例

由此可以看出，VLSM 加强了 IP 地址的层次化结构设计，使路由表的路由汇总更加有效。在图 3.21 中，最右边的路由器的路由表中将到达 172.22.0.0/16 的网络及其子网的路由信息汇总成了一条 172.22.0.0/16。也就是说，对于网络边界，路由器能够屏蔽子网的信息，减少路由表条目的数量。

2. 规划 IP 地址

IP 地址的规划是网络设计的重要环节，大型计算机网络必须对 IP 地址进行统一规划并进行有效实施。IP 地址规划的好坏，将影响网络路由协议算法的效率，影响网络的性能、网络的扩展和网络的管理，也必将直接影响网络应用的进一步发展。

（1）地址规划的原则

IP 地址空间的分配要与网络拓扑结构相适应，既要有效地利用地址空间，又要体现出网络的可扩展性、灵活性和层次性，同时能满足路由协议的要求，以便网络中的路由聚类，减少路由器中路由表的长度，减少对路由器 CPU、内存的消耗，提高路由算法的效率，加快路由变化的收敛速度，同时要考虑到网络地址的唯一性、连续性、适宜性和可管理性。

（2）规划网络地址案例

假设某企业拥有一个 C 类地址 192.168.10.0/24，企业希望每个部门都工作于相对独立的局域网。某企业各部门 IP 地址需求数量如表 3.5 所示。

表 3.5　某企业各部门 IP 地址需求数量

部门名称	IP 地址需求数量
财务部	5
研发部	60
市场部	10
业务部	120

作为该企业的网络管理员，请为该企业合理规划 IP 地址，并给出 IP 地址规划的具体方案。

① 解决策略

针对企业不同 IP 地址需求，可以按照以下步骤实现 IP 地址规划。

先根据最大 IP 地址数的要求划分子网，其中一个子网网段用于满足该部门的主机 IP 地址数需求。

再选择剩余子网网段中的一个，按次大 IP 地址数要求划分子网，其中一个子网网段用于满足该部门的主机 IP 地址数需求。

重复上述步骤，直到满足所有部门主机 IP 地址数需求，并将剩余的网络地址登记为备用网络，以备网络扩展升级使用。

② 解决过程

当 IP 地址数需求为 120 时，主机地址位至少要有 7 位，因此该 C 类地址可以分为两个子网，如表 3.6 所示。这里将 192.168.10.0/25 分配给业务部使用。

表 3.6 子网化步骤 1

网络地址		主机地址（7 位）	子网网络地址
192.168.10.0/24	0	000 0000	192.168.10.0/25
192.168.10.0/24	1	000 0000	192.168.10.128/25

当 IP 地址数需求为 60 时，主机位至少要有 6 位，对 192.168.10.128/25 继续划分子网，如表 3.7 所示。这里将 192.168.10.128/26 分配给研发部使用。

表 3.7 子网化步骤 2

网络地址		主机地址（7 位）	子网网络地址
192.168.10.128/25	0	000 0000	192.168.1.128/26
192.168.10.128/25	1	000 0000	192.168.1.192/26

剩余的以此类推，这样就可以得到一个 IP 规划结果的总表，如表 3.8 所示。

表 3.8 IP 规划结果

子网网络地址									可用主机数	网络地址/掩码长度	备注
192.168.10.	0	0	0	0	0	0	0	0	126	192.168.10.0/25	业务部（120）
	1	0	0	0	0	0	0	0	62	192.168.10.128/26	研发部（60）
	1	1	0	0	0	0	0	0	14	192.168.10.192/28	市场部（10）
	1	1	0	1	0	0	0	0	6	192.168.10.208/29	财务部（5）
	1	1	0	1	1	0	0	0	6	192.168.10.216/29	备用
	1	1	1	0	0	0	0	0	14	192.168.10.224/28	备用
	1	1	1	1	0	0	0	0	14	192.168.10.240/28	备用

3.5 IPv6 编址

IPv6 是 Internet Protocol version 6 的缩写。

IPv6 是 IETF 设计的用于替代 IPv4 的下一代 IP。

由于地址资源数量的限制，以及电子技术和网络技术的发展，计算机网络已经进入人们的日常生活，可能身边的每一样东西都需要接入全球 Internet，在此背景下 IPv6 技术获得了快速发展。

3.5.1 IPv6 概述

在 Internet 发展初期，IPv4 以简单、易于实现、互操作性好的优势得到快速发展。然而，随着 Internet 的迅猛发展，IPv4 地址不足等设计缺陷日益明显。IPv4 理论上能够提供的地址数量约为 43 亿，但是由于地址分配机制等，IPv4 实际可使用的地址数量远远达不到 43 亿。Internet 的迅猛发展令人始料未及，也带来了地址短缺的问题。针对这一问题，先后推出过几种解决方案，如无类别域间路由选择（Classless Inter-Domain Routing，CIDR）和网络地址转换（Network Address Translation，NAT），但是它们都有各自的弊端和不能解决的问题，在这样的情况下，IPv6 的应用和推广便显得越来越迫切。

随着 Internet 规模的不断扩大，IPv4 地址空间已经消耗殆尽。IPv4 网络地址资源有限，严重制约了 Internet 的应用和发展。另外，网络的安全性、QoS、简便配置等要求也表明需要一种新的协议来彻底地解决目前 IPv4 面临的问题。IPv6 不仅能解决网络地址资源短缺的问题，还能解决多种接入设备接入互联网的问题，使得配置更加简单、方便。IPv6 采用了全新的报文格式，提高了报文的处理效率，也提高了网络的安全性，还能更好地支持 QoS。

IPv6 的地址数量号称"可以为全世界的每一粒沙子编上一个地址"。IPv6 是网络层协议的第二代标准协议，也是 IPv4 的升级版本。IPv6 与 IPv4 最显著的区别是，IPv4 地址采用 32 位标识，而 IPv6 地址采用 128 位标识。128 位的 IPv6 地址可以划分更多地址层级、拥有更广阔的地址分配空间，并支持地址自动配置。IPv4 与 IPv6 的地址空间如表 3.9 所示。

表 3.9 IPv4 与 IPv6 的地址空间

版本	长度	地址空间
IPv4	32 位	4294967296
IPv6	128 位	340282366920938463463374607431768211456

3.5.2 IPv6 报头结构与地址格式

IPv6 报文的整体结构分为 IPv6 报头、扩展报头和上层协议数据 3 个部分。

1. IPv6 报头结构

IPv6 报头是必选报头，长度固定为 40 个字节，包含该报文的基本信息；扩展报头是可选报头，可能存在 0 个、1 个或多个，IPv6 通过扩展报头实现各种丰富的功能；上层协议数据是该 IPv6 报文携带的上层数据，可能是 ICMPv6 报文、TCP 报文、UDP 报文或其他可能的报文。IPv6 报头结构如图 3.22 所示。

图 3.22 IPv6 报头结构

与 IPv4 相比，IPv6 报头去除了报头长度（Internet Header Length，IHL）、标识符（Identifier）、标记位（Flags）、分段偏移（Fragment Offset）、报头校验和（Header Checksum）、可选项（Options）和填充（Padding），只增加了流标签，因此 IPv6 报头的处理较 IPv4 进行了大大简化，提高了报文处理效率。另外，IPv6 为了更好地支持各种选项处理，提出了扩展报头的概念。IPv6 报头中各字段的功能如表 3.10 所示。

表 3.10　IPv6 报头中各字段的功能

字段	功能
版本号	长度为 4 位，表示协议版本，值为 6
流量等级	长度为 8 位，表示 IPv6 数据报文的类或优先级，主要用于 QoS
流标签	长度为 20 位，用于区分实时流量，用来标识同一个流中的报文
载荷长度	长度为 16 位，表明该 IPv6 报头后包含的字节数，包含扩展头部
下一报头	长度为 8 位，该字段用来指明报头后接的报文头部的类型，若存在扩展报头，则表示第一个扩展报头的类型，否则表示其上层协议的类型。它是 IPv6 各种功能的核心实现方法
跳数限制	长度为 8 位，该字段类似于 IPv4 中的 TTL，每转发一次跳数就减 1，该字段达到 0 时，包将会被丢弃
源地址	长度为 128 位，标识该报文的源地址
目的地址	长度为 128 位，标识该报文的目的地址

IPv6 报文中没有"选项"字段，而是通过"下一报头"字段配合 IPv6 扩展报头来实现选项的功能。使用扩展报头时，将在 IPv6 报文"下一报头"字段处表明首个扩展报头的类型，再根据该类型对扩展报头进行读取与处理。每个扩展报头同样包含"下一报头"字段，若接下来有其他扩展报头，则在该字段中继续标明接下来的扩展报头的类型，从而达到添加连续多个扩展报头的目的。在最后一个扩展报头的"下一报头"字段中，标明该报文上层协议的类型，用以读取上层协议数据及扩展头部报文，扩展头部报文示例如图 3.23 所示。

图 3.23　扩展头部报文示例

2. IPv6 地址格式

IPv6 地址长度为 128 位，用于标识一个或一组端口。IPv6 地址通常写作 xxxx:xxxx:xxxx:xxxx:xxxx:xxxx:xxxx:xxxx，其中 xxxx 是 4 个十六进制数，等同于 16 个二进制数；8 组 xxxx 共同组成一个 128 位的 IPv6 地址。一个 IPv6 地址由 IPv6 地址前缀和端口 ID 组成，IPv6 地址前缀用来标识 IPv6 网络，端口 ID 用来标识端口。

IPv6 的地址长度为 128 位，是 IPv4 地址长度的 4 倍。于是 IPv4 的十进制格式不再适用，IPv6 地址采用十六进制表示。IPv6 地址有以下 3 种表示方法。

（1）冒分十六进制表示法

其格式为 X:X:X:X:X:X:X:X，其中每个 X 表示地址中的 16 位，以十六进制表示，如 ABCD:EF01:2345:6789:ABCD:EF01:2345:6789。在这种表示法中，每个 X 的前导 0 是可以省略的。例如，2001:0DB8:0000:0023:0008:0800:200C:417A 可以写为 2001:DB8:0:23:8:800:200C:417A。

（2）0 位压缩表示法

在某些情况下，一个 IPv6 地址中间可能包含连续的 0，可以把这些连续的 0 压缩为"::"。但为保证地址解析的唯一性，地址中的"::"只能出现一次。例如，FF01:0:0:0:0:0:0:1101 可以写为 FF01::1101，0:0:0:0:0:0:0:1 可以写为::1。

（3）内嵌 IPv4 地址表示法

为了实现 IPv4 和 IPv6 的互通，将 IPv4 地址嵌入 IPv6 地址中，此时地址常表示为 X:X:X:X:X:X: d.d.d.d，前 96 位地址使用冒分十六进制表示法表示，而后 32 位地址使用 IPv4 的点分十进制表示法表示。::192.168.11.1 与::FFFF:192.168.11.1 就是两个典型的例子。注意，在前 96 位地址中，0 位压缩表示法依旧适用。

3.5.3　IPv6 地址类型

IPv6 主要定义了 3 种地址类型：单播地址（Unicast Address）、组播地址（Multicast Address）和任播地址（Anycast Address）。与 IPv4 地址相比，IPv6 地址中新增了任播地址类型，取消了 IPv4 地址中的广播地址，因为 IPv6 地址中的广播功能是通过组播来实现的。

目前，IPv6 地址空间中还有很多地址尚未分配，一方面是因为 IPv6 有着巨大的地址空间；另一方面是因为寻址方案还有待发展，同时关于地址类型的适用范围有很多值得商榷的地方，有一小部分全球单播地址已经由互联网数字分配机构（the Internet Assigned Numbers Authority，IANA，ICANN 的一个分支）分配给了用户。单播地址的格式是 2000::/3，代表公网上任意可用的地址。IANA 负责将该段地址范围内的地址分配给多个区域互联网注册管理机构（Regional Internet Registry，RIR）。RIR 负责全球 5 个区域的地址分配。这几个地址范围已经分配：2400::/12（APNIC）、2600::/12（ARIN）、2800::/12（LACNIC）、2A00::/12（RIPE NCC）和 2C00::/12（AFRINIC）。它们使用单一地址前缀标识特定区域中的所有地址。2000::/3 地址范围中还为文档示例预留了地址空间，如 2001:0DB8::/32。

IPv6 地址类型是由地址前缀部分来确定的，主要地址类型与地址前缀的对应关系如表 3.11 所示。

表 3.11　主要地址类型与地址前缀的对应关系

地址类型	IPv6 地址前缀标识
未指定地址	::/128
环回地址	::1/128
链路本地地址	FE80::/10
唯一本地地址	FC00::/7（包括 FD00::/8 和不常用的 FC00::/8）
站点本地地址（已弃用，被唯一本地地址代替）	FEC0::/10
全球单播地址	2000::/3
组播地址	FF00::/8
任播地址	从单播地址空间中分配，使用单播地址的格式

链路本地地址只能在连接到同一本地链路的节点之间使用。可以在地址自动分配、邻居发现和链路上没有路由器的情况下使用链路本地地址。以链路本地地址为源地址或目的地址的 IPv6 报文不会被路由器转发到其他链路中。链路本地地址的前缀是 FE80::/10。

组播地址的前缀是 FF00::/8。组播地址范围内的大部分地址都是为特定组播组保留的。跟 IPv4 一样，IPv6 组播地址还支持路由协议。IPv6 中没有广播地址。用组播地址替代广播地址可以确保报文只发送给特定的组播组而不是 IPv6 网络中的任意终端。

IPv6 还包括一些特殊地址，如未指定地址::/128。如果没有给一个端口分配 IP 地址，该端口的地址则为::/128。需要注意的是，不能将未指定地址与默认 IP 地址::/0 混淆。默认 IP 地址::/0 与 IPv4 中的默认地址 0.0.0.0/0 类似。IPv4 中的环回地址 127.0.0.1 在 IPv6 中被定义为环回地址::1/128。

1. 单播地址

IPv6 单播地址与 IPv4 单播地址一样，都只标识了一个端口，发送到单播地址的数据报文将被传输给此地址标识的端口。为了适应负载平衡系统，RFC 3513 允许多个端口使用同一个地址，但这些端口要作为主机上实现 IPv6 的单个端口出现。单播地址包括 4 种类型：全局单播地址、本地单播地址、兼容性地址、特殊地址。

（1）全局单播地址。全局单播地址等同于 IPv4 中的公网地址，可以在 IPv6 网络上进行全局路由和访问。这种地址类型允许路由前缀的聚合，从而限制了全局路由表项的数量。全局单播地址（如 2000::/3）带有固定的地址前缀，即前 3 位为固定值 001。其地址结构是 3 层结构，依次为全局路由前缀、子网标识和端口标识。全局路由前缀由 RIR 和互联网服务提供商（Internet Service Provider，ISP）组成，RIR 会为 ISP 分配 IP 地址前缀。子网标识定义了网络的管理子网。

（2）本地单播地址。链路本地地址和唯一本地地址都属于本地单播地址，在 IPv6 中，本地单播地址就是指本地网络使用的单播地址，也就是 IPv4 地址中的局域网专用地址。每个端口上至少有一个链路本地地址，可为端口分配任何类型（单播、任播和组播）或范围的 IPv6 地址。

① 链路本地地址（FE80::/10）。该地址仅用于单条链路（数据链路层不能跨 VLAN），链路本地地址不能在不同子网中进行路由。节点使用链路本地地址与同一条链路上的相邻节点进行通信。例如，在没有路由器的单链路 IPv6 网络上，主机使用链路本地地址与该链路上的其他主机进行通信，链路本地地址的前缀为 FE80::/10，表示地址最高 10 位为 1111111010，前缀后面紧跟的 64 位是端口标识，这64 位已足够让主机端口使用，因而链路本地单播地址的剩余 54 位为 0。

② 唯一本地地址（FC00::/7）。唯一本地地址是本地全局的地址，它应用于本地通信，但不通过 Internet 路由，其范围被限制为组织的边界。

③ 站点本地地址（FEC0::/10）。新标准中已被唯一本地地址代替。

（3）兼容性地址。在 IPv6 的转换机制中包括一种通过 IPv4 路由端口以隧道方式动态传递 IPv6 包的技术，这样的 IPv6 节点会被分配一个在低 32 位中带有全球 IPv4 单播地址的 IPv6 全局单播地址。还有一种嵌入了 IPv4 地址的 IPv6 地址，这类地址用于局域网内部，把 IPv4 节点当作 IPv6 节点。此外，存在一种称为"6to4"的 IPv6 地址，用于在两个 Internet 上同时运行 IPv4 和 IPv6 的节点之间进行通信。

（4）特殊地址。特殊地址包括未指定地址和环回地址。未指定地址（0:0:0:0:0:0:0:0 或::）仅用于表示某个地址不存在，它等价于 IPv4 未指定地址 0.0.0.0。未指定地址通常被用作尝试验证暂定地址唯一性数据包的源地址，并且永远不会指派给某个端口或被用作目的地址。环回地址（0:0:0:0:0:0:0:1 或::1）用于标识环回端口，允许节点将数据包发送给自己，它等价于 IPv4 环回地址 127.0.0.1。发送到环回地址的数据包永远不会发送给某个链接，也永远不会通过 IPv6 路由器转发。

2．组播地址

IPv6 组播地址可识别多个端口，对应于一组端口的地址（通常分属于不同节点），类似于 IPv4 中的组播地址，发送到组播地址的数据包会被传输给此地址标识的所有端口。可使用适当的组播路由拓扑，将向组播地址发送的数据包发送给该地址识别的所有端口，IPv6 组播地址如表 3.12 所示。任意位置的IPv6 节点可以监听任意 IPv6 组播地址上的组播通信，IPv6 节点可以同时监听多个组播地址，也可以随时加入或离开组播组。

表 3.12　IPv6 组播地址

地址范围	描述
FF02::1	链路本地范围内的所有节点
FF02::2	链路本地范围内的所有路由器

IPv6 组播地址最明显的特征就是最高的 8 位固定为 11111111。IPv6 地址很容易区分组播地址，因为它总是以 FF 开头，其结构如图 3.24 所示。

IPv6 的组播地址与 IPv4 的相同，都用来标识一组端口，这些端口一般属于不同的节点。一个节点可能属于 0 到多个组播组。目的地址为组播地址的报文会被该组播地址标识的所有端口接收。一个 IPv6组播地址由前缀、标志（Flag）、范围（Scope）及组播组 ID（Group ID）4 个部分组成。

8位	4位	4位	112位
1111 1111	标志	范围	组播组ID

图 3.24 IPv6 组播地址结构

（1）前缀：IPv6 组播地址的前缀是 FF00::/8（11111111）。

（2）标志：长度为 4 位，目前只使用了最后一位（前 3 位必须为 0），当该值为 0 时，表示当前的组播地址是由 IANA 分配的一个永久分配地址；当该值为 1 时，表示当前的组播地址是一个临时组播地址（非永久分配地址）。

（3）范围：长度为 4 位，用来限制组播数据流在网络中发送的范围。

（4）组播组 ID：长度为 112 位，用来标识组播组。目前，RFC 2373 并没有将所有的 112 位都定义成组标识，而是建议仅使用该 112 位的最低 32 位作为组播组 ID，将剩余的 80 位都置为 0，这样，每个组播组 ID 都可以映射到唯一的以太网组播物理地址。

3. 任播地址

IPv6 任播地址与组播地址一样可以识别多个端口，对应一组端口的地址。大多数情况下，这些端口属于不同的节点。与组播地址不同的是，发送到任播地址的数据包会被送到该地址标识的其中一个端口。通过合适的路由拓扑，目的地址为任播地址的数据包将被发送到单个端口（该地址识别的最近端口，最近端口定义的根据是路由距离最近）。一个任播地址不能用作 IPv6 数据包的源地址，也不能分配给 IPv6 主机，仅可以分配给 IPv6 路由器。

任播过程涉及一个任播报文发起方和一个或多个响应方。任播报文的发起方通常为请求某一服务（DNS 查找）的主机或请求返还特定数据（如 HTTP 网页信息）的主机。任播地址与单播地址在格式上无任何差异，唯一的区别是使用任播地址的一台设备可以给多台具有相同地址的设备发送报文。在企业网络中运用任播地址有很多优势，其中一个优势是可实现业务冗余。例如，用户可以通过多台使用相同地址的服务器获取同一个服务（如 HTTP 服务）。这些服务器都是任播报文的响应方，如果不采用任播地址通信，则当其中一台服务器发生故障时，用户需要获取另一台服务器的地址才能重新建立通信。如果采用任播地址通信，则当一台服务器发生故障时，任播报文的发起方能够自动与使用相同地址的另一台服务器通信，从而实现业务冗余。

使用多服务器接入能够提高工作效率。例如，用户（任播地址的发起方）浏览企业网页时，与相同的单播地址建立一条链路，连接的对端是具有相同任播地址的多台服务器，用户即可从不同的镜像服务器上分别下载 HTML 文件和图片。用户利用多台服务器的带宽同时下载网页文件，其效率远远高于使用单播地址进行下载的效率。

3.5.4 IPv6 的新特性

IPv6 是在 IPv4 的基础上改进的，它的一个重要设计目标是与 IPv4 兼容。IPv6 能够解决 IPv4 的许多问题，如地址短缺、QoS 保证等。同时，IPv6 对 IPv4 做了大量改进，包括路由和网络自动配置等。IPv6 的新特性具体体现在以下几个方面。

1. 提高安全性

身份认证和隐私权是 IPv6 的关键特性，安全问题始终是与 Internet 相关的重要话题。由于 IP 在设计之初没有考虑安全性，因此早期的 Internet 上时常发生诸如企业或机构网络遭到攻击、机密数据被窃取的情况。为了加强 Internet 的安全性，从 1995 年起，IETF 着手研究制定了一套用于保护 IP 安全的协议（IPSec）。IPSec 虽然只是 IPv4 的一个可选扩展协议，但它是 IPv6 的一个必不可少的组成部分。IPSec 提供了两种安全机制：认证和加密。认证机制使 IP 通信的数据接收端能够确认数据发送端的真实身份，以及数据在传输过程中是否被修改；加密机制通过对数据进行编码来保证数据的机密性，以防数据在传输过程中被他人截获而失密。IPSec 的鉴别头（Authentication Header，AH）用于保证数据的一致性，而封装安全负载（Encapsulating Security Payload，ESP）报头用于保证数据的机密性和一致性。在 IPv6 数据包中，AH 和 ESP 都是扩展报头，可以同时使用，也可以单独使用其中一个。通过 IPv6 的 IPSec 可以实现远程企业内网的无缝接入，作为 IPSec 的一项重要应用，IPv6 中集成的 VPN 功能可以使 VPN 的实现更加容易和安全可靠。

2. QoS

在 Internet 设计之初，没有意识到 QoS 应用的需要，只是"尽最大努力"传输数据，从原理上讲，QoS 是无保证的。文本、静态图像等传输对 QoS 没有要求。但随着多媒体业务的增加，如 IP 电话、电视会议、视频点播等实时应用，对传输时延和时延抖动等均有严格的要求，因而对 QoS 的要求越来越高。

IPv6 数据包包含一个 8 位的业务流类型（Class）和一个新的 20 位的流标签（Flow Label），目的是允许发送业务的源节点和转发业务流的路由器在数据包上加上标记，中间节点在接收到一个数据包后，通过验证流标签即可判断其属于哪一类业务流，从而可以明确数据包的 QoS 需求，并快速转发数据包。

3. 移动 IPv6

移动性无疑是 Internet 最精彩的服务之一。移动 IPv6 可为用户提供可移动的 IP 数据服务，让用户可以在世界各地使用同样的 IPv6 地址，非常适合无线上网。IPv4 的移动性支持是作为一种 IP 附加功能提出的，并非所有的 IPv4 实现都能够提供对移动性的支持。IPv6 中的移动性支持是在制定 IPv6 的同时作为一种必需的协议内嵌于 IP 中的，其效率远远高于 IPv4。更重要的是，IPv4 有限的地址资源无法提供所有潜在的移动终端设备所需的 IP 地址，难以实现移动 IP 的大规模应用。和 IPv4 相比，IPv6 的移动性支持取消了异地代理，完全支持路由优化，几乎彻底消除了路由问题，并为移动终端提供了足够的地址资源，使得移动 IP 的实际应用成为可能。

4. 组播技术

IPv6 为组播预留了一定的地址空间，其地址高 8 位为 11111111，后跟 120 位组播组标识。此地址仅用来作为组播数据包的目的地址，组播数据包的源地址只能是单播地址。发送端只需要发送数据给该组播地址，就可以发送多个不同地点的用户数据，而不需要了解接收端的任何信息。

5. 更小的路由表

IPv6 的地址分配一开始就遵循聚合的原则，这使得路由器能在路由表中用一条记录表示子网，这样大大减小了路由器中路由表的长度，加快了路由器转发数据包的速度。

3.5.5　IPv4 到 IPv6 的过渡技术

现在几乎所有网络及其连接设备都支持 IPv4，要想在一夜之间就完成从 IPv4 到 IPv6 的转换是不切实际的，也是不可能的。没有过渡方案，再先进的协议也没有实际意义。如何完成从 IPv4 到 IPv6 的转换，是 IPv6 需要解决的第一个问题。IPv6 必须能够处理 IPv4 的遗留问题以保护用户在 IPv4 上的大量投资，因此 IPv4 向 IPv6 的演进应该是平滑渐进的。

目前，IETF 已经成立了专门的工作组，研究 IPv4 到 IPv6 的过渡问题，且已经提出了很多方案。IETF 一致认为 IPv4 向 IPv6 演进的主要目标有以下 4 个。

（1）逐步演进。已有的 IPv4 网络节点可以随时演进，而不受限于所运行 IP 的版本。

（2）逐步部署。新的 IPv6 网络节点可以随时增加到网络中。

（3）地址兼容。当 IPv4 网络节点演进到 IPv6 时，IPv4 的 IP 地址可以继续使用。

（4）减少费用。在演进过程中，只需要很少的费用和很少的准备工作。

为了实现以上目标，IETF 推荐了双栈协议技术、隧道技术及 NAT-PT 技术等过渡技术，这些过渡技术已经在实验网络和商用领域中得到了很好的论证和实践。

1. 双协议栈技术

双协议栈技术是指节点中同时具有 IPv4 和 IPv6 两个协议栈，是使 IPv6 节点与 IPv4 节点兼容的最直接的方式，应用对象是主机、路由器等通信设备。由于 IPv6 和 IPv4 是功能相近的网际层协议，又有基本相同的物理平台，并且加载于其上的传输层协议 TCP 和 UDP 没有任何区别，因此，如果一台主机同时支持 IPv6 和 IPv4 两种协议，那么该主机既能与支持 IPv4 的主机通信，又能与支持 IPv6 的主机通信。IPv6 和 IPv4 双协议栈结构如图 3.25 所示。

应用程序	
TCP/UDP	
IPv6协议	IPv4协议
物理网络	

图 3.25　IPv6 和 IPv4 双协议栈结构

支持双协议栈的 IPv6 节点与 IPv6 节点互通时将使用 IPv6 协议栈，与 IPv4 节点互通时将使用 IPv4 协议栈。

IPv6 节点访问 IPv4 节点时，IPv6 节点首先向双栈服务器申请一个临时 IPv4 地址，同时从双栈服务器得到网关路由器的 IPv6 地址。IPv6 节点在此基础上形成一个"6 over 4"（IPv6 over IPv4）的 IP 数据包，"6 over 4"的 IP 数据包经过 IPv6 网络传到网关路由器，网关路由器将其 IPv6 头去掉，将 IPv4 数据包通过 IPv4 网络送往 IPv4 节点。网关路由器必须记住 IPv6 源地址与 IPv4 临时地址的对应关系，以便反方向将 IPv4 节点发来的 IP 数据包转发到 IPv6 节点。

双协议栈技术的优点是不需要购置专门的 IPv6 路由器和链路，节省了硬件投资；缺点是 IPv6 的流量和原有的 IPv4 流量之间会竞争带宽和路由器资源，从而影响 IPv4 网络的性能，且升级和维护费用高。在 IPv6 网络建设的初期，由于 IPv4 地址相对充足，这种方案的实施具有可行性。但当 IPv6 网络发展到一定规模时，为每个节点分配两个全局地址的方案将很难实现。

2. 隧道技术

随着 IPv6 的发展，出现了许多局部的 IPv6 网络，要将这些孤立的"IPv6 岛"相互连通必须使用隧道技术。隧道技术可以通过现有的、运行 IPv4 的 Internet 骨干网络（隧道）将局部的 IPv6 网络连接起来，因而这种技术是 IPv4 向 IPv6 过渡的初期最易采用的技术。隧道封装了 IPv4 数据包中的 IPv6 业务，使它们能够在 IPv4 骨干网络上发送，并与 IPv6 终端系统和路由器进行通信，而不必升级它们之间存在的 IPv4 基础架构。

当 IPv6 节点 A 向 IPv6 节点 B 发送数据时，要经历 3 个过程：首先，节点 A 将数据发送给路由器 R1；其次，路由器 R1 将 IPv6 的数据包封装入 IPv4 并传输到路由器 R2；最后，路由器 R2 将 IPv6 数据包取出，转发给目标节点 B，如图 3.26 所示。

图 3.26　节点 A 向节点 B 发送数据的流程

隧道技术的优点是只要求在隧道的入口和出口处对数据包进行修改，对其他部分没有要求，因而非常容易实现；缺点是不能实现 IPv4 主机与 IPv6 主机的直接通信。

3. NAT-PT 技术

NAT 技术原本是针对 IPv4 网络提出的，但只要将 IPv4 地址和 IPv6 地址分别看作 NAT 技术中的内部私有地址和公有地址，NAT 就演变成了网络地址转换-协议转换（Network Address Translation-Protocol Translation，NAT-PT）。

可利用转换网关在 IPv6 和 IPv4 网络之间转换 IP 报头的地址，同时根据协议的不同对数据包做相应的语义翻译，这样就能在 IPv4 和 IPv6 节点之间进行透明通信，如图 3.27 所示。

NAT-PT 技术有效地解决了 IPv4 主机和 IPv6 主机的互通问题，但是它不能支持所有的应用（如应用层的 FTP、认证、加密等应用），这个缺点限制了 NAT-PT 技术的应用。

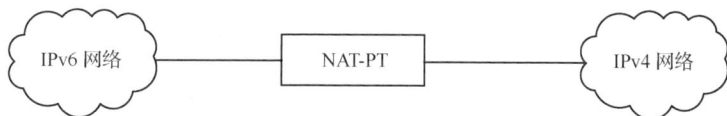

图 3.27　MAT-PT 技术的应用

技能实践

任务 3.1　构建局域网实现资源共享

【实训目的】

（1）掌握配置主机 IP 地址的方法。

（2）实现主机之间的资源共享。

【实训环境】

（1）准备相关网络连接设备，如网线、网卡、交换机等。

（2）准备安装了 Windows 10 操作系统的计算机两台。

【实训内容与步骤】

企业要求内部计算机能够访问共享目录内的文件资源，以实现办公自动化。为了简化设置，要先解决网卡安装、计算机网络参数配置及共享目录设置等问题，为后续问题的解决奠定基础。

1. 准备工作

（1）安装网卡

① 打开主机机箱，找到安装网卡的 PCI 插槽，如图 3.28 所示。

② 将网卡插入 PCI 插槽并固定网卡，如图 3.29 所示。

图 3.28　安装网卡的 PCI 插槽　　　图 3.29　将网卡插入 PCI 插槽并固定网卡

（2）连接两台计算机

为了实现通过网线连接的两台计算机的相互通信，需要分别对这两台计算机（本项目的计算机操作系统为 Windows 10）进行网络参数配置，包括配置 IP 地址、子网掩码等。假设这两台计算机的 IP 地址分别是 192.168.1.10/24、192.168.1.11/24，如图 3.30 所示，在计算机 1 中建立共享文件夹 D:\root，实现资源共享。

计算机1
IP地址：192.168.1.10/24
子网掩码：255.255.255.0

计算机2
IP地址：192.168.1.11/24
子网掩码：255.255.255.0

图 3.30　连接两台计算机

2. 配置计算机的网络参数

配置计算机的网络参数，需要进行如下操作。

（1）配置计算机 1 的网络参数

① 在桌面空白处单击鼠标右键，在弹出的快捷菜单中选择"个性化"命令，如图 3.31 所示。

② 打开"设置"窗口，选择"主题"选项，在打开的"主题"界面中选择"桌面图标设置"选项，如图 3.32 所示。

图 3.31 选择"个性化"命令

图 3.32 "主题"界面

③ 打开"桌面图标设置"对话框，勾选"计算机""回收站""控制面板""网络"复选框，如图 3.33 所示。单击"确定"按钮，使这些图标在桌面上显示出来。

④ 将鼠标指针移动到桌面的"网络"图标上，单击鼠标右键，在弹出的快捷菜单中选择"属性"命令，如图 3.34 所示。

图 3.33 "桌面图标设置"对话框

图 3.34 "属性"命令

⑤ 打开"网络和共享中心"窗口，如图 3.35 所示。

⑥ 选择"更改适配器设置"选项，打开"网络连接"窗口，如图 3.36 所示。

图 3.35 "网络和共享中心"窗口

图 3.36 "网络连接"窗口

⑦ 双击"本地连接"图标，打开"本地连接 状态"对话框，如图 3.37 所示。

⑧ 在"本地连接 状态"对话框中，单击"属性"按钮，打开"本地连接 属性"对话框，如图 3.38 所示。

图 3.37 "本地连接 状态"对话框

图 3.38 "本地连接 属性"对话框

⑨ 在"本地连接 属性"对话框中，勾选"Internet 协议版本 4（TCP/IPv4）"复选框，单击"属性"按钮，打开"Internet 协议版本 4（TCP/IPv4）属性"对话框，设置 IP 地址及子网掩码，单击"确定"按钮，保存修改参数，如图 3.39 所示，关闭相应的对话框和窗口。

（2）配置计算机 2 的网络参数

计算机 2 的网络参数中的 IP 地址为 192.168.1.11，子网掩码为 255.255.255.0，配置方法同计算机 1。

（3）测试网络连通性

配置完两台计算机的网络参数后，检查其网络能否连通。

① 用测线器测试双绞线是否完好，检查双绞线是否正确连接到了计算机网卡端口上。

② 在计算机 1 上，在"开始"菜单的搜索框中输入"cmd"后按【Enter】键，打开命令提示符窗口，在命令提示符窗口中执行"ipconfig/all"命令，查看计算机 1 的 IP 地址信息，如图 3.40 所示。

图 3.39 设置 IP 地址及子网掩码

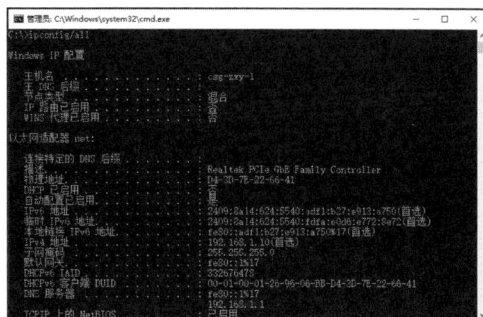

图 3.40 查看计算机 1 的 IP 地址信息

109

③ 在计算机 1 上使用 ping 命令测试计算机 1 与计算机 2 的网络连通性。如果使用 ping 命令的结果如图 3.41 所示，则表示计算机 1 与计算机 2 可以正常通信。

④ 如果使用 ping 命令的结果如图 3.42 所示，则表示目标主机不可达，需要进一步查询计算机 2 的配置情况。

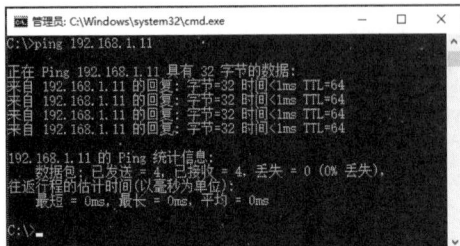

图 3.41　计算机 1 能 ping 通计算机 2 的情况

图 3.42　计算机 1 不能 ping 通计算机 2 的情况

3. 共享网络资源

实现共享网络资源，需要进行如下操作。

（1）创建用户账户

为了实现远程访问网络共享资源，必须事先建立远程访问网络共享资源的用户账户（包括用户名及密码）。需要分别在计算机 1 和计算机 2 上建立相同的用户名和密码。下面仅描述在计算机 1 上创建用户账户 User1 的过程。在计算机 2 上创建用户账户 User1 的过程与计算机 1 完全相同，此处不赘述。

V3-1　共享网络
资源配置

① 在计算机 1 的桌面上双击"控制面板"图标，打开"控制面板"窗口，选择"用户账户"选项，如图 3.43 所示。

② 在打开的"用户账户"窗口中，选择"更改账户类型"选项，打开"管理账户"窗口，如图 3.44 所示。

图 3.43　"控制面板"窗口

图 3.44　"管理账户"窗口

③ 在"管理账户"窗口中，选择"在电脑设置中添加新用户"选项，打开"其他用户"界面，如图 3.45 所示。

④ 在"其他用户"界面中，选择"将其他人添加到这台电脑"选项，打开"lusmgr-[本地用户和组(本地)\用户]"窗口，如图 3.46 所示。

⑤ 在"lusmgr-[本地用户和组(本地)\用户]"窗口的左侧列表框中选择"用户"选项，在中间列表框的空白处单击鼠标右键，在弹出的快捷菜单中选择"新用户"命令，如图 3.47 所示。

⑥ 打开"新用户"对话框，输入用户名"User1"和密码"admin"，再次输入确认密码"admin"，单击"创建"按钮，如图 3.48 所示，关闭相应对话框和窗口。

图 3.45 "其他用户"界面

图 3.46 "lusmgr-[本地用户和组(本地)\用户]"窗口

图 3.47 选择"新用户"命令

图 3.48 "新用户"对话框

至此，完成了在计算机 1 上创建用户账户 User1 的过程。

（2）设置共享文件夹

假设在计算机 1 上已经创建了文件夹 root，并在该文件夹中放置了一个共享文件 abc.doc。若希望计算机 2 通过网络连接访问计算机 1 的 root 文件夹中的共享文件 abc.doc，则需设置文件夹 root 为共享文件夹。

① 将鼠标指针移动到 root 文件夹上，单击鼠标右键，在弹出的快捷菜单中选择"共享"命令，选择"特定用户…"选项，打开"选择要与其共享的用户"界面，在下拉列表框中选择"User1"用户，单击"添加"按钮，如图 3.49 所示。

② 默认情况下，新建用户对共享文件夹的访问权限仅为"读取"，通过"权限级别"列右侧的下拉按钮修改"User1"的用户权限为"读取/写入"，单击"共享"按钮，如图 3.50 所示。

图 3.49 选择共享用户

图 3.50 设置用户访问权限

（3）访问共享资源

要想访问共享资源，需要进行如下操作。

① 为了达到用户 User1 在计算机 2 上通过网络连接访问计算机 1 的共享文件夹 root 中的共享文件 abc.doc 的目的，需要以用户 User1 的身份在计算机 2 上登录（输入用户名及其密码）。

② 登录后，按【Windows+R】组合键，在打开的"运行"对话框中输入"\\192.168.1.10"并单击"确定"按钮，如图 3.51 所示。

③ 在打开的计算机 1 的共享文件夹窗口中，双击共享文件夹 root，进入该共享文件夹，如图 3.52 所示。

图 3.51 "运行"对话框　　　　　　　　　　图 3.52 进入共享文件夹

④ 进入共享文件夹 root 后，即可对共享文件 abc.doc 进行操作，如复制、修改等，如图 3.53 所示。

图 3.53 操作共享文件

任务 3.2 共享网络打印机

【实训目的】
（1）掌握用户配置与用户管理的方法。
（2）掌握打印机共享设置的方法。

【实训环境】
（1）准备网线、交换机等相关设备。
（2）准备安装了 Windows 10 操作系统的计算机两台和打印机一台。

【实训内容与步骤】
为了在两台计算机之间实现打印机共享，要先保证两台计算机能够相互通信，需要分别对两台计算机进行网络参数配置，包括配置 IP 地址、子网掩码等参数。假设这两台计算机的 IP 地址分别为 192.168.11.1/24、192.168.11.2/24，通过交换机连接两台计算机，共享打印机拓扑结构如图 3.54 所示。

（1）要实现打印机共享，两台计算机必须有相同的工作组，将鼠标指针移动到桌面的"此电脑"图标上，单击鼠标右键，在弹出的快捷菜单中选择"属性"命令，如图 3.55 所示。打开"系统"窗口，设置计算机所在工作组为"WorkGroup"，如图 3.56 所示。

计算机1
IP地址: 192.168.11.1/24
子网掩码: 255.255.255.0

计算机2
IP地址: 192.168.11.2/24
子网掩码: 255.255.255.0

图 3.54　共享打印机拓扑结构

图 3.55　选择"属性"命令

图 3.56　设置工作组

（2）两台计算机还必须设置用户密码。将鼠标指针移动到桌面的"此电脑"图标上，单击鼠标右键，在弹出的快捷菜单中选择"管理"命令，在打开的窗口的左侧列表框中选择"用户"选项，将鼠标指针移动到中间列表框的"Administrator"上，单击鼠标右键，在弹出的快捷菜单中选择"设置密码"命令，如图 3.57 所示，进行密码设置。

（3）打开"控制面板"窗口，如图 3.58 所示，设置"查看方式"为"大图标"。

图 3.57　选择"设置密码"命令

图 3.58　"控制面板"窗口

（4）选择"设备和打印机"选项，打开"设备和打印机"窗口，如图 3.59 所示。

（5）在"设备和打印机"窗口中，选中相应的打印机图标，单击鼠标右键，在弹出的快捷菜单中选择"打印机属性"命令。

（6）在打开的打印机属性对话框中，选择"共享"选项卡，设置打印机的"共享名"，勾选"共享这台打印机"复选框，单击"确定"按钮，如图 3.60 所示。

图 3.59 "设备和打印机"窗口

图 3.60 "共享"选项卡

（7）在"设备和打印机"窗口中，单击"添加打印机"按钮，打开"添加设备"窗口，如图 3.61 所示，选择"我所需要的打印机未列出"选项，弹出"添加打印机"窗口，选择"按名称选择共享打印机（S）"单选按钮，输入打印机的名称，如图 3.62 所示。

图 3.61 "添加设备"窗口

图 3.62 "添加打印机"窗口

（8）在"添加打印机"窗口中，单击"下一步（N）"按钮，弹出"已成功添加 HP LaserJet 1020"窗口，如图 3.63 所示，单击"下一步（N）"按钮，弹出"你已成功添加 HP LaserJet 1020"窗口，如图 3.64 所示，单击"完成（F）"按钮，完成共享打印机设置。

图 3.63 设置共享打印机名称

图 3.64 完成添加打印机

（9）查看或安装网络共享的打印机。直接在位置地址栏中输入打印机所连接的计算机的 IP 地址，双击列表框中的共享打印机即可安装，如图 3.65 所示。

图 3.65　查看或安装共享的打印机

模块小结

本模块讲解了网络体系结构、网络协议、OSI 参考模型、TCP/IP 参考模型、IPv4 编址及 IPv6 编址等知识，讨论了 OSI 参考模型与 TCP/IP 参考模型的区别，详细讲解了 IPv4 地址子网划分与规划等知识。

本模块最后通过技能实践使学生掌握构建局域网实现资源共享的方法、配置共享网络打印机的方法。

模块练习

1. 选择题

（1）数据链路层处理的数据单元为（　　）。

　　A. 比特流　　　　　B. 帧　　　　　　　C. 数据包　　　　　D. 报文

（2）关于 IPv4 地址的说法中错误的是（　　）。

　　A. IP 地址由网络地址和主机地址两部分组成

　　B. 网络中的每台主机分配了唯一的 IP 地址

　　C. IP 地址只有 3 类，分别是 A 类地址、B 类地址、C 类地址

　　D. 随着网络主机的增多，IPv4 地址资源已被耗尽

（3）某企业申请到一个 C 类地址，出于地理位置的考虑必须将其切割成 5 个子网，子网掩码要设为（　　）。

　　A. 255.255.255.224　　　　　　　　B. 255.255.255.192

　　C. 255.255.255.254　　　　　　　　D. 255.285.255.240

（4）IP 地址 127.0.0.1（　　）。

　　A. 是一个暂时未用的保留地址　　　B. 是一个 B 类地址

　　C. 是一个表示本地全部节点的地址　　D. 是一个环回地址

（5）一个 A 类地址已经拥有 60 个子网，若还要添加两个子网，且要求每个子网有尽可能多的主机，则应指定子网掩码为（　　）。

　　A. 255.240.0.0　　B. 255.248.0.0　　C. 255.252.0.0　　D. 255.254.0.0

（6）在 IP 地址方案中，200.20.100.1 是一个（　　）。

　　A. A 类地址　　　　B. B 类地址　　　　C. C 类地址　　　　D. D 类地址

（7）路由器工作在 OSI 参考模型中的（　　）。

    A. 第一层　　　　　B. 第二层　　　　　C. 第三层　　　　　D. 第三层以上

（8）IPv6 地址空间大小为（　　）位。

    A. 32　　　　　　　B. 64　　　　　　　C. 128　　　　　　D. 256

（9）对 IPv6 地址 2001:0000:0000:0001:0000:0000:0010:0010 而言，0 位压缩表示正确的是（　　）。

    A. 2001::1::1:1　　　　　　　　　　　B. 2001::1::0:10:10

    C. 2001::1:0:0:10:10　　　　　　　　D. 2001::1:0:0:1:1

（10）下列不属于 IPv6 地址类型的是（　　）。

    A. 单播地址　　　B. 组播地址　　　C. 任播地址　　　D. 广播地址

（11）下列属于 IPv6 组播地址的是（　　）。

    A. FF02::1　　　B. ::/128　　　C. 2001::/64　　　D. 3000::/64

（12）在 TCP/IP 中，TCP 属于（　　）协议。

    A. 网络接口层　　B. 网际层　　　C. 传输层　　　D. 应用层

（13）在应用层协议中，（　　）既依赖于 TCP，又依赖于 UDP。

    A. FTP　　　　　B. DNS 协议　　C. IP　　　　　D. SNMP

（14）【多选】网络协议三要素包括（　　）。

    A. 语法　　　　　B. 语义　　　　C. 时序　　　　D. 层次结构

（15）【多选】物理层定义了（　　）等方面的内容。

    A. 机械特性　　　B. 电气特性　　C. 功能特性　　D. 规程特性

2. 简答题

（1）简述网络体系结构和网络协议。

（2）简述 OSI 参考模型与 TCP/IP 参考模型及其功能。

（3）简述 TCP 的 3 次握手过程及释放连接过程。

（4）简述子网掩码的作用。

（5）简述 IPv6 的新特性。

（6）简述 IPv4 到 IPv6 的过渡技术。

模块4
局域网技术

情景导入

一个单位、一个部门或一栋楼，往往有许多台计算机，要使它们共享资源，就需要把它们组成网络，这就有了局域网的需求。究竟什么是局域网？它有什么特点？又是如何实现的？在组建局域网的时候主要考虑哪些关键技术以提高局域网的性能？无线局域网应用于什么场景？这些问题都是局域网所要解决的。

局域网是计算机网络中最简单的网络类型之一，局域网是一种在有限的地理范围内将大量计算机及各种设备互联在一起，实现数据传输和资源共享的计算机网络。社会对信息资源的广泛需求以及计算机技术的发展促进了局域网的迅猛发展，在当今的计算机网络技术中，局域网技术已经占据了十分重要的地位。本模块主要讲解局域网的发展历程、特点及基本组成，局域网的模型与标准，局域网的关键技术，以太网组网技术，虚拟局域网技术以及无线局域网技术等。

学习目标

【知识目标】
- 掌握局域网的发展历程、特点及基本组成。
- 理解局域网的模型与标准。
- 掌握局域网的关键技术及以太网组网技术。

【技能目标】
- 掌握VLAN的配置方法。
- 掌握WLAN的配置方法。

【素质目标】
- 培养解决实际问题的能力，培养团队互助、合作进取等意识。
- 培养工匠精神，要求做事严谨、精益求精、着眼细节、爱岗敬业。

相关知识

4.1 局域网概述

计算机网络的分类方式有很多，最常见的是按覆盖的地理范围来区分。按照这种分类方式，可将计算机网络分为局域网、城域网和广域网 3 类。局域网通常建立在集中的工业区、商业区、政府部门和大学校园中，应用范围非常广泛，从简单的数据处理到复杂的数据库系统，从管理信息到分散过程控制等，都需要局域网的支撑。

局域网是指在有限的地理范围内（一般不超过 1km），如一间机房、一栋大楼、一所学校或一个单位内部的计算机、外设和网络互联设备连接起来的以数据通信和资源共享为目的的计算机网络系统。

4.1.1　局域网的发展历程及特点

局域网的发展历程及特点如下。

1. 局域网的发展历程

20 世纪 60 年代末至 20 世纪 70 年代初是局域网发展的萌芽阶段。20 世纪 70 年代中期是局域网发展的一个重要阶段，美国 Xerox（施乐）公司推出的实验性以太网（Ethernet）和英国剑桥大学研制的剑桥环网为最初局域网的典型代表。20 世纪 80 年代初期是局域网走向大发展的时期，一些标准化组织开始致力于局域网的有关协议和标准的制定。20 世纪 80 年代后期，局域网的产品进入专业化生产和商品化的成熟阶段，获得了大范围的推广。20 世纪 90 年代以后，局域网步入了高速的发展阶段，使用已相当普遍，利用光导纤维作为通信介质构成的高速主干网是目前许多局域网系统采用的结构形式。

2. 局域网的特点

从应用角度来看，局域网具有以下 6 个方面的特点。

（1）局域网覆盖的地理范围很有限，主要用于单位内部联网，范围在一栋办公大楼或集中的建筑群内，范围一般为 1km。

（2）数据传输速率高，传输速率可达 1000Mbit/s，且局域网两个站点间具有专用通信线路以传输数据，因此误码率很低。

（3）可根据不同需求选用多种通信介质，如双绞线、同轴电缆或光纤等。

（4）通常属于一个单位，工作站数量不多，一般为几台到几百台，易于建立、管理与维护。

（5）便于安装、维护和扩充。局域网一般由一个单位或部门内部控制、管理、使用和维护，因此，无论是从硬件系统还是软件系统来讲，网络的安装成本都较低，安装周期短，维护和扩充都十分方便。

（6）通常侧重于共享信息的处理，没有中央主机系统，而带有一些共享的外围设备。

4.1.2　局域网的基本组成

从总体来说，局域网由硬件和软件两部分组成。硬件部分主要包括计算机（服务器和工作站）、网络适配器、传输介质、网络互联设备和外围设备；软件部分主要包括网络操作系统、网络协议和应用软件等。局域网基本组成示意如图 4.1 所示。

图 4.1　局域网基本组成示意

1. 硬件部分

根据传输介质和网络拓扑结构的不同，硬件部分还包含集线器（Hub）、网桥、网关、交换机、路由器及网间互联线路等。

（1）服务器。服务器是整个网络系统的核心，它为网络用户提供服务并管理整个网络。根据服务器在网络中所承担的任务和所提供的功能不同，服务器可分为文件服务器、打印服务器和通信服务器。通常要求服务器具有较高的性能，包括较快的数据处理速率、较大的内存和较大容量的磁盘等。

（2）工作站。工作站是网络各用户的工作场所，用户通过它可以与网络交换信息，共享网络资源。工作站通过网卡、传输介质及通信设备连接到服务器，且仅对操作该工作站的用户提供服务。

（3）网络适配器。网络适配器（网卡）是局域网中最基本、最重要的连接设备，计算机通过网卡接入局域网。网卡一方面要和主机交换数据，另一方面要保证数据交换的路径和格式以传输或接收数据。另外，为防止数据丢失，网卡需要缓存，以实现不同设备间的数据缓冲。网卡上的 ROM 芯片固化有控制通信软件，用来实现上述功能。

（4）传输介质。局域网中常用的传输介质主要有双绞线、同轴电缆和光纤等。

（5）网络互联设备。局域网中常用的互联设备有集线器、网桥、网关、交换机和路由器，以及安全设备防火墙、入侵检测系统和入侵防御系统等。

（6）外围设备。外围设备主要是指网络上可供网络用户共享的外围设备，包括打印机、绘图仪、扫描器、Modem 等。

拓展阅读 4-1

2．软件部分

软件部分主要包括网络操作系统、网络协议和应用软件 3 个部分。

（1）网络操作系统。网络操作系统是用户和网络之间的端口，提供处理机管理、存储管理、设备管理、文件管理及网络管理等功能。目前较流行的局域网操作系统有 Windows Server 2019、RedHat Linux、Ubuntu、Debian、CentOS、Fedora、Netware 等。

（2）网络协议。网络协议主要用以实现不同设备间的互联互通，种类较多，不同体系结构的网络系统都有自身的协议，不同层次上的协议也不尽相同，如 IPX/SPX、TCP/IP。

（3）应用软件。应用软件是专门为某一个应用领域而开发的软件，能为用户提供一些实际的网络应用服务。它既可以用于管理和维护网络本身，又可用于业务领域，如 FTP。

4.2 局域网的模型与标准

20 世纪 70 年代后期，局域网逐渐成为潜在的商业工具，IEEE 于 1980 年 2 月成立了局域网标准委员会（IEEE 802 委员会），专门从事局域网标准化的工作。该委员会参照 OSI 参考模型制定了局域网参考模型。

4.2.1 局域网参考模型

根据局域网的特征，局域网参考模型仅包含 OSI 参考模型最下两层：物理层和数据链路层。OSI 参考模型与局域网参考模型的对照如图 4.2 所示。

1．物理层

物理层涉及在信道上传输的原始比特流，主要作用是确保在一段物理链路上正确传输二进制信号，功能包括信号的编码/解码、同步前导码的生成与去除、二进制信号的发送与接收。

图 4.2　OSI 参考模型与局域网参考模型的对照

为确保比特流的正确传输，物理层还具有错误校验功能，以保证信号的正确发送与正确接收，规定了所使用的信号、编码、传输介质以及有关的拓扑结构和传输速率等。

2．数据链路层

数据链路层又分为 LLC 和 MAC 两个功能子层。这种功能子层划分主要是为了将数据链路功能中与硬件相关和无关的部分分开，减少研发互联不同类型物理传输端口数据设备的费用。

（1）LLC 子层。IEEE 802.2 中定义了 LLC 协议。LLC 子层的功能完全与介质无关，它独立于介质访问控制方法，隐藏了各种局域网技术间的差别，用户的数据链路服务通过 LLC 子层为网络层提供统一的端口。LLC 子层用来建立、维持和释放数据链路层，提供一个或多个服务访问点，为高层提供面向连接和无连接服务，具有帧的发送和接收功能。另外，它还有差错控制、流量控制和发送顺序控制功能。

（2）MAC 子层。MAC 子层的主要功能是控制对传输介质的访问。该子层的功能完全依赖于介质，用

来进行合理的信道分配，解决信道竞争问题，IEEE 802 标准规定了多种介质访问控制方法，同一个 LLC
子层能与其中任意一种介质访问控制方法（如 CSMA/CD、Token Ring、Token Bus）端口进行通信。

4.2.2 局域网的标准

IEEE 802 委员会开发了一系列局域网和城域网标准。广泛使用的网络有以太网、令牌环网、无线
局域网、虚拟专用网等。IEEE 802 委员会于 1985 年公布了 5 项标准——IEEE 802.1～IEEE 802.5，同
年被 ANSI 采用作为美国国家标准，ISO 也将其作为局域网的国际标准，对应标准为 ISO 8802，后来
又扩充了多项标准文本。目前，IEEE 制定的局域网标准有 10 多个，主要标准如表 4.1 所示。

表 4.1　局域网的主要标准

标准	功能
IEEE 802.1	定义了通用网络的概念及网桥等
IEEE 802.2	定义了逻辑链路控制等
IEEE 802.3	定义了 CSMA/CD 总线介质访问控制方法及物理层规范
IEEE 802.4	定义了令牌总线（Token Bus）介质访问控制方法及物理层规范
IEEE 802.5	定义了令牌环介质访问控制方法及物理层规范
IEEE 802.6	定义了城域网的访问方法及物理层规范
IEEE 802.7	定义了宽带局域网技术
IEEE 802.8	定义了 FDDI 技术
IEEE 802.9	定义了 ISDN 局域网
IEEE 802.10	定义了可互操作局域网安全标准，提供局域网互联的网络安全机制
IEEE 802.11	定义了无线局域网标准
IEEE 802.12	定义了交换式局域网标准，定义了 100Mbit/s 高速以太网按需优先的介质访问控制协议
IEEE 802.14	定义了 CATV 宽带通信技术标准
IEEE 802.15	定义了无线个人区域网（Wireless Personal Area Network，WPAN）标准
IEEE 802.16	定义了宽带无线访问标准

IEEE 802.3 标准是在以太网标准上制定的，因此现在人们通常也将 IEEE 802.3 局域网称为以太网。
令牌环网是由美国 IBM 公司率先推出的环形基带网络，IEEE 802.5 标准就是在 IBM 令牌环网的基础上
制定的，IEEE 802.5 局域网与令牌环网之间无太太的差别。令牌环网比较适合在传输距离远、负载重以
及实时性要求高的环境中使用，其网络的总体性能要优于以太网，但令牌环网的价格要高一些，所以在
普及程度上没有以太网广泛。

局域网 IEEE 802 各标准之间的关系如图 4.3 所示。

图 4.3　局域网 IEEE 802 各标准之间的关系

在 IEEE 802 标准中，IEEE 802.3 以太网标准和 IEEE 802.5 令牌环标准应用得最为广泛。

4.3 局域网的关键技术

决定局域网特性的主要技术要素包括拓扑结构、介质访问控制方法和传输介质 3 个方面，这 3 个方面在很大程度上决定了传输数据的类型、网络的响应时间、吞吐量、利用率及网络应用等各种网络特征。

4.3.1 局域网拓扑结构

局域网拓扑结构是指由网络节点设备和通信介质构成的网络结构。网络拓扑定义了各种计算机、打印机、网络设备和其他设备的连接方式。换句话说，网络拓扑描述了线缆和网络设备的布局及数据传输时采用的路径。网络拓扑会在很大程度上影响网络的工作方式。

网络拓扑包括物理拓扑和逻辑拓扑。物理拓扑是指物理结构上各种设备和传输介质的布局，物理拓扑通常有总线、环形、星形、网状、树状等几种结构。逻辑拓扑描述的是设备之间如何通过物理拓扑进行通信。

（1）总线拓扑结构

总线拓扑结构是被普遍采用的一种结构，它将所有的联网计算机均接入一条通信线路，为防止信号反射，一般在总线两端连有终结器以匹配线路阻抗。

总线拓扑结构的优点是信道利用率较高，结构简单，价格相对较低；缺点是同一时刻只能有两个网络节点相互通信，网络延伸距离有限，网络容纳节点数有限。总线上只要有一个节点出现连接问题，就会影响整个网络的正常运行。目前，局域网中多采用这种结构。总线拓扑结构如图 4.4 所示。

（2）环形拓扑结构

环形拓扑结构将各台联网的计算机用通信线路连接成一个闭合的环。

环形拓扑结构是一种点到点的结构，每台设备都直接连到环上，或通过一个端口设备和分支电缆连到环上。在初始安装时，环形拓扑网络比较简单；但随着网络上节点的增加，重新配置的难度也会增加，它对环的最大长度和环上设备总数有限制。使用这种结构可以很容易地找到电缆的故障点，受故障影响的设备范围大，在单环系统上出现的任何错误都会影响网络上的所有设备。环形拓扑结构如图 4.5 所示。

图 4.4　总线拓扑结构

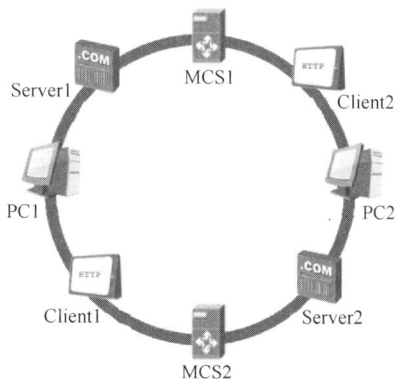

图 4.5　环形拓扑结构

（3）星形拓扑结构

星形拓扑结构是以一个节点为中心的处理系统，各种类型的联网设备均与该中心节点以物理链路直接相连。

星形拓扑结构的优点是结构简单，建网容易，控制相对简单；缺点是属于集中控制，主节点负载过重，可靠性低，通信线路利用率低。星形拓扑结构如图 4.6 所示。

（4）网状拓扑结构

网状拓扑结构分为全连接网状结构和不完全连接网状结构两种形式。在全连接网状结构中，每一个节点和网络中的其他节点均有链路连接。在不完全连接网状结构中，两个节点之间不一定有直接链路连接，它们之间的通信依靠其他节点转接。这种网络结构的优点是节点间路径多，碰撞和阻塞可大大减少，局部的故障不会影响整个网络的正常工作，可靠性高，网络扩充和主机入网比较灵活、简单。但这种网络结构关系复杂，不易建网，网络控制机制复杂。广域网中一般使用不完全连接网状结构。网状拓扑结构如图 4.7 所示。

图 4.6 星形拓扑结构

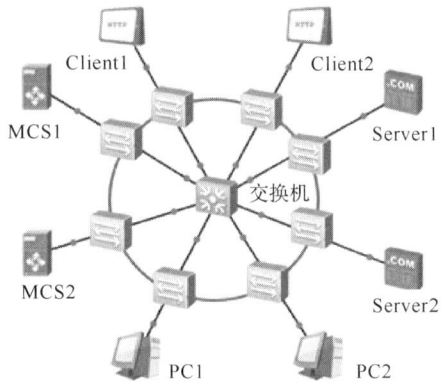

图 4.7 网状拓扑结构

（5）树状拓扑结构

树状拓扑结构由总线拓扑结构演变而来。其形状像一棵倒置的树，顶端是树根，下面是树根分支，每个分支还可再带子分支。树根接收各节点发送的数据，然后广播发送到全网。这种结构扩展性好，容易诊断出错误，但对根节点要求较高。树状拓扑结构如图 4.8 所示。

图 4.8 树状拓扑结构

4.3.2 介质访问控制方法

传统共享式以太网的典型代表是总线以太网，在这种类型的以太网中，信道只有一个，且采用介质共享的访问方法进行数据传输。

1. 载波监听多路访问/冲突检测

以太网使用了随机争用型的介质访问控制方法，即载波监听多路访问/冲突检测（Carrier Sense Multiple Access/Collision Detection，CSMA/CD）。CSMA/CD 的基本原理如下：每个节点都共享网络传输信道，发送数据之前，要先检测信道是否空闲，如果空闲则发送，否则等待；在发出信息后，会对冲突进行检测，如果发现冲突，则取消发送，等待一段时间，再重新尝试。CSMA/CD 工作流程如图 4.9 所示。

上述原理简单总结为先听后发，边发边听，冲突停发，随机重发。

（1）载波监听：发送节点在发送数据之前，监听传输介质是否处于空闲状态。

（2）多路访问：一是表示多个节点可以同时访问信道，二是表示一个节点发送的数据可以被多个节点接收。

（3）冲突检测：发送节点在发出数据的同时必须监听信道，判断是否发生冲突（同一时间，是否有其他节点正在发送数据）。

图 4.9　CSMA/CD 工作流程

2. 令牌环访问控制方法

令牌环访问控制方法最早于 1969 年在贝尔实验室研制的 Newhall 环上使用，1971 年出现了一种改进算法（即分槽环），令牌环标准在 IEEE 802.5 中定义。

令牌环网的传输速率为 4Mbit/s 或 16Mbit/s，多数采用星形环结构，在逻辑上，所有站点构成一个闭合的环路。令牌环访问控制方法是在环路上设置一个令牌，这是一种特殊的比特格式。当所有的站点都空闲时，令牌就不停地在环网上转。当某一个站点要发送信息时，该站点必须在令牌经过它时获取令牌（注意：此时经过的令牌必须是一个空令牌），并把这个空令牌设置成满令牌，然后开始发送信息包。此时环上没有了令牌，其他站点想发送信息就必须等待。要发送的信息随同令牌在环上单向运行，当信息包经过目的站点时，目的站点根据信息包中的目的地址判断出自己是接收站点，把信息复制到自己的接收缓冲区，信息包继续在环上运行，回到发送站点，并被发送站点从环上卸载下来。发送站点对回来的信息与原来的信息进行比较，若没有出错，则信息发送完毕。与此同时，发送站点向环上插入一个新的空令牌，其他要发送信息的站点即可获得它并传输数据信息，令牌环的工作原理如图 4.10 所示。

节点A截获令牌，并准备发送信息　节点A将信息发送到节点C　信息循环一周后，节点A将其收回　产生新的令牌，发送到环路中

图 4.10　令牌环的工作原理

令牌环的主要优点是它可提供对传输介质访问的灵活性控制，且在负载很重的情况下，这种控制方法是高效和公平的。它的主要缺点是在轻负载的情况下，由于传输信息包前必须要等待一个空令牌的到来，因此效率较低；需要对令牌进行维护，一旦令牌丢失，环网便不能再运行，所以要在环路上设置一个站点作为环上的监控站点，以保证环上有且仅有一个令牌。

> **提 示** 环形网络中信息流只能是单方向的，每个收到信息包的站点都向它的下游站点转发该信息包；只有获取了令牌的站点才可以发送信息，每次只有一个站点能发送信息；目的站点从环上复制信息包。

3. 令牌总线访问控制方法

令牌总线网的典型代表是美国 Data Point 公司研制的连接主机的资源计算机（Attached Resource Computer，ARC）网络。

（1）令牌总线网的产生

令牌总线网结构简单，当站点数量少时，其传输速率快；由于采用 CSMA/CD 总线介质访问控制方法，以竞争方式随机访问传输介质，肯定会有冲突发生，一旦发生冲突就必须重新发送信息包；当站点超过一定数量时，网络的性能会急剧下降。

拓展阅读 4-2

在令牌环网中，无论节点数量有多少，都需要等到令牌空闲时才能进行通信。由于采取按位转发方式及对令牌进行控制，监视会占用部分时间，因此节点数少时，其传输速率低于总线网络。

令牌总线网综合了总线以太网和令牌环网访问的优点，在物理总线结构中实现令牌传递控制，构成逻辑环路，这就是 IEEE 802.4 的令牌总线介质访问控制方法。因此，令牌总线网在物理意义上是一个总线网，采用同轴电缆或光纤作为传输介质，令牌总线网的结构如图 4.11 所示。令牌总线网在逻辑意义上是一个环网，采用令牌来决定信息的发送，令牌总线网上的站点连接顺序如图 4.12 所示。

图 4.11　令牌总线网的结构

图 4.12　令牌总线网上的站点连接顺序

（2）令牌总线网的工作原理

在令牌总线网中，所有站点都按顺序分配到一个逻辑地址，每个工作站点都知道在其之前的站点（前驱）标识和在其之后的站点（后继）标识，第一个站点的前驱是最后一个站点的标识，且物理上的位置与其逻辑地址无关。

令牌控制帧规定了访问的权限，若总线上的工作站有数据要发送，则必须在得到令牌以后才能发送，即拥有令牌的站点才被允许在指定的一段时间内访问传输介质。如果该站点发送完信息，或时间用完了，则将令牌交给逻辑位置上紧接在它后面的那个站点，那个站点由此得到允许数据发送权。这样既保证了发送信息过程中不发生冲突，又保证了每个站点都有公平访问权。

4.3.3　传输介质

从网络的基本定义可以发现，网络中的计算机要相互传输信息必须进行连接，连接就需要使用传输介质。根据网络的连接方式，可将传输介质分为有线传输介质和无线传输介质两种。

局域网常用的有线传输介质有双绞线、同轴电缆、光纤等，无线传输介质有无线电波、微波和红外线等。传输介质的选择取决于以下因素：网络的拓扑结构、实际需要的通信容量、可靠性要求、能承受的费用。

在局域网中，双绞线是最为廉价的传输介质，非屏蔽 6 类双绞线的传输速率为 1000Mbit/s，目前在局域网上被广泛使用。

同轴电缆是一种较好的传输介质，它具有吞吐量大、可连接设备多、性价比较高、安装和维护方便等优点。

光纤具有高带宽、数据传输速率高、抗干扰能力强、传输距离远等优点，但光纤和相应的网络配件价格较高，且光纤的连接和切割需要较高的技术。

在某些特殊的场合不便使用有线传输介质时，可以采用无线传输介质来传输信号。

4.3.4 ARP 与 RARP 的工作原理

ARP 是地址解析协议，RARP 是反向地址解析协议，下面分别介绍这两种协议的工作原理。

1. ARP 工作原理

ARP 是根据 IP 地址获取物理地址的一种协议。主机在发送信息时将包含目标 IP 地址的 ARP 请求广播到网络上的所有主机，并接收返回消息，以确定目标的物理地址。在收到返回消息后，将该 IP 地址和物理地址存入本机 ARP 缓存中并保留一定时间，并在下次请求时直接查询 ARP 缓存以节约资源。ARP 是建立在网络中各主机互相信任的基础上的，网络上的主机可以自主发送 ARP 应答消息，其他主机在收到应答报文时不会检测该报文的真实性，而是直接将其记入本机 ARP 缓存。因此攻击者可以向某一主机发送伪 ARP 应答报文，使其发送的信息无法到达预期的主机或到达错误的主机，这就构成了 ARP 欺骗。"arp"命令可用于查询本机 ARP 缓存中 IP 地址和物理地址的对应关系，以及添加或删除静态对应关系等。

例如，ARP 的工作过程如下。

主机 PC1 的 IP 地址为 192.168.11.1/24，物理地址为 54-89-98-76-48-5C，如图 4.13 所示；主机 PC2 的 IP 地址为 192.168.11.2/24，物理地址为 54-89-98-3C-73-E6，如图 4.14 所示。

图 4.13 主机 PC1 的配置 　　　　图 4.14 主机 PC2 的配置

当主机 PC1 要与主机 PC2 通信时，如图 4.15 所示，ARP 可以将主机 PC2 的 IP 地址（192.168.11.2）解析成主机 PC2 的物理地址，其工作过程如图 4.16 所示。

图 4.15 主机 PC1 与主机 PC2 通信

图 4.16　ARP 的工作过程

第 1 步：主机 PC1 使用自己的源物理地址发送 ARP 请求报文，因为第一次通信不知道主机 PC2 的目的物理地址，所以主机 PC1 发送广播报文，进行目的 IP 地址查找。根据主机 PC1 上的路由表内容，确定用于访问主机 PC2 的转发 IP 地址是 192.168.11.2。此后主机 PC1 在自己的本地 ARP 缓存中检查主机 PC2 的匹配物理地址。

第 2 步：如果主机 PC1 在 ARP 缓存中没有找到地址映射，则将询问 192.168.11.2 的物理地址，从而将 ARP 请求帧广播到本地网络上的所有主机，如图 4.17 所示。主机 PC1 的 IP 地址和物理地址都包括在 ARP 请求中。本地网络上的每台主机都能接收到 ARP 请求并检查是否与自己的 IP 地址匹配。如果某台主机发现请求的 IP 地址与自己的 IP 地址不匹配，则它将丢弃 ARP 请求。

图 4.17　ARP 目的地址

第 3 步：若主机 PC2 确定 ARP 请求中的 IP 地址与自己的 IP 地址匹配，则将主机 PC1 的 IP 地址和物理地址映射添加到本地 ARP 缓存中。

第 4 步：主机 PC2 将包含其物理地址的 ARP 回复消息直接发送回主机 PC1。

第 5 步：当主机 PC1 收到从主机 PC2 发来的 ARP 回复消息时，会用主机 PC2 的 IP 地址和物理地址映射更新 ARP 缓存。本机缓存是有生存期的，生存期结束后，将再次重复上面的过程。主机 PC2 的物理地址一旦确定，主机 PC1 就能与主机 PC2 进行通信了。

2．RARP 工作原理

RARP 会将局域网中某台主机的物理地址转换为 IP 地址，例如，局域网中有一台主机只知道物理地址而不知道 IP 地址，那么可以通过 RARP 发出请求自身 IP 地址的广播，然后由 RARP 服务器负责应答。RARP 被广泛用于获取无盘工作站的 IP 地址。

RARP 允许局域网的物理机器从网关服务器的 ARP 表或者缓存上请求其 IP 地址。网络管理员会在局域网网关路由器内创建一个表以映射物理地址和与其对应的 IP 地址。当设置一台新的机器时，其 RARP 客户机程序需要向路由器上的 RARP 服务器请求相应的 IP 地址，如图 4.18 所示。假设在路由表中已经设置了一个记录，则 RARP 服务器将会返回 IP 地址给这台新的机器，此机器就会将其存储起来以便日后使用。RARP 可用于以太网、FDDI 及令牌环网。

图 4.18　RARP 的工作过程

4.4　以太网组网技术

以太网实现了网络无线电系统多个节点发送信息，每个节点必须获取电缆或者信道的信号才能传输信息。其名称来源于 19 世纪的物理学家假设的电磁辐射介质光以太，后来的研究证明光以太不存在。以太网上的每个节点都有全球唯一的 48 位地址，即制造商分配给网卡的物理地址，以保证所有节点能互相鉴别。

4.4.1　以太网概述

以太网标准是现有局域网采用的最通用的通信协议标准，与 IEEE 802.3 系列标准类似，它不是一种具体的网络，而是一种技术规范。该标准定义了在局域网中采用的电缆类型和信号处理方法，使用 CSMA/CD 总线介质访问控制方法，并以 10Mbit/s 的数据传输速率运行在多种类型的电缆上。

1. 以太网的产生与发展

以太网是一种计算机局域网技术，是适应社会需求的结果，它是由施乐公司创建的。施乐公司、英特尔公司和数字设备公司联合开发公布了以太网的技术规范，IEEE 组织的 IEEE 802.3 标准制定了以太网的技术标准，该标准规定了包括物理层的连线、电子信号和 MAC 子层协议在内的内容。以太网是目前应用最普遍的局域网技术，取代了其他局域网标准，如令牌环网、FDDI 网和令牌总线网等。以太网标准与 IEEE 802.3 系列标准相似，包括标准以太网（10Mbit/s）、快速以太网（100Mbit/s）和吉比特以太网（10Gbit/s）等，它们都符合 IEEE 802.3 技术标准。

以太网的标准拓扑结构为总线拓扑结构，但目前的快速以太网（100BASE-T、1000BASE-T 标准）为了减少冲突，已经将能提高的网络速率和使用效率最大化，并使用集线器来进行网络连接和组织。这样，以太网的拓扑结构就成了星形拓扑结构，但以太网在逻辑上仍然使用总线拓扑结构和 CSMA/CD 总线介质访问控制方法。

2. 以太网线缆标准

随着以太网组网技术的不断发展，传输电缆的技术也得到了快速发展，特别是交换技术和其他网络通信技术的发展，都推动了以太网技术的发展。以太网诞生至今，主要有以下几种应用较成熟的以太网线缆标准。

（1）标准以太网线缆标准

最开始的以太网只有 10Mbit/s 的吞吐量，它使用的是 CSMA/CD 总线介质访问控制方法，通常把这种最早期的 10Mbit/s 以太网称为标准以太网。标准以太网主要有双绞线、同轴电缆、光纤等传输介质，其线缆标准如表 4.2 所示。10Mbit/s 以太网线缆标准是在 IEEE 802.3 中定义的。

表 4.2　标准以太网线缆标准

名称	电缆	最长有效距离
10BASE-2	细同轴电缆	185m
10BASE-5	粗同轴电缆	500m
10BASE-T	双绞线	100m
10BASE-F	光纤	2km

　　所有的以太网几乎都遵循 IEEE 802.3 标准，在这个标准中，以太网线缆标准前面的数字表示传输速率，单位是 Mbit/s，最后一个数字表示单段网线长度（基准单位是 100m），BASE 表示基带，T 表示双绞线，F 表示光纤。

　　（2）快速以太网线缆标准

　　随着网络的发展，标准以太网技术已难以满足日益增长的网络数据的传输需求。1995 年 3 月，IEEE 颁布了 IEEE 802.3u 100BASE-T 快速以太网标准，开启了快速以太网的时代，快速以太网可提供 100Mbit/s 的数据传输速率。

　　快速以太网与原来在 100Mbit/s 带宽下工作的 FDDI 网相比有许多优点，主要体现在快速以太网技术可以有效地保障用户在布线基础设施上的投资，它支持 3、4、5 类双绞线和光纤连接，能有效地利用现有的设施。快速以太网的不足其实也是以太网技术的不足，即快速以太网仍基于 CSMA/CD 总线介质访问控制方法，当网络负载较重时，会造成效率低下，但这可以使用交换技术来弥补。快速以太网线缆标准如表 4.3 所示。

表 4.3　快速以太网线缆标准

名称	电缆	最长有效距离
100BASE-T4	4 对 3 类双绞线	100m
100BASE-TX	两对 5 类双绞线	100m
100BASE-FX	单模光纤或多模光纤	2km

　　（3）吉比特以太网线缆标准

　　吉比特以太网标准是对 IEEE 802.3 以太网标准的扩展，在基于以太网协议的基础上，将快速以太网的传输速率提高了 10 倍，达到了 1Gbit/s，且仍与现有的以太网标准保持兼容。吉比特以太网工作在全双工模式下，允许在两个方向上同时通信，所有线路都具有缓存能力，每台计算机或者交换机在任何时候都可以自由发送帧，不需要事先检测信道是否正在使用。在全双工模式下，不需要使用 CSMA/CD 总线介质访问控制方法监控信息冲突，电缆长度由信息强度来决定。吉比特以太网有两个标准：IEEE 802.3z（光纤与铜缆）和 IEEE 802.3ab（双绞线）。吉比特以太网线缆标准如表 4.4 所示。

表 4.4　吉比特以太网线缆标准

名称	电缆	最长有效距离
1000BASE-SX	多模光纤	550m
1000BASE-LX	单模光纤或多模光纤	5km
1000BASE-TX	双绞线	100m

　　（4）万兆以太网线缆标准

　　IEEE 在 2002 年 6 月制定了万兆以太网线缆标准 IEEE 802.3ae，该标准正式定义了光纤传输的万兆标准，但并不适用于企业局域网普遍采用的铜缆连接。2002 年 11 月，IEEE 提出使用铜缆实现万兆以太网的建议，并成立了专门的研究小组。为了满足万兆铜缆以太网的需要，2004 年 3 月，IEEE 制定了 802.3ak，定义了如何在同轴电缆上实现万兆以太网；IEEE 802.3an 定义了如何在双绞线上实现万兆以太网。

万兆以太网仍属于"以太网家族"，它和其他以太网技术兼容，不需要修改现有以太网的 MAC 子层协议或帧格式就能够与标准以太网、快速以太网或吉比特以太网无缝集成在一起直接通信。万兆以太网技术适用于企业和运营商网络建立交换机到交换机的连接或交换机与服务器的连接。万兆以太网线缆标准如表 4.5 所示。

表 4.5　万兆以太网线缆标准

名称	电缆	最长有效距离
10GBASE-T	双绞线	100m
10GBASE-CX	同轴电缆	185m
10GBASE-LX	单模光纤或多模光纤	多模 300m/单模 10km
10GBASE-SR/SW	多模光纤	300m
10GBASE-LR/LW	多模光纤	10km
10GBASE-ER/EW	单模光纤	40km

（5）太比特以太网线缆标准

2007 年，IEEE 提出了 IEEE 802.3ba 技术标准，设计目标为 40Gbit/s 或 100Gbit/s 以太网规范，以太网技术逐渐发展成主流局域网建设的标准。以太网有如此强大的生命力，与其本身具备的组网简单的特征是分不开的。

4.4.2　以太网帧格式

以太网使用两种标准帧格式。一种是 20 世纪 80 年代初提出的 DIX v2 格式，即 Ethernet II 帧格式，Ethernet II 后来被 IEEE 802 标准纳入。另一种是 1983 年提出的 IEEE 802.3 标准的格式。这两种格式的主要区别在于，Ethernet II 格式中包含一个 Type 字段，标识以太网帧处理完成之后将被发送到哪种上层协议进行处理，而在 IEEE 802.3 标准的格式中，同样的位置上是 Length 字段。

不同的 Type 字段值可以用来区分这两种帧的类型，当 Type 字段值小于或等于 1500（或者十六进制的 0x05DC）时，帧使用的是 IEEE 802.3 标准的格式；当 Type 字段值大于或等于 1536（或者十六进制的 0x0600）时，帧使用的是 Ethernet II 格式。以太网中大多数的数据帧使用的是 Ethernet II 格式。IEEE 802.3 与 Ethernet II 格式比较如图 4.19 所示。

图 4.19　IEEE 802.3 与 Ethernet II 帧格式比较

以太网帧中还包括源物理地址（D.MAC）和目的物理地址（S.MAC），分别代表发送者的物理地址和接收者的物理地址，此外，以太网帧中包含帧校验序列（Frame Check Sequence，FCS）字段，用于检验传输过程中帧的完整性。

以太网中帧的物理地址传播方式的介绍如下。

物理地址由网络设备制造商生产时烧录在网卡的芯片中。IP 地址与物理地址在计算机中都是以二进制数表示的，IP 地址是 32 位的，物理地址是 48 位的。

物理地址通常表示为 12 个十六进制数，如 00-16-EA-AE-3C-40，其中前 6 个十六进制数代表网络硬件制造商的编号，它由 IEEE 分配，后 6 个十六进制数代表该制造商所制造的某款网络产品（如网卡）的系列号。物理地址如同身份证上的身份证号码，具有唯一性。物理地址最高字节的最低位表示这个物理地址是单播还是组播，其中 0 表示单播，1 表示组播。

（1）单播物理地址，指第一个字节的最低位是 0 的物理地址。

例如：xxxxxxx0-xxxxxxxx-xxxxxxxx-xxxxxxxx-xxxxxxxx-xxxxxxxx。

（2）组播物理地址，指第一个字节的最低位是 1 的物理地址。

例如：xxxxxxx1-xxxxxxxx-xxxxxxxx-xxxxxxxx-xxxxxxxx-xxxxxxxx。

（3）广播物理地址，指每位都是 1 的物理地址。广播是组播的一个特例。

例如：11111111-11111111-11111111-11111111-11111111-11111111。

（4）任播物理地址。任播物理地址是 IPv6 中的概念，由最近的识别该信息的节点接收，可用于 DNS 的解析等。

4.5 虚拟局域网技术

虚拟局域网（Virtual Local Area Network，VLAN）是指在一个物理网络上划分的逻辑网络。运用在逻辑上将一个广播域划分成多个广播域的技术，可按照功能、部门及应用等因素划分逻辑工作组，形成不同的虚拟网络。

4.5.1 VLAN 概述

在传统的共享介质的以太网和交换式的以太网中，所有用户都在同一个广播域中，这严重制约了网络技术的发展。随着网络的发展，越来越多的用户需要接入网络，交换机提供的大量接入端口已经不能很好地满足这种需求。网络技术的发展不仅面临冲突域太大和广播域太大这两大难题，还无法保障传输信息的安全性，会造成网络性能下降及带宽的浪费，且对"广播风暴"的控制和网络安全只能在网络层的路由器上实现。因此，人们设想在物理局域网上构建多个逻辑局域网。

使用 VLAN 技术的目的是将一个广播域网络划分成几个逻辑广播域网络，每个逻辑广播域网络内的用户形成一个组，组内的成员间可以通信，组间的成员不允许通信。一个 VLAN 是一个广播域网络，数据链路层的单播、广播和多播帧在同一 VLAN 内转发、扩散，而不会直接进入其他 VLAN 中，广播报文就被限制在各个相应的 VLAN 内，这提高了网络安全性和交换机运行效率。VLAN 划分方式有很多，如基于端口、基于物理地址、基于 IP 子网、基于协议、基于策略等，目前应用得最多的是基于端口划分，因为基于端口划分 VLAN 简单实用。VLAN 逻辑工作组划分如图 4.20 所示。

图 4.20 VLAN 逻辑工作组划分

VLAN 建立在局域网交换机的基础上，既保持了局域网低延迟、高吞吐量的特点，又解决了单个广播域内广播包过多，使网络性能降低的问题。VLAN 技术是局域网组网时常用的技术之一。

1. VLAN 的优点

VLAN 的优点如下。

（1）限制广播域。对于一台交换机组成的网络，在默认状态下，所有交换机端口都在一个广播域内。而采用 VLAN 技术可以限制广播域，减少干扰，将数据帧限制在同一个 VLAN 内，不会影响其他 VLAN，这在一定程度上节省了带宽，每个 VLAN 都是一个独立的广播域网络。

（2）网络管理简单，可以灵活划分虚拟工作组。从逻辑上将交换机划分为若干个 VLAN，可以动态组建网络环境，用户无论在哪儿都可以不作任何修改就接入网络。依据不同的 VLAN 划分方式，可以在一台交换机上提供多种网络应用服务，这提高了设备的利用率。

（3）提高了网络安全性。不同 VLAN 的用户在未经许可的情况下是不能相互访问的，一个 VLAN 内的广播帧不会发送到另一个 VLAN 中，这样可以保护用户不被其他用户窃听，从而保证了网络的安全。

2. VLAN 的划分方式

常见的 VLAN 的划分方式有以下几种。

（1）基于端口划分。此方式会根据交换机的端口编号来划分 VLAN，通过为交换机的每个端口配置不同的本地端口的虚拟局域网 ID（Port-based VLAN ID，PVID）来将不同端口划分到 VLAN 中。初始情况下，交换机的端口处于 VLAN 1 中。此方式配置简单，但是当主机位置改变时，需要重新配置 VLAN。

（2）基于物理地址划分。此方式会根据主机网卡的物理地址划分 VLAN。此方式需要网络管理员提前配置好网络中的主机物理地址和 VLAN ID 之间的映射关系。如果交换机收到不带标签的数据帧，则会查找之前配置的物理地址和 VLAN 映射表，再根据数据帧中携带的物理地址来添加相应的 VLAN 标签。在使用此方式划分 VLAN 时，即使主机位置改变，也不需要重新配置 VLAN。

（3）基于 IP 子网划分。使用此方式时，交换机在收到不带标签的数据帧时，会根据报文携带的 IP 地址为数据帧添加 VLAN 标签。

（4）基于协议划分。此方式会根据数据帧的协议类型（或协议族类型）、封装格式来分配 VLAN ID。网络管理员需要先配置好协议类型和 VLAN ID 之间的映射关系。

（5）基于策略划分。此方式会使用几个组合的条件来分配 VLAN 标签，这些条件包括 IP 子网、端口和 IP 地址等。只有当所有条件都匹配时，交换机才为数据帧添加 VLAN 标签。另外，每一条策略都是需要手动配置的。

3. VLAN 数据帧格式

要使交换机能够分辨不同 VLAN 的报文，需要在报文中添加标识 VLAN 信息的字段。IEEE 802.1Q 协议规定，在以太网数据帧的目的物理地址和源物理地址字段之后、协议类型字段之前加入 4 个字节的 VLAN 标签（VLAN Tag），用于标识数据帧所属的 VLAN。传统的以太网数据帧格式与 802.1Q VLAN 数据帧格式如图 4.21 所示。

在 VLAN 交换网络中，以太网帧主要有以下两种形式。

（1）有标记（Tagged）帧：加入了 4 个字节 VLAN 标签的帧。

（2）无标记（Untagged）帧：原始的、未加入 4 个字节 VLAN 标签的帧。

以太网链路包括接入链路（Access Link）和干道链路（Trunk Link）。接入链路用于连接交换机和用户终端（如用户主机、服务器、交换机等），只可以承载一个 VLAN 的数据帧。干道链路用于交换机的相互连接，或用于连接交换机与路由器，可以承载多个不同 VLAN 的数据帧。在接入链路上传输的数据帧都是无标记帧，在干道链路上传输的数据帧都是有标记帧。

交换机内部处理的数据帧都是有标记帧。从用户终端接收无标记帧后，交换机会为无标记帧添加 VLAN 标签，重新计算 FCS，并通过干道链路发送帧。向用户终端发送帧前，交换机会去除 VLAN 标签，并通过接入链路向终端发送无标记帧。

图 4.21 传统的以太网数据帧格式与 802.1Q VLAN 数据帧格式

VLAN 标签包含 4 个字段，各字段的含义如表 4.6 所示。

表 4.6 VLAN 标签各字段的含义

字段	长度	含义	取值
TPID	2 个字节	标签协议标识符（Tag Protocol Identifier），表示数据帧类型	取值为 0x8100 时，表示 802.1Q 的 VLAN 数据帧。如果不支持 802.1Q 的设备收到这样的帧，则会将其丢弃。各设备厂商可以自定义该字段的值。当相邻设备将 TPID 值配置为非 0x8100 时，为了能够识别这样的报文，实现互通，必须在本设备上修改 TPID 值，确保和相邻设备的 TPID 值一致
PRI	3 位	Priority，表示数据帧的 802.1p 优先级	PRI 的取值范围为 0～7，值越大，表示优先级越高。当网络阻塞时，交换机优先发送优先级高的数据帧
CFI	1 位	标准格式指示位（Canonical Format Indicator），表示物理地址在不同的传输介质中是否以标准格式进行封装，用于兼容以太网和令牌环网	CFI 取值为 0 时，表示物理地址以标准格式进行封装；CFI 取值为 1 时，表示物理地址以非标准格式进行封装。在以太网中，CFI 的值为 0
VID	12 位	表示该数据帧所属 VLAN 的 ID，即 VLAN ID	VID 的取值范围是 0～4095。由于 0 和 4095 为协议保留取值，所以 VID 的有效取值范围是 1～4094

4.5.2 端口类型

PVID 代表端口的默认 VLAN。默认情况下，交换机每个端口的 PVID 都是 1。交换机从对端设备收到的帧有可能是无标记帧，但所有以太网帧在交换机中都是以有标记的形式被处理和转发的，因此交换机必须给端口收到的无标记帧添加标签。为了达到此目的，必须为交换机配置端口的默认 VLAN。当该端口收到无标记帧时，交换机将为它加上默认 VLAN 的标签。

Cisco 交换机的端口状态有 3 种模式——Access、Trunk 和 Dynamic，分别对应接入模式、中继模式和自动协商模式，默认为自动协商模式。如果某个端口连接计算机，则应该配置为 Access 模式，即将端口分配给某个 VLAN。如果交换机端口连接的是另一台交换机，且存在多个 VLAN 需要跨交换机进行通信的情况，则此端口需要承载多个 VLAN 的数据，应设置为 Trunk 模式。当某端口连接 Cisco 交换机时，如果端口处于 Dynamic 模式，则会让链路与端口进入自动协商状态。若实验中两台 Cisco 交换机相互连接，当一端配置为 Trunk 模式后，另一端默认为 Dynamic 模式，则协商后自动转换为 Trunk 模式，所以不需要手动配置。如果 Cisco 交换机与非 Cisco 交换机相互连接，则不能自动协商，需要在两端手动配置为 Trunk 模式。

Cisco 交换机用于协商端口模式的完整语法命令如下。

Switch(config)# switchport mode { access | dynamic {auto | desirable } | trunk }

默认交换机端口模式是 dynamic auto。

如果想要将某台交换机的端口从 VLAN 10 中删除，并将端口重新分配给 VLAN 1，则可以在端口配置模式下使用"no switchport access vlan"命令。

接入端口只能拥有一个 VLAN，通过使用 Cisco 的互联网操作系统（Internetworking Operating System，IOS），不需要将端口从 VLAN 中删除即可将其分配给其他 VLAN。当将接入端口重新分配给现有的 VLAN 时，该 VLAN 会自动从原来的端口上删除。也可以在特权模式下使用"delete flash: vlan.dat"命令来删除整个 vlan.dat 文件。在交换机重新加载后，先前配置的 VLAN 将不存在。这种方法能有效地将交换机的 VLAN 配置还原为"出厂默认设置"。

在删除 VLAN 前，务必将所有成员端口重新分配给其他 VLAN。在删除 VLAN 后，任何未转移到活动 VLAN 的端口都将无法与其他站点进行通信。

基于链路对 VLAN 标签的不同处理方式，可对以太网交换机的端口进行区分，大致分为以下 3 类。

1. 接入端口（接入模式）

接入端口（Access Port）是交换机上用来连接用户主机的端口，它只能连接接入链路，且只允许唯一的 VLAN ID 通过本端口，如图 4.22 所示。

图 4.22　接入端口

接入端口收发数据帧的规则如下。

（1）如果该端口收到对端设备发送的帧是无标记帧，则交换机将为其强制加上该端口的 PVID。如果该端口收到对端设备发送的帧是有标记帧，则交换机会检查该标签内的 VLAN ID。当 VLAN ID 与该端口的 PVID 相同时，接收该报文；当 VLAN ID 与该端口的 PVID 不同时，丢弃该报文。

（2）当接入端口发送数据帧时，总是先去除帧的标签，再发送数据帧。接入端口发往对端设备的以太网帧永远是无标记帧。

图 4.22 中交换机 SW1 的 GE 0/0/1、GE 0/0/2、GE 0/0/3 和 GE 0/0/4 端口分别连接 4 台主机 PC1、PC2、PC3 和 PC4，端口类型均为接入端口。主机 PC1 把数据帧（未加标签）发送到交换机 SW1 的 GE 0/0/1 端口，再由交换机发往其他目的地。收到数据帧之后，交换机 SW1 根据端口的 PVID 为数据帧添加 VLAN 标签 10，然后决定从 GE 0/0/2 端口转发数据帧。GE 0/0/2 端口的 PVID 也是 10，与 VLAN 标签中的 VLAN ID 相同，所以交换机移除该标签，把数据帧发送到主机 PC2。连接主机 PC3 和主机 PC4 的端口的 PVID 是 20，与 VLAN 10 不属于同一个 VLAN，因此，这两个端口不会接收到 VLAN 10 的数据帧。

2. 干道端口（中继模式）

干道端口（Trunk Port）是交换机上用来和其他交换机连接的端口，它只能连接干道链路。干道端口允许多个 VLAN 的帧（带标签）通过，如图 4.23 所示。

图 4.23　干道端口

干道端口收发数据帧的规则如下。

（1）当接收到对端设备发送的无标记帧时，会添加该端口的 PVID，如果 PVID 在端口允许通过的 VLAN ID 列表中，则接收该报文，否则丢弃该报文。当接收到对端设备发送的有标记帧时，检查 VLAN ID 是否在允许通过的 VLAN ID 列表中，如果在，则接收该报文，否则丢弃该报文。

（2）当端口发送数据帧时，若 VLAN ID 与端口的 PVID 相同，且是该端口允许通过的 VLAN ID，则去掉标签，发送该报文；若 VLAN ID 与端口的 PVID 不同，且是该端口允许通过的 VLAN ID，则保留原有标签，发送该报文。

图 4.23 中交换机 SW1 和交换机 SW2 连接主机的端口均为接入端口，交换机 SW1 的 GE 0/0/1 端口和交换机 SW2 的 GE 0/0/1 端口均为干道端口，本地 PVID 均为 1，此干道链路允许所有 VLAN 的流量通过。当交换机 SW1 转发 VLAN 1 的数据帧时会先去除 VLAN 标签，再将其发送到干道链路上。而当其转发 VLAN 10 的数据帧时，不会去除 VLAN 标签，而是直接将数据帧转发到干道链路上。

3．混合端口（自动协商模式）

接入端口发往其他设备的报文都是无标记帧，而干道端口仅在一种特定情况下才能发出无标记帧，其他情况下发出的都是有标记帧。

混合端口（Hybrid Port）是交换机上既可以连接用户主机，又可以连接其他交换机的端口。它既可以连接接入链路，又可以连接干道链路。混合端口允许多个 VLAN 的帧通过，并可以在出端口方向将某些 VLAN 帧的标签去掉，Cisco 设备默认的端口是混合端口，如图 4.24 所示。

图 4.24　混合端口

图 4.24 所示的混合端口要求主机 PC1 和主机 PC2 都能访问服务器，但是它们之间不能互相访问。此时，交换机连接主机和服务器的端口，以及交换机互联的端口都为混合端口。交换机连接

主机 PC1 的端口的 PVID 是 100,连接主机 PC2 的端口的 PVID 是 200,连接服务器的端口的 PVID 是 1000。

（1）不同类型端口接收报文时的处理方式如表 4.7 所示。

表 4.7　不同类型端口接收报文时的处理方式

端口	携带 VLAN 标签	不携带 VLAN 标签
接入端口	检查该标签内的 VLAN ID，当 VLAN ID 与该端口的 PVID 相同时，接收该报文；否则丢弃该报文	为该报文添加 VLAN 标签（为本端口的 PVID）
干道端口	首先判断是否在允许列表中，若在，则接收该报文；否则丢弃该报文	同上
混合端口	同上	同上

（2）不同类型端口发送报文时的处理方式如表 4.8 所示。

表 4.8　不同类型端口发送报文时的处理方式

端口	端口发送报文时的处理方式
接入端口	去掉报文携带的 VLAN 标签并转发
干道端口	首先判断是否在允许列表中，其次判断报文携带的 VLAN 标签是否和端口的 PVID 相同。如果相同，则去掉报文携带的 VLAN 标签并转发；否则报文将携带原有的 VLAN 标签进行转发
混合端口	首先判断是否在允许列表中，其次判断报文携带的 VLAN 标签在本端口需要做怎样的处理。如果是以无标记形式转发的，则处理方式同接入端口；如果是以有标记形式转发的，则处理方式同干道端口

4.6　无线局域网技术

无线局域网（Wireless Local Area Network，WLAN）是指应用无线通信技术将计算机设备互联起来，构成可以互相通信和实现资源共享的网络体系。WLAN 的本质特点是不再使用通信电缆来连接计算机与网络，而是通过无线的方式连接，从而使网络的构建和终端的移动更加灵活。它是相当便利的数据传输系统，是采用射频（Radio Frequency，RF）技术，使用电磁波取代有线传输介质构成的局域网络，在空中进行通信连接，使用的是简单的存取架构。用户通过 WLAN 可实现"信息随身化，便利走天下"。

4.6.1　WLAN 概述

在 WLAN 发明之前，人们要想通过网络进行联络和通信，必须先用物理线缆组建一个电子运行的通路。当网络发展到一定规模后，人们发现，这种有线网络无论组建、拆装还是在原有基础上进行重新布局和改建都非常困难，且成本非常高，于是 WLAN 的组网方式应运而生。

WLAN 可以在普通局域网的基础上通过无线集线器、无线接入点、无线网桥、无线调制解调器、无线网卡、无线路由器等来实现，其中以家用无线路由器最为普遍，使用得最多。

1. WLAN 的关键技术

WLAN 的关键技术除了红外线技术、微波扩频通信技术、网同步技术外，还包含调制技术、加解扰技术、无线分集接收技术、功率控制技术和节能技术。其中，常用的技术是红外线技术和微波扩频通信技术。

（1）红外线技术。红外线局域网采用波长小于 1μm 的红外线作为传输介质，有较强的方向性，但受太阳光的干扰大，支持 1Mbit/s～2Mbit/s 的数据传输速率，适用于近距离通信。

（2）微波扩频通信技术。微波扩频通信技术覆盖范围大，具有抗干扰、抗噪声和抗衰减能力强，隐蔽性、保密性强，以及不干扰同频系统等性能特点，具有很高的可用性。

2. WLAN 技术的优势

WLAN 技术具有以下几方面的优势。

（1）具有灵活性和移动性。在有线网络中，网络设备的安放位置受网络位置的限制，而 WLAN 在无线信号覆盖区域内的任何一个位置都可以接入网络。WLAN 另一个优点在于其移动性好，连接到 WLAN 的用户可以移动且能同时与网络保持连接。

（2）安装便捷。WLAN 可以免去或最大限度地减少网络布线的工作量，一般只需要安装一个或多个接入点设备，即可建立覆盖整个区域的局域网。

（3）易于进行网络规划和调整。对有线网络来说，办公地点或网络拓扑结构的改变通常意味着重新建网。重新布线是一个昂贵、费时、费力的过程，WLAN 可以避免或减少以上情况的发生。

（4）故障定位容易。有线网络一旦出现物理故障，尤其是由线路连接不良造成的网络中断，往往很难查明，且检修线路需要付出很大的代价。WLAN 则很容易定位故障，只需更换故障设备即可恢复网络连接。

（5）易于扩展。WLAN 有多种配置方式，可以很快从只有几个用户的小型局域网扩展到有上千个用户的大型网络，且能够提供节点间"漫游"等有线网络无法实现的服务。

由于 WLAN 具有以上优点，因此其发展十分迅速。最近几年，WLAN 已经在企业、医院、商店、工厂和学校等场合得到了广泛应用。

3. WLAN 的不足

WLAN 在为网络用户带来便捷和实用性的同时，也存在着一些不足之处，主要体现在以下几个方面。

（1）性能易受影响。WLAN 是依靠电磁波进行传输的，这些电磁波通过无线发射装置进行发射，而建筑物、车辆、树木和其他障碍物都可能阻碍电磁波的传输，所以会影响网络的性能。

（2）传输速率较低。无线信道的传输速率与有线信道相比要低得多。WLAN 的最大传输速率为 1Gbit/s，只适用于个人终端和小规模网络。

（3）安全性差。电磁波本质上不要求建立物理连接通道，无线信号是发散的。从理论上讲，电磁波广播范围内的任何信号都很容易被监听，易发生通信信息泄露。

4.6.2　WLAN 标准

WLAN 起步于 1997 年，当年 6 月，第一个 WLAN 标准——IEEE 802.11 正式颁布并实施，为 WLAN 技术提供了统一的标准，但当时的传输速率只有 1 Mbit/s～2 Mbit/s。随后，IEEE 又制定了新的 WLAN 标准，分别是 IEEE 802.11a 和 IEEE 802.11b。IEEE 802.11b 标准于 1999 年 9 月正式颁布，其传输速率为 11 Mbit/s。经过改进的 IEEE 802.11a 标准在 2001 年年底才正式颁布，其传输速率可达 54 Mbit/s，几乎是 IEEE 802.11b 标准的 5 倍。尽管如此，WLAN 的应用并未真正开始，因为当时 WLAN 的应用环境并不成熟。

WLAN 的真正发展是从 2003 年 3 月英特尔公司第一次推出带有无线网卡芯片模块的迅驰处理器开始的。尽管当时 WLAN 的应用环境还非常不成熟，但是由于英特尔公司的捆绑销售，加上迅驰芯片具有的高性能、低功耗等优点，许多 WLAN 服务商看到了商机，同时 11 Mbit/s 的传输速率在一般的小型局域网内也可进行一些日常应用，于是各国的 WLAN 服务商开始在公共场所（如机场、宾馆、咖啡厅等）提供无线热点，实际上就是布置一些无线接入点，以方便人们无线上网。经过两年多的发展，基于 IEEE 802. 11b 标准的 WLAN 产品和应用已相当成熟，但 11 Mbit/s 的传输速率远远不能满足实际的网络应用需求。

2003 年 6 月，一种兼容原来的 IEEE 802. 11b 标准，同时可提供 54 Mbit/s 传输速率的新标准——IEEE 802.11g 在 IEEE 的努力下正式发布了。

目前使用得最多的是 IEEE 802.11n（第四代）和 IEEE 802.11ac（第五代）标准，它们既可以工作在 2.4GHz 频段，又可以工作在 5GHz 频段。但严格来说，只有支持 IEEE 802.11ac 标准的网络才是真正的 5G 网络，目前支持 2.4GHz 和 5GHz 双频的路由器其实很多只支持第四代无线标准，即 IEEE 802.11n 标准的双频。

4G 网络的下行极限传输速率为 150Mbit/s，理论传输速率可达 600Mbit/s；5G 网络的下行极限传输速率为 1Gbit/s，理论传输速率可达 10Gbit/s。

技能实践

任务 4.1　VLAN 配置

【实训目的】
（1）了解网络连接设备。
（2）掌握交换机 VLAN 内通信的配置方法。

【实训环境】
（1）准备 Cisco Packet Tracer 8.0 模拟器。
（2）设计网络拓扑结构。

【实训内容与步骤】
交换机 SW1 与交换机 SW2 使用干道端口互联，主机 PC10 与主机 PC20 属于默认 VLAN 1，主机 PC1 与主机 PC2 属于 VLAN 10，主机 PC3 与主机 PC4 属于 VLAN 20，所有设备配置信息均在 Cisco Packet Tracer 8.0 模拟器下进行测试。相同 VLAN 的主机之间可以相互访问，不同 VLAN 的主机之间不能相互访问，如图 4.25 所示。

V4-1　配置交换机干道端口实现 VLAN 内通信

图 4.25　配置交换机干道端口实现 VLAN 内通信

（1）配置相关主机的 IP 地址等信息，以 PC10 为例，如图 4.26 所示。

图4.26　配置主机PC10的IP地址等信息

（2）配置交换机SW1、SW2。以交换机SW1为例，设置F 0/1、F 0/2、F 0/3的端口类型为接入端口，G 0/1端口类型为干道端口，相关实例代码如下。

```
Switch>enable
Switch#terminal  no  monitor
Switch#configure  terminal
Switch(config)#hostname  SW1
SW1(config)#vlan  10
SW1(config-vlan)#exit
SW1(config)#vlan  20
SW1(config-vlan)#exit
SW1(config)#interface  fastEthernet  0/1
SW1(config-if)#switchport  access  vlan  10
SW1(config-if)#exit
SW1(config)#interface  fastEthernet  0/2
SW1(config-if)#switchport  access  vlan  20
SW1(config-if)#exit
SW1(config)#interface  gigabitEthernet 0/1
SW1(config-if)#switchport  mode  trunk              //默认情况下允许所有 VLAN 通过
SW1(config-if)#switchport  trunk  allowed  vlan  ?
    WORD      VLAN IDs of the allowed VLANs when this port is in trunking mode
                                                    //允许通过的 VLAN 的名称
    add       add VLANs to the current list         //添加允许通过的 VLAN 列表
    all       all VLANs                             //允许所有 VLAN 通过
    except    all VLANs except the following        //允许除去某个 VLAN 后的所有 VLAN 通过
    none      no VLANs                              //不允许任何 VLAN 通过
    remove    remove VLANs from the current list    //从列表中删除某个已经允许通过的 VLAN
```

```
SW1(config-if)#switchport  trunk  allowed  vlan  10,20          //只允许 VLAN 10 和 VLAN 20 通过
SW1(config-if)#switchport  trunk  allowed  vlan  remove  1      //不允许 VLAN 1 通过
SW1(config-if)#end
SW1#
```

（3）显示交换机 SW1、SW2 的配置信息，以交换机 SW1 为例，主要相关实例代码如下。

```
SW1#show  running-config
!
hostname SW1
!
interface FastEthernet0/1
  switchport access vlan 10
!
interface FastEthernet0/2
  switchport access vlan 20
!
interface GigabitEthernet0/1
  switchport trunk allowed vlan 10,20          //只允许 VLAN 10 和 VLAN 20 通过
  switchport mode trunk
!
SW1#
```

（4）显示交换机 SW1、SW2 的 VLAN 配置信息，以交换机 SW1 为例，主要相关实例代码如下。

```
SW1#show   vlan
VLAN Name                         Status    Ports
---- -------------------------------- ---------
1    default                          active    Fa0/3, Fa0/4, Fa0/5, Fa0/6
                                                Fa0/7, Fa0/8, Fa0/9, Fa0/10
                                                Fa0/11, Fa0/12, Fa0/13, Fa0/14
                                                Fa0/15, Fa0/16, Fa0/17, Fa0/18
                                                Fa0/19, Fa0/20, Fa0/21, Fa0/22
                                                Fa0/23, Fa0/24, Gig0/2
10   VLAN0010                         active    Fa0/1
20   VLAN0020                         active    Fa0/2
1002 fddi-default                     active
1003 token-ring-default               active
1004 fddinet-default                  active
1005 trnet-default                    active
VLAN Type  SAID       MTU   Parent RingNo BridgeNo Stp  BrdgMode Trans1 Trans2
---- ----- ---------- ----- ------ ------ -------- ---- -------- ------ ------
1    enet  100001     1500  -      -      -        -    -        0      0
10   enet  100010     1500  -      -      -        -    -        0      0
20   enet  100020     1500  -      -      -        -    -        0      0
1002 fddi  101002     1500  -      -      -        -    -        0      0
1003 tr    101003     1500  -      -      -        -    -        0      0
1004 fdnet 101004     1500  -      -      -        ieee -        0      0
1005 trnet 101005     1500  -      -      -        ibm  -        0      0
VLAN Type  SAID       MTU   Parent RingNo BridgeNo Stp  BrdgMode Trans1 Trans2
SW1#
```

（5）显示交换机 SW1、SW2 配置的 Trunk 类型，以交换机 SW1 为例，相关实例代码如下。

```
SW1#show   interfaces   gigabitEthernet 0/1   switchport
Name: Gig0/1
Switchport: Enabled
Administrative Mode: trunk
Operational Mode: trunk                                          //配置为 Trunk 模式
Administrative Trunking Encapsulation: dot1q
Operational Trunking Encapsulation: dot1q
Negotiation of Trunking: On
Access Mode VLAN: 1 (default)
Trunking Native Mode VLAN: 1 (default)
Voice VLAN: none
Administrative private-vlan host-association: none
Administrative private-vlan mapping: none
Administrative private-vlan trunk native VLAN: none
Administrative private-vlan trunk encapsulation: dot1q
Administrative private-vlan trunk normal VLANs: none
Administrative private-vlan trunk private VLANs: none
Operational private-vlan: none
Trunking VLANs Enabled: 10,20                                    //只允许 VLAN 10 和 VLAN 20 通过
Pruning VLANs Enabled: 2-1001
Capture Mode Disabled
Capture VLANs Allowed: ALL
Protected: false
Unknown unicast blocked: disabled
Unknown multicast blocked: disabled
Appliance trust: none
SW1#
```

（6）使主机间相互访问，测试相关结果。主机 PC1 与主机 PC3 分别属于 VLAN 10 与 VLAN 20，虽然在同一台交换机 SW1 上，但仍然无法相互访问，如图 4.27 所示。

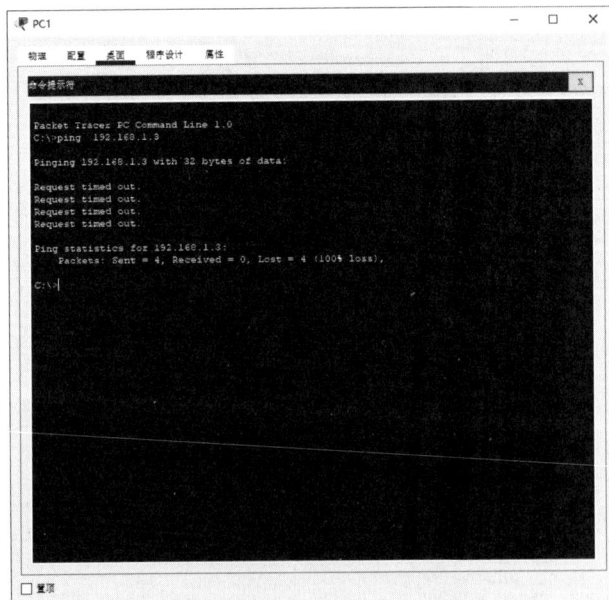

图 4.27　主机 PC1 无法访问主机 PC3

主机 PC1 与主机 PC2 同属于 VLAN 10，虽然其分别在交换机 SW1 与交换机 SW2 上，主干链路为干道链路，但仍然可以相互访问，如图 4.28 所示。

图 4.28　主机 PC1 可以访问主机 PC2

因为主机 PC1 与主机 PC4 分别属于 VLAN 10 与 VLAN 20，分别在交换机 SW1 与交换机 SW2 上，所以无法相互访问，如图 4.29 所示。

图 4.29　主机 PC1 无法访问主机 PC4

主机 PC10 与主机 PC20 同属于 VLAN 1，默认 VLAN 1 仍然可以通过，但交换机 SW1 只允许 VLAN 10、VLAN 20 通过，并使用命令不允许 VLAN 1 的数据通过，所以主机 PC10 无法访问主机 PC20，如图 4.30 所示。

```
SW1(config-if)#switchport  trunk  allowed  vlan  remove  1        //不允许 VLAN 1 通过
```

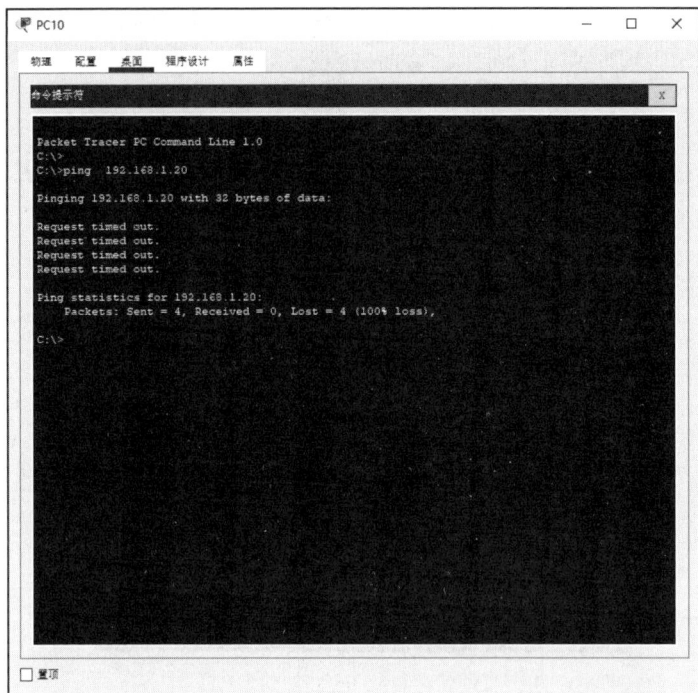

图 4.30　主机 PC10 无法访问主机 PC20

任务 4.2　WLAN 配置

【实训目的】
（1）掌握构建无线 AP 网络的方法。
（2）掌握构建无线路由器网络的方法。

【实训环境】
（1）准备网络跳线若干、无线 AP 设备一台、无线路由器一台。
（2）准备安装了 Windows 10 操作系统的计算机一台、手机一部、笔记本电脑一台。

【实训内容与步骤】
（1）构建无线 AP 网络

无线 AP 的功能是把有线网络转换为无线网络。形象地说，无线 AP 是无线网络和有线网络沟通的"桥梁"，其信号范围为球形，搭建的时候最好将其放到比较高的地方，以扩大覆盖范围。无线 AP 就是一台无线交换机，接在有线交换机或路由器上，接入的无线终端和原来的网络属于同一个子网。

无线 AP 设备主要分为路由交换接入一体设备和纯接入点设备，前者执行接入和路由工作，后者只负责无线客户端的接入。纯接入点设备通常作为无线网络扩展使用，与其他 AP 或主 AP 连接，以扩大无线覆盖范围，而路由交换接入一体设备一般是无线网络的核心。

无线 AP 是使用无线设备（手机及笔记本电脑等移动设备）的用户进入有线网络的接入点，主要用于家庭、大楼内部、校园内部、园区内部，以及仓库、工厂等需要无线网络的地方，典型覆盖距离为几十米至上百米，也可以用于远距离传输，目前最远传输距离为 30km 左右，主要标准为 IEEE 802.11 系列标准。大多数无线 AP 带有接入点客户端模式，可以与其他 AP 进行无线连接，以扩大网络的覆盖范围。无线 AP 应用于大型公司的情况比较多，公司需要大量的无线 AP 以实现大面积的网络覆盖，同时所有接入终端都属于同一个网络，方便公司网络管理员实现网络控制和管理。无线 AP 设备如图 4.31 所示。

图 4.31　无线 AP 设备

① 在浏览器地址栏中输入无线 AP 地址，并按【Enter】键，在打开的无线 AP 设备登录界面中输入用户名和密码，如图 4.32 所示，登录无线 AP 设备。

② 添加无线网络，设置 Wi-Fi 名称，如 ssid-1，Wi-Fi 名称用来标识连接的无线网络；设置 Wi-Fi 密码，以控制是否准入无线网络，如图 4.33 所示。

图 4.32　无线 AP 设备登录界面

图 4.33　设置 Wi-Fi 名称与密码

③ 添加 DHCP，如设置地址池名称、IP 分配范围、默认网关、DNS 等，如图 4.34 所示；以及完成 DHCP 配置，如图 4.35 所示。

图 4.34　添加 DHCP

图 4.35　完成 DHCP 配置

④ 配置无线 AP 外网，设置管理 VLAN、管理 IP 地址、默认网关，并选择 AP 工作模式，如图 4.36 所示。

图 4.36　配置无线 AP 外网

143

⑤ 保存配置结果，重启无线 AP 设备。在笔记本电脑、手机中搜索 Wi-Fi 名称，如 ssid-1，输入密码即可无线上网。

（2）构建无线路由器网络

无线路由器就是带路由功能的无线 AP 设备，其连接在 ADSL 上，通过路由器功能自动拨号接入网络，并通过无线功能建立一个独立的无线办公网络。

无线路由器一般应用于家庭和小型办公环境的网络，这种网络覆盖面积不大，使用者也不多，只需要一台无线 AP 设备即可。无线路由器可以实现 ADSL 网络的接入，同时将信号转换为无线信号。比起购买一台路由器加一台无线 AP 设备，无线路由器是更为实惠和方便的选择。

无线 AP 设备不能与 ADSL Modem 相连，要以一台交换机、集线器或路由器作为中介。而无线路由器带有宽带拨号功能，可以直接与 ADSL Modem 相连，自动拨号上网，实现无线覆盖，如图 4.37 所示。

无线路由器的外观基本上大同小异，但"Reset"按钮的位置不固定。无线路由器的各个端口和按钮如图 4.38 所示。

图 4.37 无线路由器

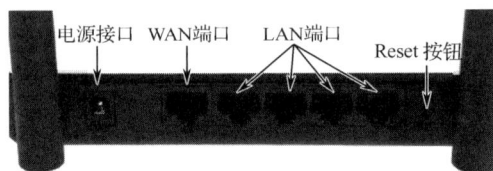

图 4.38 无线路由器的各个端口和按钮

① 无线路由器参数设置。用网线将无线路由器和计算机连接起来，也可以直接使用无线搜索连接，但建议新手使用网线直接连接。连接好之后，在浏览器地址栏中输入"192.168.1.1"，如图 4.39 所示，按【Enter】键，打开无线路由器管理界面。初次打开无线路由器管理界面时，为了保障设备安全，可能需要设置无线路由器的管理密码，如图 4.40 所示，并根据界面提示进行设置。

图 4.39 输入无线路由器的 IP 地址

图 4.40 设置无线路由器的管理密码

② 登录成功后，默认情况下会自动打开设置向导界面，选中"PPPoE（ADSL 虚拟拨号）"单选按钮，单击"下一步"按钮，如图 4.41 所示。

③ 输入从网络服务商处申请到的上网账号和上网口令，单击"下一步"按钮，如图 4.42 所示。

④ 重启无线路由器，打开无线设置界面，设置 SSID，这一项默认为路由器的型号。这只是在搜索的时候显示的设备名称，可以根据喜好更改，以方便搜索使用。其余选项可以使用系统默认设置，无须更改，但是在"无线安全选项"选项组中必须设置密码，设置完成后单击"下一步"按钮，如图 4.43 所示。

⑤ 打开的"设置向导"对话框如图 4.44 所示，单击"完成"按钮，重启路由器即可。

图 4.41 选择上网方式

图 4.42 输入上网账号和上网口令

图 4.43 设置无线路由器 SSID 及密码

图 4.44 "设置向导"对话框

⑥ 搜索无线信号连接网络。在无线设备上搜索无线信号，找到无线路由器的 SSID，双击该 SSID 进行连接，如图 4.45 所示。

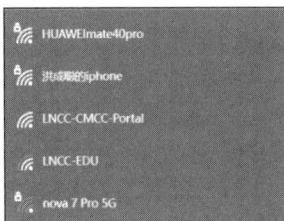

图 4.45 搜索无线信号并连接网络

模块小结

本模块讲解了局域网的发展历程、特点及基本组成，局域网的模型与标准，局域网的关键技术，以太网组网技术，虚拟局域网技术以及无线局域网技术等知识，详细讲解了介质访问控制方法等知识。

本模块最后通过技能实践使学生进一步掌握 VLAN 的配置方法、WLAN 的配置方法。

模块练习

1. 选择题

（1）定义了 CSMA/CD 总线介质访问控制方法及物理层规范的是（　　）。

A. IEEE 802.1　　B. IEEE 802.2　　C. IEEE 802.3　　D. IEEE 802.4

（2）定义了无线局域网标准的是（　　）。

A. IEEE 802.8　　B. IEEE 802.9　　C. IEEE 802.10　　D. IEEE 802.11

（3）在共享式以太网中，采用的介质访问控制方法是（　　）。

A. CSMA/CD 总线介质访问控制方法　　B. 令牌环介质访问控制方法

C. 时间片方法　　D. 令牌总线介质访问控制方法

（4）根据 IP 地址获取物理地址的协议是（　　　）。

    A．DNS 协议　　　　B．ARP　　　　　　C．RARP　　　　　　D．DHCP

（5）10BASE-T 标准中使用 5 类 UTP 时，最大传输距离为（　　　）。

    A．100m　　　　　B．185m　　　　　C．300m　　　　　D．500m

（6）在逻辑结构上属于总线，在物理结构上可以看作星形的局域网是（　　　）。

    A．令牌环网　　　　B．广域网　　　　　C．以太网　　　　　D．因特网

（7）【多选】划分 VLAN 的优点有（　　　）。

    A．限制广播域　　　　　　　　　　　　B．网络管理简单

    C．灵活划分虚拟工作组　　　　　　　　D．提高网络安全性

（8）【多选】VLAN 的划分方式有（　　　）。

    A．基于端口划分　　　　　　　　　　　B．基于物理地址划分

    C．基于 IP 子网划分　　　　　　　　　D．基于协议划分

（9）【多选】交换机端口类型有（　　　）。

    A．Access Port　　B．Trunk Port　　　C．Hybrid Port　　D．Shutdown Port

（10）【多选】WLAN 技术的优势有（　　　）。

    A．具有灵活性和移动性　　　　　　　　B．安装便捷

    C．易于进行网络规划和调整　　　　　　D．故障定位容易

2．简答题

（1）简述局域网的特点。

（2）简述局域网的基本组成。

（3）简述局域网的参考模型。

（4）简述局域网的拓扑结构。

（5）简述载波监听多路访问/冲突检测方法。

（6）简述什么是 VLAN 以及 VLAN 的优点。

模块5
网络互联技术

随着计算机网络技术和通信技术的不断发展，以及计算机网络的普及，单一网络环境已经不能满足社会对信息网络的要求，需要一个将多个计算机网络互联在一起的更大的网络，以实现更广泛的资源共享和信息交流。当我们使用电子邮件进行通信、通过电子商务平台购买商品时，有没有想过网络是怎么实现通信的？通信时是如何保证信息正确传递的？

Internet的巨大成功以及人们对接入Internet的热情都充分证明了计算机网络互联的重要性。网络互联的核心是网络之间的硬件连接和网间互联协议，掌握网络互联的基础知识是深入学习网络应用技术的前提。本模块主要讲解网络互联的基本概念、要求、类型和层次，以及网络互联路由协议等知识。

学习目标

【知识目标】
- 理解网络互联的基本概念、要求、类型和层次。
- 掌握网络互联路由协议。

【技能目标】
- 掌握静态路由的配置方法。
- 掌握RIP、OSPF协议的配置方法。

【素质目标】
- 培养自主学习的能力和习惯。
- 培养工匠精神，要求做事严谨、精益求精、着眼细节、爱岗敬业。

相关知识

5.1 网络互联概述

随着计算机应用技术和通信技术的飞速发展，计算机网络得到了广泛应用，各种网络技术层出不穷，网络互联技术是过去 20 年中最为成功的网络技术之一。

5.1.1 网络互联简介

网络互联涉及的概念很多，为了深刻理解网络互联的内涵和外延，下面对网络互联进行简单介绍。

1. 网络互联的定义

网络互联是指将分布在不同地理位置、使用不同数据链路层协议的单个网络通过网络互联设备进行连接，形成一个更大规模的互联网络系统，以实现更大范围的数据通信和资源共享。

网络互联的目的是使处于不同网络的用户间能够相互通信和交流，以实现更大范围的数据通信和资源共享。

2. 网络互联发展的动力

网络互联发展的动力主要有以下几个方面。

（1）计算机网、公用数据网、ISDN、ATM 网、FDDI 网等技术已获得长足进步。

（2）个人计算机、多媒体、高性能工作站、超级计算机、光计算机发展十分迅速。

（3）信息系统的应用范围日益拓宽，要求联网的用户数量与日俱增，且对网络的服务类型和功能的要求越来越多。

（4）组建国家网和全球通信网将是人类信息化社会的重要标志。

这些都有力地推动了网络互联技术的兴起和蓬勃发展。网络互联的目的是满足日益增长的用户需求，实现信息的高速传输化、多元化和智能化，在更大范围内实现通信、分布式处理和资源共享。"信息高速公路"建设的目的也是如此。一个国家的"信息高速公路"可将不同部门、不同地区、不同行业的信息网互联起来，实现国内信息资源共享，形成国家信息基础设施。进而，不同国家的"信息高速公路"的互联将可实现世界范围内的信息资源共享，便于及时交流和共用自然科学、人文、社会科学等领域的最新信息及成果，为促进人类文明的繁荣发展提供强有力的帮助和支撑。

3. 网络互联的优点

网络互联能解决数据的通信问题，完成端到端系统之间的数据传输，网络互联的优点如下。

（1）扩大资源共享的范围。将多个计算机网络互联起来就构成了一个更大的网络，这些网络以一组通用的协议相连，形成逻辑上的单一巨大国际网络，即 Internet。Internet 中的用户只要遵循相同的协议，就能相互通信，且 Internet 中的资源可以被更多的用户共享。

（2）提高网络的安全性。将具有相同权限的用户主机组成一个网络，在网络互联设备上严格控制其他用户对该网络的访问，从而提高网络的安全性。

（3）提高网络的可靠性。设备故障可能导致整个网络瘫痪，而通过子网划分可以有效地限制设备故障对网络的影响范围。

（4）提高网络的性能。总线网络随着用户数的增多，冲突发生的概率和数据发送的时延会显著增大，网络性能也会随之降低。但如果采用子网自治以及子网互联的方法就可以缩小冲突域，从而有效提高网络性能。

（5）降低联网的成本。当同一地区的多台主机希望接入另一地区的某个网络时，一般会采用主机先行联网（构成局域网），再通过网络互联技术和其他网络连接的方法，这样可以大大降低联网成本。

5.1.2 网络互联的要求

互联在一起的网络要进行通信会遇到许多问题，如不同的寻址方式、不同的分组限制、不同的访问控制机制、不同的网络连接方式、不同的超时控制、不同的路由选择技术、不同的服务等。网络互联除了要为不同子网之间的通信提供路径选择和数据交换功能之外，还应采取措施屏蔽或者容纳这些差异，力求在不修改互联的各网络原有结构和协议的基础上，利用网络互联设备协调和适配各个网络的差异，因此网络互联应满足以下几方面的要求。

（1）在网络之间提供数据传输的链路。至少需要一条物理链路，具有介质访问控制、逻辑链路控制等功能。

（2）在不同网络上的用户进程之间提供数据的差错控制、流量控制和路由选择等服务。

（3）提供会计功能，记录各种网络和网络连接器的使用情况，并保留状态信息。

（4）尽量不改变各个网络的硬件、软件和通信协议，以减少对各个网络的影响。

（5）尽量减少对各个网络内部的数据通信的时延、吞吐率等性能的影响。

（6）尽量降低成本。

网络互联的通常做法是在网络之间设置一种被称为网间连接器的专门装置。因此，上述互联的基本要求也是设计网间连接器所必须满足的基本要求。

另外，网络互联还应考虑虚拟网络的划分、不同子网的差错恢复机制对全网的影响、不同子网的用户接入限制以及通过互联设备对网络的流量进行控制等问题。在网络互联时，尽量避免为提高网络之间的传输性能而影响各个子网内部的传输功能和传输性能。从应用的角度看，用户需要访问的资源主要集中在子网内部，一般而言，网络之间的信息传输量远小于网络内部的信息传输量。

5.2 网络互联的类型和层次

目前，计算机网络可以分为局域网、城域网与广域网 3 种。因此，网络互联的类型主要有局域网-局域网互联、局域网-广域网互联、局域网-广域网-局域网互联和广域网-广域网互联等。

5.2.1 网络互联的类型

网络互联的类型主要有以下几种。

1. 局域网-局域网互联（LAN-LAN）

一般来说，在局域网的建网初期，网络的节点较少，相应的数据通信量也较小。随着业务的发展，节点的数目不断增加，当一个网络段上的通信量达到极限时，网络的通信效率就会急剧下降。为了解决这种问题，可以采取增设网段、划分子网的方法，但无论使用什么方法，都会涉及两个或多个 LAN 之间的互联问题。局域网-局域网互联示意如图 5.1 所示。根据局域网使用的协议不同，局域网-局域网互联可以分为以下两类。

图 5.1　局域网-局域网互联示意

（1）同构网络的互联

同构网络的互联是指协议相同的局域网之间的互联。例如，两个以太网之间的互联，两个令牌环网之间的互联。同构网络之间的互联比较简单，常用的设备有集线器、中继器、交换机、网桥等。

（2）异构网络的互联

异构网络的互联是指协议不同的局域网之间的互联。例如，以太网和令牌环网之间的互联。执行异构网络之间的互联必须实现协议转换。因此，连接使用的设备必须支持要进行互联的网络所使用的协议。异构网络的互联可使用路由器、网桥等设备。

2. 局域网-广域网互联（LAN-WAN）

局域网-局域网互联可解决一个小范围内相邻几个楼层或楼群之间及在一个组织机构内部的网络互

联，局域网-广域网互联则可扩大数据通信网络的连通范围，使不同单位或机构的局域网接入范围更大的网络体系中，其扩大的范围可以超越城市、国界或洲界，从而形成世界范围的数据通信网络。局域网-广域网互联示意如图 5.2 所示。

图 5.2　局域网-广域网互联示意

3. 局域网-广域网-局域网互联（LAN-WAN-LAN）

局域网-广域网-局域网互联可以将分布在不同地理位置的两个局域网通过广域网互联，达到远程登录局域网的目的，其示意如图 5.3 所示。

4. 广域网-广域网互联（WAN-WAN）

广域网与广域网互联一般在政府的电信部门或国际组织间进行，它主要是将不同地区的网络互联以构成更大规模的网络，其示意如图 5.4 所示。

图 5.3　局域网-广域网-局域网互联示意

图 5.4　广域网-广域网互联示意

5.2.2　网络互联各层常用设备

网络互联的逻辑构成着重从概念和功能上对网络结构进行分析、描述。其逻辑构成实质上与计算机网络类似，可以分为以下 3 层。

（1）传输管理层：负责将构成网际报文的信息准确无误地从源主机传输到目的主机。

（2）服务管理层：实现网际进程间的通信，并提供网际数据收集、文件传输、远程作业录入、情报检索等服务。

（3）应用层：其功能因用户程序而异。

网络互联设备分为物理层互联设备、数据链路层互联设备、网络层互联设备和高层互联设备，下面分别介绍各层设备的功能。

1. 物理层互联设备

物理层互联如图 5.5 所示，主要解决的问题是在不同的电缆段间复制位信号。实现物理层互联的主要设备是中继器、集线器。

图 5.5　物理层互联

（1）中继器

中继器常用于完成两个网络节点之间物理信号的双向转发工作。中继器在物理层互联中起到的作用是对一个网段传输的数字信号进行放大和整形，然后发送到另一个网段上，克服信号远距离传输引起的衰减，支持远距离的通信。

一般情况下，中继器的两端连接的是相同的传输介质，但有的中继器也可以完成不同传输介质的转接工作。在以太网中，通常利用中继器扩展总线的电缆长度，标准细缆以太网的每段长度最大为 185m，最多可有 5 段，在增加中继器后，最大网络电缆长度可提高到 925m。一般来说，中继器两端的网络部分是网段，而不是子网。

（2）集线器

集线器的使用起源于 20 世纪 90 年代初期双绞线以太网标准的应用。集线器除了能够进行信号的转发之外，还克服了总线网络的局限，大大增强了网络的可靠性和可扩充性，因而迅速得到了大范围应用。

集线器是一种特殊的中继器，是一种多端口的中继器，用于连接双绞线介质或光纤介质以太网系统，是组成 10BASE-T、100BASE-T 或 10BASE-F、100BASE-F 以太网的核心设备。

集线器可分为无源集线器、有源集线器和智能集线器。其中，无源集线器只负责将多段传输介质连接在一起，而不对信号本身做任何处理；有源集线器和无源集线器相似，但它还具有信号放大、延伸网段的作用；智能集线器除了具有有源集线器的全部功能之外，还可将网络的很多功能集成到集线器中。

2. 数据链路层互联设备

数据链路层互联如图 5.6 所示，主要解决的问题是在不同的网络间存储和转发数据帧。实现数据链路层互联的主要设备是网桥、交换机。

图 5.6　数据链路层互联

（1）网桥

网桥是实现局域网之间互联的设备。它将两个以上独立的物理网络连接在一起，构成单个的逻辑局域网络。网桥的功能是完成数据帧的转发，主要目的是在连接的网络间提供透明的通信。

网桥以接收、存储、地址过滤与转发的方式实现两个互联网络之间的通信，以此来达到减少局域网上的通信量，提高整个网络系统性能的目的，并实现大范围局域网的互联。网桥连接的两个局域网可以基于同一种标准，也可以基于不同类型的标准，且这些网络使用的传输介质可以不同。网桥要对其接收到的数据进行处理，并要传递网络中所有的广播信号，因而增加了时延。

和中继器相比，网桥的主要特点如下。

① 网桥可实现不同结构、不同类型局域网的互联，并在不同的局域网之间提供转换功能。而中继器只能实现同类局域网的互联。

② 网桥不受定时特性的限制，可互联范围较大的网络。而中继器受 MAC 定时特性的限制，一般只

151

能连接 5 个网段的以太网，且不能超过一定距离。

③ 网桥具有隔离错误信息、保证网络安全的作用。而中继器只能作为数字信号的整形放大器，并不具备检错、纠错功能。

④ 利用网桥可以增加网络上工作站的数量，因为网桥虽然只占一个工作站地址，但是可以将另一个网络上的许多工作站连接在一起。使用中继器互联的以太网，随着用户数量的增加，总线冲突增大，网络的性能会大大降低。

（2）交换机

交换机是局域网中常用的网络连接设备之一，可以为接入交换机的任意两个网络节点提供独享的电信号通路。

1993 年，局域网交换设备出现，1994 年，国内掀起了交换网络技术的热潮。其实，交换机是一款具有简化、价格低廉、高性能和高端口密集等特点的交换产品，体现了复杂交换技术在 OSI 参考模型的第二层的操作。与桥接器一样，交换机按每一个包中的物理地址相对简单地决策信息转发。而这种决策转发一般不考虑包中隐藏得更深的其他信息。与桥接器不同的是，交换机转发时延很小，操作转发性能接近单个局域网的性能，远远超过了普通桥接互联网络之间的转发性能。

类似传统的桥接器，交换机提供了许多网络互联功能。交换机能经济地将网络分成小的冲突域，为每个工作站提供更大的带宽。协议的透明性使得交换机在软件配置简单的情况下可直接安装在多协议网络中；交换机使用了现有的电缆、中继器、集线器和工作站的网卡，不必做高层的硬件升级；交换机对工作站是透明的，这样管理起来开销小，简化了网络节点的增加、移动和网络变化的操作。

3. 网络层互联设备

网络层互联如图 5.7 所示，主要解决的问题是在不同的网络间存储和转发分组。实现网络层互联的主要设备是路由器。

图 5.7　网络层互联

路由器属于网络层的一种互联设备。如果两个网络的网络层协议相同，则主要解决路由选择问题；如果协议不同，则主要解决协议转换问题。一般来说，异构网络互联与多个子网互联都是采用路由器来完成的。

（1）路由器的功能

路由器是互联网的主要设备，它具有以下基本功能。

① 连接功能

路由器不仅可以连接不同的局域网，还可以连接不同类型的网络（如城域网或广域网），具有不同速率的链路或子网端口。

② 网络地址判断、最佳路由选择和数据处理功能

路由器可以为经过它的每个数据包寻找一条最佳传输路径，并将该数据包有效地传输到目的站点。路由选择算法是路由器选择最佳路径的关键，路由器为每一种网络层协议建立路由表，并对其加以维护。

每个路由器中都保存着一个路由表，路由表中保存着子网的标志信息、网络中路由器的数量以及下一台路由器的地址等内容，供路由选择时使用。路由表一般可分为静态路由表和动态路由表。路由器除了要完成路由选择外，还要完成数据包的转发。当一台路由器收到一个数据包后，它将根据数据包中的目的 IP 地址查找路由表，并将此数据包送往对应端口。依次重复，直至数据包到达目的地。

③ 控制管理功能

由于路由器工作在网络层，因此可以了解更多的高层信息，可以通过软件协议本身的流量控制功能控制数据转发的流量，以解决拥塞问题。路由器的另一个重要功能是充当数据包的过滤器，它将来自其他网络的不需要的数据包阻挡在网络之外，从而有效地减少了网络之间的通信量，提高了网络的利用率。

（2）路由器的特点

路由器主要有以下 3 个特点。

① 路由器用于在网络层上实现多个网络的互联。

② 路由器能决定数据传输的最佳路径。

③ 路由器要求节点在网络层以上的各层中使用相同或兼容的协议。

（3）路由表的相关概念

与路由表相关的概念有静态路由表、动态路由表等。

① 静态路由表

由系统管理员事先设置好的固定路由表称为静态（Static）路由表，一般是在系统安装时根据网络的配置情况预先设定的，它不会随未来网络结构的改变而改变。

② 动态路由表

动态（Dynamic）路由表是路由器根据网络系统的运行情况而自动调整形成的路由表。路由器根据路由协议（Routing Protocol）提供的功能，自动学习和记忆网络运行情况，在需要时自动计算出数据传输的最佳路径。

4. 高层互联设备

传输层及以上各层协议不同的网络之间的互联属于高层互联，如图 5.8 所示。实现高层互联的主要设备是网关。

图 5.8 高层互联

网关工作在 OSI 参考模型的高层，即传输层到应用层，它既可以是一台专用设备，又可以以计算机为硬件平台，由软件实现其功能。网关一般用于实现不同类型、不同协议、差别较大的网络系统之间的互联。

网关可以实现不同协议的网络间的互联，包括不同操作系统的网络间的互联，也可以实现局域网与互联网间的互联。

网关不仅具有路由器的功能，还能够实现异构网络之间传输层及以上各层的协议转换，相当于不同语言交流中的翻译。网关的协议转换总针对某种特殊的应用协议或者有限的特殊应用。

（1）网关的使用

网关用于以下几种场合的异构网络互联。

① 异构型局域网的互联，如互联专用交换网与遵循 IEEE 802 标准的局域网的互联。

② 局域网与广域网的互联。

③ 广域网与广域网的互联。

④ 局域网与主机的互联（当主机的操作系统与网络操作系统不兼容时，可以通过网关连接）。

（2）网关的分类

目前，网关主要有 3 种：协议网关、应用网关、安全网关。

① 协议网关：通常在使用不同协议的网络区域间完成协议转换。

② 应用网关：在应用层连接两部分应用程序的网关，是在使用不同数据格式间翻译数据的系统。

③ 安全网关：各种技术的融合，具有重要且独特的保护作用，工作范围包括从协议级过滤到十分复杂的应用级过滤。

拓展阅读 5-2

5.3 网络互联路由协议

路由器判定到达目的地的最佳路径主要依靠路由选择算法来实现。路由协议实际上是指实现路由选择算法的协议，常见的路由协议有静态路由协议、路由信息协议（Routing Information Protocol，RIP）、开放最短通路优先（Open Shortest Path First，OSPF）协议等。

5.3.1 路由协议选择

路由是指把数据从源节点转发到目标节点的过程，即根据数据包的目的地址对其进行定向并转发到另一个节点的过程。一般来说，网络中的数据会经过一个或多个中间节点，路由转发如图 5.9 所示。例如，主机 PC1 与主机 PC4 进行通信时，数据从主机 PC1 发出，经由路由器 AR1、AR2、AR3 传递到主机 PC4 上。路由通常与桥接进行对比，它们的主要区别在于桥接发生在 OSI 参考模型中的第二层（数据链路层），而路由发生在第三层（网络层）。这一区别使它们在传递信息的过程中使用不同的信息，从而以不同的方式来完成各自的任务。

图 5.9 路由转发

1. 路由信息的生成

路由信息的生成方式总共有 3 种：设备自动发现、手动配置、通过动态路由协议生成。

（1）直连路由（Direct Routing）：设备自动发现的路由信息。

在网络设备启动后，当设备端口的状态为 Up 时，设备就会自动发现与自己的端口直接相连的网络的路由。某一网络与某台设备直接相连（直连），是指这个网络与这台设备的某个端口直接相连。当路由器端口配置了正确的 IP 地址，且端口处于 Up 状态时，路由器将自动生成一条通过该端口去往直连网段的路由。直连路由的 Protocol 属性为 Direct，其 Cost 值总为 0。

（2）静态路由（Static Routing）：手动配置的路由信息。

静态路由是由网络管理员在路由器上手动配置的固定路由。静态路由允许对路由的行为进行精确控制，其特点是单向网络流量少及配置简单。静态路由是在路由器中设置的固定路由。除非网络管理员干预，否则静态路由不会发生变化。由于静态路由不能对网络的改变做出反应，因此一般用于规模不大、拓扑结构固定的网络中。静态路由的优点是简单、高效、可靠。在所有的路由中，静态路由优先级最高，当动态路由与静态路由发生冲突时，以静态路由为准。静态路由的明显缺点是不具备自适应性。随着网络规模的扩大，网络管理员的维护工作量将增大，容易出错，不能实时变化。静态路由的 Protocol 属性为 Static，其 Cost 值可以人为设定。

（3）动态路由（Dynamic Routing）：网络设备通过运行动态路由协议而得到的路由信息。

动态路由减少了管理任务，网络设备可以自动发现与自己相连的网络的路由。动态路由是网络中的路由器之间根据实时网络拓扑变化相互传递路由信息，再利用收到的路由信息选择相应的协议进行计算，更新路由表的过程。动态路由比较适用于大型网络。

一台路由器可以同时运行多种路由协议，每种路由协议都有专门的路由表来存放该协议下发现的路由表项，最后通过一些优先筛选法，将某些路由协议的路由表中的某些路由表项加入 IP 路由表中，而路由器最终会根据 IP 路由表来进行 IP 报文的转发。

2. 默认路由

默认路由：目的地/掩码为 0.0.0.0/0 的路由。

（1）动态默认路由：默认路由是由路由协议产生的。

（2）静态默认路由：默认路由是手动配置的。

默认路由是一种非常特殊的路由，任何一个待发送或待转发的 IP 报文都可以和默认路由匹配。

计算机或路由器的 IP 路由表中可能存在默认路由，也可能不存在默认路由。若网络设备的 IP 路由表中存在默认路由，则当一个待发送或待转发的 IP 报文不能匹配 IP 路由表中的任何非默认路由时，它会根据默认路由来进行发送或转发；若网络设备的 IP 路由表中不存在默认路由，则当一个待发送或待转发的 IP 报文不能匹配 IP 路由表中的任何路由时，它会将该 IP 报文直接丢弃。

3. 路由的优先级

对不同来源的路由规定了不同的优先级，优先级的管理距离值越小，表示对应路由的优先级越高。路由器默认管理距离值对照表如表 5.1 所示。

表 5.1　路由器默认管理距离值对照表

路由来源	默认管理距离值
直连路由	0
静态路由	1
增强型内部网关路由协议（Enhanced Interior Gateway Routing Protocol，EIGRP）Summary	5
外部边界网关协议（External Border Gateway Protocol，EBGP）	20
内部 EIGRP	90
内部网关路由协议（Interior Gateway Routing Protocol，IGRP）	100
OSPF	110
IS-IS	115

续表

路由来源	默认管理距离值
RIP	120
外部网关协议（Exterior Gateway Protocol，EGP）	140
外部 EIGRP	170
内部边界网关协议（Interior Border Gateway Protocol，IBGP）	200
不可达路由	255

当存在多条目的地/掩码相同，但来源不同的路由时，具有最高优先级的路由会成为最佳路由，被加入 IP 路由表中；其他路由则处于未激活状态，不会被加入 IP 路由表中。

4．路由的开销

一条路由的开销：到达这条路由的目的地/掩码需要付出的代价；同一种路由协议发现多条路由可以到达同一目的地/掩码时，将优先选择开销最小的路由，即只把开销最小的路由加入本协议的路由表中。

不同的路由协议对开销的具体定义是不同的。例如，RIP 只将"跳数"（Metric）作为开销。跳数是指到达目的地/掩码需要经过的路由器的数量。

等价路由：同一种路由协议发现的两条可以到达同一目的地/掩码且开销相等的路由。

负载分担：如果两条等价路由都被加入了路由器的路由表中，那么在进行流量转发的时候，一部分流量会根据第一条路由进行转发，另一部分流量会根据第二条路由进行转发。

如果一台路由器同时运行了多种路由协议，且对于同一目的地/掩码，每一种路由协议都发现了一条或多条路由，则在这种情况下，每一种路由协议都会根据开销的比较情况在自己发现的若干条路由中确定出最佳路由，并将最佳路由放入本协议的路由表中。此后，不同的路由协议确定出的最佳路由之间会进行路由优先级的比较，优先级最高的路由才能成为去往目的地/掩码的路由，将被加入该路由器的 IP 路由表中。如果该路由上还存在去往目的地/掩码的直连路由或静态路由，则会在进行优先级比较的时候将它们考虑进去，以选出优先级最高的路由并加入 IP 路由表中。

5.3.2　RIP

RIP 是一种内部网关协议（Interior Gateway Protocol，IGP），也是一种动态路由选择协议，用于自治系统（Autonomous System，AS）内的路由信息的传递。RIP 基于距离矢量算法（Distance Vector Algorithms，DVA），使用跳数来衡量到达目的地址的路由距离。使用这种协议的路由器只关心自己周围的世界，只和与自己相邻的路由器交换信息，并将范围限制在 15 跳之内，即如果大于等于 16 跳就认为网络不可达。

RIP 应用于 OSI 参考模型中的应用层，各厂商定义的管理距离（优先级）有所不同，例如，华为设备定义的优先级是 100，思科设备定义的优先级是 120。RIP 在带宽、配置和管理方面的要求较低，主要适用于规模较小的网络。运行 RIP 的网络如图 5.10 所示。RIP 中定义的相关参数比较少，它既不支持 VLSM 和 CIDR，又不支持认证功能。

1．RIP 的工作原理

路由器启动时，路由表中只会包含直连路由。运行 RIP 之后，路由器会发送 Request 报文，以请求邻居路由器的 RIP 路由。运行 RIP 的邻居路由器收到该 Request 报文后，会根据自己的路由表生成 Response 报文进行回复。路由器在收到 Response 报文后，会将相应的路

图 5.10　运行 RIP 的网络

由添加到自己的路由表中。

RIP 网络稳定以后，每台路由器都会周期性地向邻居路由器通告自己的整张路由表中的路由信息（以 RIP 应答的方式广播出去），默认周期为 30s，邻居路由器会根据收到的路由信息刷新自己的路由表。针对某一条路由信息，如果 180s 以后都没有接收到新的关于它的路由信息，那么将其标记为失效，即将其跳数值标记为 16。此后，如果 120s 以后仍然没有收到关于它的更新信息，则该条失效信息会被删除。更新 RIP 路由表如图 5.11 所示。

图 5.11　更新 RIP 路由表

2．RIP 版本

RIP 分为 3 个版本：RIPv1、RIPv2 和 RIPng。前两个版本用于 IPv4，RIPng 用于 IPv6。

（1）RIPv1 为有类别路由协议，不支持 VLSM 和 CIDR；RIPv1 以广播形式发送路由信息，目的 IP 地址为广播地址 255.255.255.255；不支持认证；RIPv1 通过 UDP 交换路由信息，端口号为 520。

一条 RIPv1 路由更新消息中最多可包含 25 个路由表项，每个路由表项都携带了目的网络的地址和度量值。整个 RIP 报文应不超过 504 个字节，如果超过该字节数，则需要发送多个 RIPv1 报文。

（2）RIPv2 为无类别路由协议，支持 VLSM，支持路由聚合与 CIDR；支持以广播或组播（224.0.0.9）方式发送报文；支持明文认证和 MD5 密文认证。RIPv2 在 RIPv1 的基础上进行了扩展，但 RIPv2 的报文格式仍然与 RIPv1 类似。

RIPv1 提出的较早，有许多缺陷。为了弥补 RIPv1 的不足，RFC 1388 文件提出了改进的 RIPv2，RFC 1723 和 RFC 2453 文件对 RIPv2 进行了修订。RIPv2 定义了一套有效的改进方案，RIPv2 支持子网路由选择，支持 CIDR，支持组播，并提供了验证机制。

随着 OSPF 协议和中间系统到中间系统（Intermediate System to Intermediate System，IS-IS）协议的出现，许多人认为 RIP 已经过时了。但事实上 RIP 也有它自己的优势。对于小型网络，RIP 所占带宽开销小，易于配置、管理和实现。但 RIP 也有明显的不足，即当有多个网络时会出现环路问题。为了解决环路问题，IETF 提出了分割范围方法，即路由器不可以通过它得知路由的端口去通告路由。分割范围方法解决了两台路由器之间的路由环路问题，但不能防止 3 台或 3 台以上的路由器形成路由环路。触发更新是解决环路问题的另一种方法，它要求路由器在链路发生变化时立即传输其路由表，这加速了网络的聚合，但容易产生广播泛滥。总之，环路问题的解决需要消耗一定的时间和带宽。若采用 RIP，则其网络内部所经过的链路数不能超过 15 跳，这使得 RIP 不适用于大型网络。

3．RIP 的局限性

RIP 也有一定的局限性，具体表现在以下几个方面。

（1）由于链路数不能超过 15 跳（即最大跳数为 15），因此 RIP 只能应用于小型网络。

RIP 规定，一条有效的路由信息的度量值不能超过 15，这就使得该协议不能应用于大型网络，应该说正是因为设计者考虑到该协议只适用于小型网络，所以才进行了这一限制。

（2）收敛速度慢。

RIP 在实际应用时，很容易出现"计数到无穷大"的现象，这使得路由收敛速度很慢，在网络拓扑结构变化很久以后，路由信息才能稳定下来。

（3）根据跳数选择的路由不一定是最佳路由。

RIP 以跳数，即报文经过的路由器数量为衡量标准，并以此来选择路由，这一操作缺乏合理性，因为其没有考虑网络时延、可靠性、线路负荷等因素对传输质量和速度的影响。

4. RIPv1 与 RIPv2 的区别

RIPv1 路由更新用的是广播方式。RIPv2 使用组播的方式向其他设备通告 RIPv2 的路由器发出更新报文，它使用的组播地址是保留的 D 类地址 224.0.0.9。使用组播方式的好处在于：本地网络上和 RIP 路由选择无关的设备不需要再花费时间对路由器广播的更新报文进行解析。

RIPv2 不是一种新的协议，它只是在 RIPv1 的基础上增加了一些扩展特性，以适用于现代网络的路由选择环境。这些扩展特性如下：每个路由条目都携带自己的子网掩码，路由选择更新具有认证功能，每个路由条目都携带下一跳地址和外部路由标志，以组播方式进行路由更新。其中最重要的一项是路由更新条目增加了子网掩码的字段，因此 RIP 可以使用 VLSM。

RIPv1 和 RIPv2 的主要区别如下。

（1）RIPv1 是有类别的路由协议，RIPv2 是无类别的路由协议。

（2）RIPv1 不支持 VLSM，RIPv2 支持 VLSM。

（3）RIPv1 没有认证的功能，RIPv2 支持认证，且有明文和 MD5 密文两种认证方式。

（4）RIPv1 没有手动汇总的功能，RIPv2 可以在关闭自动汇总功能的前提下进行手动汇总。

（5）RIPv1 是广播更新，RIPv2 是组播更新。

（6）RIPv1 路由没有标记的功能，RIPv2 可以对路由进行标记，用于过滤和制定策略。

（7）RIPv1 发送的 Update 包中最多可以携带 25 条路由，而 RIPv2 在有认证的情况下最多只能携带 24 条路由。

（8）RIPv1 发送的 Update 包中没有 next-hop 属性，而 RIPv2 有 next-hop 属性，可以用于路由更新的重定向。

5. RIP 防止路由环路机制

当网络发生故障时，RIP 网络有可能会产生路由环路，因此需要解决路由环路问题。可以通过定义最大值、水平分割、路由中毒（也称"路由毒化"）、毒化逆转（也称"反向中毒"）、使用抑制计时器（即控制更新时间）、触发更新等技术来避免路由环路的产生。

（1）定义最大值

距离矢量路由算法可以通过 IP 报头中的生存时间自纠错，但路由环路问题可能会首先要求无穷计数。为了避免出现时延问题，距离矢量路由协议定义了一个最大值，这个数值是指最大的度量值（最大值为 16），如跳数。也就是说，路由更新信息可以向不可达的网络路由中的路由器发送 15 次，一旦达到最大值 16，就视为网络不可达，存在故障，将不再接收访问该网络的任何路由更新信息。

（2）水平分割

水平分割技术是一种消除路由环路并加快网络收敛速度的技术。其规则就是不向原始路由更新来的方向再次发送路由更新信息（单向更新、单向反馈）。例如，路由器 AR1 从路由器 AR2 学习到的网络 192.168.100.0/24 的路由不会再从路由器 AR1 的接收端口重新通告给路由器 AR2，因此避免了路由环路的产生，如图 5.12 所示。

图 5.12　水平分割

（3）路由中毒

定义最大值可在一定程度上解决路由环路问题，但并不彻底，可以看到，在达到最大值之前，路由环路还是存在的。路由中毒可以彻底解决这个问题，如图 5.13 所示，网络中有路由器 AR1、AR2 和 AR3，当网络 192.168.100.0/24 出现故障无法访问的时候，路由器 AR3 便向邻居路由器发送相关路由更新信息，并将其度量值标为无穷大，告诉它们网络 192.168.100.0/24 不可达；路由器 AR2 收到"毒化消息"后将该链路路由表项标记为无穷大，表示该路径已经失效，并向邻居路由器 AR1 通告；依次"毒化"各路由器，告诉邻居路由器 192.168.100.0/24 这个网络已经失效，不再接收更新信息，从而避免了路由环路的产生。

图 5.13　路由中毒

（4）毒化逆转

结合上面的例子，当路由器 AR2 看到到达网络 192.168.100.0/24 的度量值为无穷大的时候，就发送一条"毒化逆转"的更新信息给路由器 AR3，说明 192.168.100.0/24 这个网络不可达。这是超越水平分割的一个特例，这样可以保证所有的路由器都接收到"毒化"的路由信息，从而避免路由环路的产生。

（5）使用抑制计时器

抑制计时器用于阻止定期更新的信息在不恰当的时间内重置一个已经坏掉的路由。抑制计时器告诉路由器把可能影响路由的任何改变暂时保持一段时间，抑制时间通常比更新信息发送到整个网络的时间更长。当路由器从邻居路由器接收到以前能够访问的网络现在不能访问的更新信息后，就将该路由标记为不可访问，并启动一个抑制计时器，如果再次收到邻居路由器发送来的更新信息，其中包含一个比原来的路由具有更好度量值的路由，就将该路由标记为可以访问，并取消抑制计时器。如果在抑制计时器超时之前从不同邻居路由器收到的更新信息包含的度量值比以前的更差，则更新信息将被忽略，这样可以有更多的时间使更新信息传遍整个网络。

（6）触发更新

默认情况下，一台 RIP 路由器每 30s 会发送一次路由表更新信息给邻居路由器。而触发更新就是立刻发送路由更新信息，以响应某些变化。检测到网络故障的路由器会立即发送一条更新信息给邻居路由器，并依次产生触发更新来通知它们的邻居路由器，使整个网络上的路由器可以在最短的时间内收到更新信息，从而快速了解整个网络的变化。当路由器 AR2 接收到的目标网络的度量值（Metric值）为 16 时，产生触发更新，路由器 AR2 通告路由器 AR1 网络 192.168.100.0/24 不可达，如图 5.14 所示。

但这样也是存在问题的，有可能包含更新信息的数据包被某些网络中的链路丢失或损坏，其他路由器未能及时收到触发更新，因此就产生了结合抑制的触发更新。抑制规则要求一旦路由无效，在抑制时间内，到达同一目的地的有同样或更大度量值的路由将会被忽略，这样触发更新将有时间传遍整个网络，从而避免已经损坏的路由重新插入已经收到触发更新的邻居路由器中，也就解决了路由环路的问题。

图 5.14　触发更新

5.3.3　OSPF 协议

OSPF 协议是目前广泛使用的一种动态路由协议，它属于链路状态路由协议，具有路由变化收敛速度快、无路由环路、支持 VLSM 和汇总、层次区域划分等优点。在网络中使用 OSPF 协议后，大部分路由将由 OSPF 协议自行计算和生成，无须网络管理员手动配置。当网络拓扑发生变化时，此协议可以自动计算、更正路由，极大地方便了网络管理。RIP 是一种基于距离矢量算法的路由协议，存在收敛速度慢、易产生路由环路、可扩展性差等问题，正逐渐被 OSPF 协议取代。

1. OSPF 路由概述

OSPF 协议是一种链路状态协议。每台路由器负责发现、维护与邻居路由器的关系，会描述已知的邻居列表和链路状态更新（Link State Update，LSU）报文，通过可靠的泛洪机制及与 AS 内其他路由器的周期性交互，学习到整个 AS 的网络拓扑结构，并通过 AS 边界的路由器注入其他 AS 的路由信息以得到整个网络的路由信息。每隔一个特定时间或当链路状态发生变化时，重新生成链路状态通告（Link State Advertisement，LSA）数据包，路由器通过泛洪机制将新 LSA 通告出去，以便实现路由实时更新。

OSPF 协议是一种内部网关协议，用于在单一 AS 内决策路由，它是基本链路状态的路由协议。链路状态是指路由器端口或链路的参数，这些参数是端口物理条件，包括端口是 Up 还是 Down 状态、端口的 IP 地址、分配给端口的子网掩码、端口所连接的网络及路由器进行网络连接的相关费用。OSPF 路由器与其他路由器交换信息，但交换的不是路由而是链路状态，OSPF 路由器不是告知其他路由器可以到达哪些网络及距离是多少，而是告知它们网络链路状态、这些端口所连接的网络及使用这些端口的费用。各路由器都有其自身的链路状态，称为本地链路状态，这些本地链路状态在 OSPF 路由域内传播，直到所有的 OSPF 路由器都有完整而等同的链路状态数据库为止。一旦每台路由器都接收到所有的链路状态，每台路由器就可以构造一棵"树"，以它们自己为根，而分支表示到 AS 中所有网络距离最短的或费用最少的路由。

OSPF 协议通常将规模较大的网络划分成多个 OSPF 区域，要求路由器与同一区域内的路由器交换链路状态，并要求在区域边界路由器上交换区域内的汇总链路状态。这样不但可以减少传播的信息量，而且可使最短路径计算强度减小。在划分区域时，必须要有一个骨干区域（区域 0），其他非 0 或非骨干区域与骨干区域必须要有物理或者逻辑连接。当有物理连接时，必须有一台路由器，它的一个端口在骨干区域，而另一个端口在非骨干区域。当非骨干区域不可能物理连接到骨干区域时，必须定义一个逻辑或虚拟链路。虚拟链路由两个端点和一个传输区来定义，其中一个端点是路由器端口，属于骨干区域的一部分，另一个端点也是一个路由器端口，但在与骨干区域没有物理连接的非骨干区域中；传输区是一个区域，介于骨干区域与非骨干区域之间。

OSPF 协议的协议号为 89，采用组播方式进行 OSPF 包交换，组播地址为 224.0.0.5（全部 OSPF 路由器）和 224.0.0.6（指定路由器）。

2. OSPF 协议的特点

OSPF 协议的特点如下。

（1）无环路。OSPF 协议是一种基于链路状态的路由协议，它从设计上就保证了无路由环路。OSPF 协议支持区域的划分，区域内部的路由器使用最短通路优先（Shortest Path First，SPF）算法保证了区域内部无环路。OSPF 协议还利用区域间的连接规则保证了区域之间无路由环路。

（2）收敛速度快。OSPF 协议支持触发更新，能够快速检测并通告 AS 内的拓扑变化。

（3）扩展性好。OSPF 协议可以解决网络扩容带来的问题。当网络上路由器越来越多，路由信息流量急剧增长的时候，OSPF 协议可以将每个 AS 划分为多个区域，并限制每个区域的范围。这种分区域的特点使得 OSPF 协议特别适用于大中型网络。

（4）提供认证功能。OSPF 路由器之间的报文可以配置成必须经过认证才能进行交换。

（5）具有更高的优先级和可信度。在 RIP 中，路由的管理距离值是 100，而 OSPF 协议具有更高的优先级和可信度，其管理距离值为 10。

3. OSPF 路由区域报文类型

OSPF 协议报文信息用来保证路由器之间可互相传播各种信息，OSPF 协议共有 5 种报文类型，如表 5.2 所示。任意一种报文都需要加上 OSPF 协议的报头，最后封装在 IP 中传输。一个 OSPF 协议报文的最大长度为 1500 个字节，OSPF 协议报头格式如图 5.15 所示。OSPF 协议直接运行在 IP 之上，使用 IP 端口号 89。

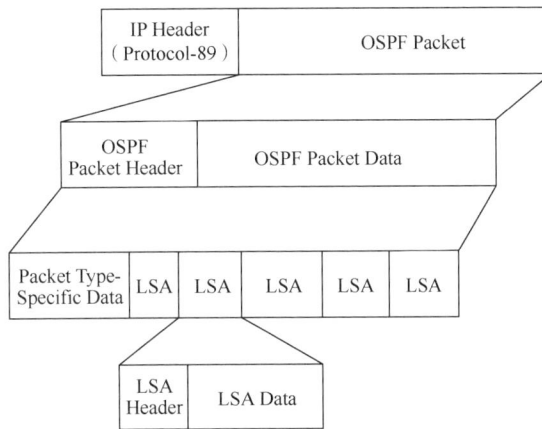

图 5.15　OSPF 协议报头格式

（1）Hello 报文：最常用的一种报文，用于发现、维护邻居关系，并在广播和非广播-多路访问（Non-Broadcast Multiple Access，NBMA）类型的网络中选择指定路由器（Designated Router，DR）和备份指定路由器（Backup Designated Router，BDR）。

（2）数据库描述（Database Description，DD）报文：两台路由器进行链路状态数据库（Link State Database，LSDB）同步时，用 DD 报文来描述自己的 LSDB；DD 报文的内容包括 LSDB 中每一条 LSA 报文的头部（LSA 报文的头部可以唯一标识 LSA 报文）；LSA 报文头部只占一条 LSA 报文的整个数据量的小部分，这样可以减少路由器之间的协议报文流量。

（3）链路状态请求（Link State Request，LSR）报文：两台路由器互相交换 DD 报文之后，知道对端的路由器有哪些 LSA 报文是本地 LSDB 缺少的，这时需要发送 LSR 报文向对方请求缺少的 LSA 报文。LSR 报文中只包含了所需要的 LSA 报文的摘要信息。

（4）LSU 报文：用来向对端路由器发送所需要的 LSA 报文。

（5）链路状态确认（Link State Acknowledgment，LSACK）报文：用来对接收到的 LSU 报文进行确认。

表 5.2　OSPF 协议的 5 种报文类型

报文类型	功能描述
Hello 报文	周期性发送、发现和维护邻居关系
DD 报文	邻居间同步 LSDB 内容

报文类型	功能描述
LSR 报文	向对方请求所需要的 LSA 报文
LSU 报文	向对方通告 LSA 报文
LSACK 报文	对收到的 LSU 报文信息进行确认

4. OSPF 协议的工作原理

邻居（Neighbor）与邻接状态关系如图 5.16 所示。邻居和邻接关系建立的过程如下。

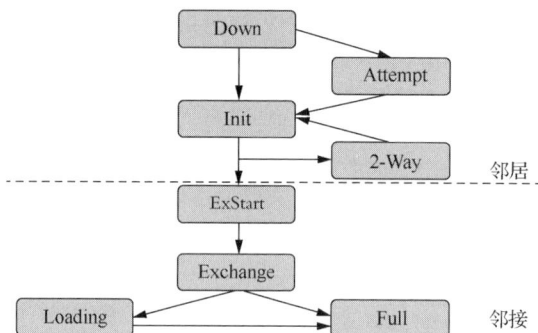

图 5.16　邻居与邻接状态关系

① Down：这是邻居的初始状态，表示没有在邻居失效时间间隔内收到来自邻居路由器的 Hello 数据包。

② Attempt：此状态只在 NBMA 网络上存在，表示没有收到邻居的任何信息，但是已经周期性地向邻居发送报文，发送间隔为 HelloInterval；如果在 RouterDeadInterval 间隔内未收到邻居的 Hello 报文，则转为 Down 状态。

③ Init：在此状态下，路由器已经从邻居处收到了 Hello 报文，但是自己不在所收到的 Hello 报文的邻居列表中，尚未与邻居建立双向通信关系。

④ 2-Way：在此状态下，双向通信已经建立，但是没有与邻居建立邻接关系，这是建立邻接关系以前的最高级状态。

⑤ ExStart：这是形成邻接关系的第一种状态，邻居状态变成此状态以后，路由器开始向邻居发送 DD 报文；主从关系是在此状态下形成的，初始 DD 序列号也是在此状态下决定的，在此状态下发送的 DD 报文不包含链路状态描述。

⑥ Exchange：此状态下路由器相互发送包含链路状态信息摘要的 DD 报文，以描述本地 LSDB 的内容。

⑦ Loading：相互发送 LSR 报文请求 LSA 报文，发送 LSU 报文通告 LSA 报文。

⑧ Full：路由器的 LSDB 已经同步。

Router ID 是一个 32 位的值，它唯一标识了 AS 内的路由器，管理员可以为每台运行 OSPF 协议的路由器手动配置一个 Router ID。如果未手动配置，则设备会按照以下规则自动选择 Router ID：如果设备存在多个逻辑端口地址，则路由器使用逻辑端口中最大的 IP 地址作为 Router ID；如果没有配置逻辑端口，则路由器使用物理端口中最大的 IP 地址作为 Router ID。在为一台运行 OSPF 协议的路由器配置新的 Router ID 后，可以在路由器上通过重置 OSPF 进程来更新 Router ID。通常建议手动配置 Router ID，以防止 Router ID 因为端口地址的变化而改变。

运行 OSPF 协议的路由器之间需要交换链路状态信息和路由信息，在交换这些信息之前，路由器之间需要建立邻接关系。

① 邻居：OSPF 路由器启动后，便会通过 OSPF 端口向外发送 Hello 报文来发现邻居。收到 Hello 报文的 OSPF 路由器会检查报文中定义的一些参数，如果双方的参数一致，则会彼此形成邻居关系，状态到达 2-Way 即建立了邻居关系。

② 邻接：形成邻居关系的双方不一定都能形成邻接关系，这要根据网络类型而定；只有当双方成功交换 DD 报文，并同步 LSDB 后，才能形成真正意义上的邻接关系。

OSPF 协议的工作原理如图 5.17 所示，具体介绍如下。

图 5.17　OSPF 协议的工作原理

OSPF 协议要求每台运行 OSPF 的路由器都了解整个网络的链路状态信息，这样才能计算出到达目的地的最佳路径。OSPF 协议的收敛过程从 LSA 泛洪开始，LSA 中包含了路由器已知的端口 IP 地址、掩码、开销和网络类型等信息。收到 LSA 的路由器都可以根据 LSA 提供的信息建立自己的 LSDB，并在 LSDB 的基础上使用 SPF 算法进行运算，建立起到达每个网络的"最短路径树"。最后，通过最短路径树得出到达目的网络的最佳路由，并将其加入 IP 路由表中。

5. OSPF 协议的开销

OSPF 协议基于端口带宽计算开销，其计算公式如下：端口开销=带宽参考值÷带宽。带宽参考值可配置，默认为 100Mbit/s。因此，一个 64kbit/s 端口的开销为 1562，一个 E1 端口（2.048 Mbit/s）的开销约为 48。

"bandwidth-reference"命令可以用来调整带宽参考值，从而改变端口开销，带宽参考值越大，得到的开销就越准确。在支持 10Gbit/s 的情况下，推荐将带宽参考值提高到 10000Mbit/s 来分别为 10 Gbit/s、1 Gbit/s 和 100Mbit/s 的链路提供 1、10 和 100 的开销。注意，配置带宽参考值时，需要在整个 OSPF 网络中统一进行调整。

另外，可以通过"ospf cost"命令来手动为一个端口调整开销，开销范围是 1～65535，默认值为 1。

6. DR 与 BDR 选择

每一个含有至少两台路由器的广播型网络和 NBMA 网络中都有一个 DR 和 BDR。DR 和 BDR 可以减少邻接关系的数量，从而减少链路状态信息及路由信息的交换次数，这样可以节省带宽，缓解路由器的处理压力。

一个既不是 DR 又不是 BDR 的路由器，只与 DR 和 BDR 形成邻接关系并交换链路状态信息及路由信息，大大减少了大型广播型网络和 NBMA 网络中的邻接关系数量。在没有 DR 的广播网络上，邻接关系的数量可以根据公式 $n(n-1)÷2$ 计算得出，n 代表运行 OSPF 协议的路由器端口的数量。

指定 DR 后，所有的路由器都会与 DR 建立起邻接关系，DR 将成为该广播网络上的中心点。BDR 在 DR 发生故障时接管其业务，一个广播型网络上的所有路由器都必须同 BDR 建立邻接关系。

在邻居发现完成之后，路由器会根据网段类型进行 DR 选择。在广播型网络和 NBMA 网络上，路由器会根据参与选择的每个端口的优先级进行 DR 选择。优先级的取值范围为 0～255，值越大表示优先级越高。默认情况下，端口优先级为 1。如果一个端口的优先级为 0，那么该端口将不会参与 DR 或者 BDR的选择。如果优先级相同，则比较 Router ID，值越大表示优先级越高。为了给 DR 做备份，每个广播型网络和 NBMA 网络要选择一个 BDR。BDR 也会与网络上所有的路由器建立邻接关系。为了维护网络上邻接关系的稳定性，如果网络中已经存在 DR 和 BDR，则新添加到该网络中的路由器不会成为 DR 和 BDR，不管该路由器的优先级是否最高。如果当前 DR 发生故障，则当前 BDR 自动成为新的 DR，在网络中重新选择 BDR；如果当前 BDR 发生故障，则 DR 不变，重新选择 BDR。DR 与 BDR 选择如图 5.18 所示。这种选择机制的目的是保持邻接关系的稳定性，使拓扑结构的改变对邻接关系的影响尽量小。

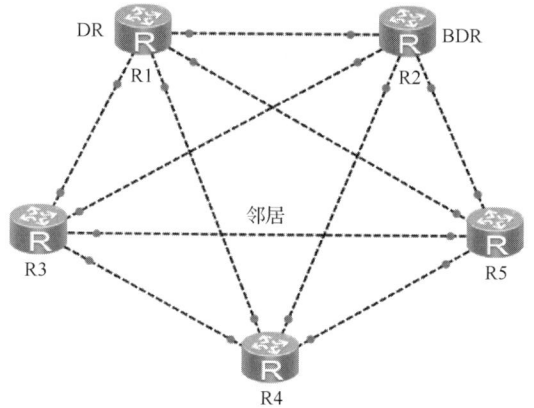

图 5.18　DR 与 BDR 选择

7. OSPF 区域划分

OSPF 协议支持将一组网段组合在一起，这样的一个组合称为一个区域，划分 OSPF 区域可以缩小路由器的 LSDB 的规模，减少网络流量。区域内的详细拓扑信息不向其他区域发送，区域间传递的是抽象的路由信息，而不是详细的描述拓扑结构的链路状态信息。每个区域都有自己的 LSDB，不同区域的 LSDB 是不同的。路由器会为每一个自己连接到的区域维护一个单独的 LSDB。由于详细的链路状态信息不会被发布到区域以外，因此 LSDB 的规模被大大缩小了。

OSPF 区域划分如图 5.19 所示。Area 0 为骨干区域，为了避免产生区域间路由环路，非骨干区域之间不允许直接相互发布路由信息。因此，每个区域都必须连接到骨干区域。

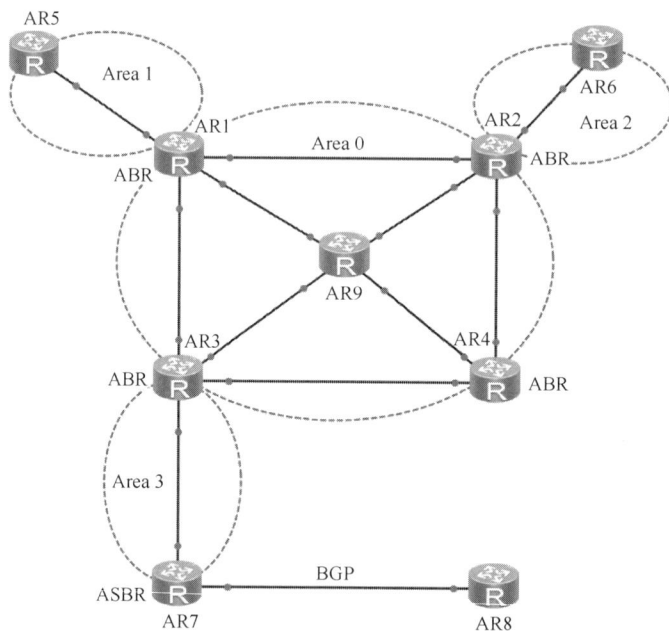

图 5.19　OSPF 区域划分

运行在区域之间的路由器叫作区域边界路由器（Area Border Router，ABR），它包含所有相连区域的 LSDB。自治系统边界路由器（Autonomous System Border Router，ASBR）是指和其他 AS中的路由器交换路由信息的路由器，这种路由器会向整个 AS 通告 AS 外部路由信息。

在规模较小的企业网络中，可以把所有的路由器都划分到同一个区域中，同一个 OSPF 区域的路由器中的 LSDB 是完全一致的。OSPF 区域号可以手动配置，为了便于将来的网络扩展，推荐将该区域号设置为 0，即将该区域设为骨干区域。

技能实践

任务 5.1   静态路由配置

【实训目的】
（1）理解静态路由的工作原理。
（2）掌握静态路由的配置方法。

【实训环境】
（1）准备 Cisco Packet Tracer 8.0 模拟器。
（2）设计网络拓扑结构。

【实训内容与步骤】
（1）配置静态路由，包括相关端口与 IP 地址配置，如图 5.20 所示，进行网络拓扑连接。

图 5.20   配置静态路由

（2）配置路由器 R1，相关实例代码如下。

```
Router>enable
Router#terminal  no  monitor
Router#conf  t
Router(config)#hostname  R1
R1(config)#int  g 0/0/0
R1(config-if)#ip  address   192.168.10.254  255.255.255.0
R1(config-if)#no  shutdown
R1(config-if)#int  g 0/0/1
R1(config-if)#ip  address   192.168.30.1  255.255.255.252
R1(config-if)#no  shutdown
R1(config-if)#exit
R1(config)#ip  route  192.168.20.0  255.255.255.0   192.168.30.2      //配置静态路由
          //静态路由     目的地址        子网掩码        下一跳地址
R1(config)#exit
R1#
```

165

（3）配置路由器 R2，相关实例代码如下。

```
Router>enable
Router#terminal  no  monitor
Router#conf  t
Router(config)#hostname  R2
R2(config)#int  g 0/0/0
R2(config-if)#ip  address   192.168.20.254  255.255.255.0
R2(config-if)#no  shutdown
R2(config-if)#int  g 0/0/1
R2(config-if)#ip  address   192.168.30.2  255.255.255.252
R2(config-if)#no  shutdown
R2(config-if)#exit
R2(config)#ip  route  192.168.10.0  255.255.255.0  192.168.30.1      //配置静态路由
            //静态路由     目的地址        子网掩码        下一跳地址
R2(config)#exit
R2#
```

（4）显示路由器 R1、R2 的配置信息，以路由器 R1 为例，主要相关实例代码如下。

```
R1#show running-config
!
hostname R1
!
interface GigabitEthernet0/0/0
 ip address 192.168.10.254 255.255.255.0
 duplex auto
 speed auto
!
interface GigabitEthernet0/0/1
 ip address 192.168.30.1 255.255.255.252
 duplex auto
 speed auto
!
ip route 192.168.20.0 255.255.255.0 192.168.30.2
!
end
R1#
```

（5）查看路由器 R1、R2 的路由表信息，以路由器 R1 为例，如图 5.21 所示。

```
R1#show  ip  route
Codes: L - local, C - connected, S - static, R - RIP, M - mobile, B - BGP
       D - EIGRP, EX - EIGRP external, O - OSPF, IA - OSPF inter area
       N1 - OSPF NSSA external type 1, N2 - OSPF NSSA external type 2
       E1 - OSPF external type 1, E2 - OSPF external type 2, E - EGP
       i - IS-IS, L1 - IS-IS level-1, L2 - IS-IS level-2, ia - IS-IS inter area
       * - candidate default, U - per-user static route, o - ODR
       P - periodic downloaded static route

Gateway of last resort is not set

     192.168.10.0/24 is variably subnetted, 2 subnets, 2 masks
C       192.168.10.0/24 is directly connected, GigabitEthernet0/0/0
L       192.168.10.254/32 is directly connected, GigabitEthernet0/0/0
S     192.168.20.0/24 [1/0] via 192.168.30.2
     192.168.30.0/24 is variably subnetted, 2 subnets, 2 masks
C       192.168.30.0/30 is directly connected, GigabitEthernet0/0/1
L       192.168.30.1/32 is directly connected, GigabitEthernet0/0/1
R1#
```

图 5.21　路由器 R1 的路由表信息

（6）用主机 PC1 测试路由验证结果，如图 5.22 所示。

图 5.22　用主机 PC1 测试路由验证结果

任务 5.2　RIP 配置

【实训目的】

（1）理解动态路由的工作原理。

（2）掌握 RIP 的配置方法。

【实训环境】

（1）准备 Cisco Packet Tracer 8.0 模拟器。

（2）设计网络拓扑结构。

【实训内容与步骤】

（1）配置 RIP 路由，包括相关端口与 IP 地址配置，如图 5.23 所示，进行网络拓扑连接。

R1

G 0/0/1
192.168.100.1/30

G 0/0/1
192.168.100.2/30

R2

G 0/0/0
192.168.50.2/30

G 0/0/0
192.168.60.2/30

RIP

G 0/1
192.168.50.1/30

SW1

VLAN 10网关：
192.168.10.254/24

VLAN 20网关：
192.168.20.254/24

G 0/1
192.168.60.1/30

VLAN 30网关：
192.168.30.254/24

VLAN 40网关：
192.168.40.254/24

SW2

F 0/1

F 0/2

F 0/1

F 0/2

V5-2　配置 RIP
路由

PC1
VLAN 10
192.168.10.100/24

PC2
VLAN 20
192.168.20.100/24

PC3
VLAN 30
192.168.30.100/24

PC4
VLAN 40
192.168.40.100/24

图 5.23　配置 RIP 路由

167

（2）配置交换机 SW1，相关实例代码如下。

```
Switch>enable
Switch#terminal  no  monitor
Switch#conf  t
Switch(config)#hostname  SW1
SW1(config)#vlan  10
SW1(config-vlan)#exit
SW1(config)#vlan 20
SW1(config-vlan)#exit
SW1(config)#int  f 0/1
SW1(config-if)#switchport  access  vlan  10
SW1(config-if)#int  f 0/2
SW1(config-if)# switchport  access  vlan  20
SW1(config-if)#exit
SW1(config)#int  vlan  10
SW1(config-if)#ip  address  192.168.10.254  255.255.255.0
SW1(config-if)#no  shutdown
SW1(config-if)#int  vlan  20
SW1(config-if)#ip  address  192.168.20.254  255.255.255.0
SW1(config-if)#no  shutdown
SW1(config-if)#int  g 0/1
SW1(config-if)#no  switchport                          //关闭交换功能
SW1(config-if)#ip  address  192.168.50.1  255.255.255.252
SW1(config-if)#no  shutdown
SW1(config-if)#exit
SW1(config)#ip  routing                                //启用三层路由功能
SW1(config)#router  rip                                //启动 RIP 进程
SW1(config-router)#version  2                          //使用版本 2
SW1(config-router)#no  auto-summary                    //关闭自动汇总功能
SW1(config-router)#network  192.168.10.0              //发布网段
SW1(config-router)#network  192.168.20.0
SW1(config-router)#network  192.168.50.0
SW1(config-router)#end
SW1#
```

（3）配置交换机 SW2，相关实例代码如下。

```
Switch>enable
Switch#terminal  no  monitor
Switch#conf  t
Switch(config)#hostname  SW2
SW2(config)#vlan  30
SW2(config-vlan)#exit
SW2(config)#vlan 40
SW2(config-vlan)#exit
SW2(config)#int  f 0/1
SW2(config-if)#switchport  access  vlan  30
SW2(config-if)#int  f 0/2
SW2(config-if)# switchport  access  vlan  40
SW2(config-if)#exit
SW2(config)#int  vlan  30
```

```
SW2(config-if)#ip    address   192.168.30.254   255.255.255.0
SW2(config-if)#no    shutdown
SW2(config-if)#int   vlan  40
SW2(config-if)#ip    address   192.168.40.254   255.255.255.0
SW2(config-if)#no    shutdown
SW2(config-if)#int   g 0/1
SW2(config-if)#no    switchport                          //关闭交换功能
SW2(config-if)#ip    address   192.168.60.1   255.255.255.252
SW2(config-if)#no    shutdown
SW2(config-if)#exit
SW2(config)#ip   routing                                 //启用三层路由功能
SW2(config)#router   rip                                 //启动 RIP 进程
SW2(config-router)#version   2                           //使用版本 2
SW2(config-router)#no   auto-summary                     //关闭自动汇总功能
SW2(config-router)#network   192.168.30.0                //发布网段
SW2(config-router)#network   192.168.40.0
SW2(config-router)#network   192.168.60.0
SW2(config-router)#end
SW2#
```

（4）配置路由器 R1，相关实例代码如下。

```
Router>enable
Router#terminal   no   monitor
Router#conf   t
Router(config)#hostname   R1
R1(config)#int   g 0/0/0
R1(config-if)#ip   address   192.168.50.2 255.255.255.252
R1(config-if)#no    shutdown
R1(config-if)#int   g 0/0/1
R1(config-if)#ip   address   192.168.100.1 255.255.255.252
R1(config-if)#no   shutdown
R1(config-if)#exit
R1(config)#router   rip
R1(config-router)#version   2
R1(config-router)#no   auto-summary
R1(config-router)#network   192.168.50.0
R1(config-router)#network   192.168.100.0
R1(config-router)#end
R1#
```

（5）配置路由器 R2，相关实例代码如下。

```
Router>enable
Router#terminal  no   monitor
Router#conf   t
Router(config)#hostname   R2
R2(config)#int   g 0/0/0
R2(config-if)#ip   address   192.168.60.2   255.255.255.252
R2(config-if)#no   shutdown
R2(config-if)#int   g 0/0/1
R2(config-if)#ip   address   192.168.100.2   255.255.255.252
R2(config-if)#no   shutdown
```

```
R2(config-if)#exit
R2(config)#router   rip
R2(config-router)#version   2
R2(config-router)#no   auto-summary
R2(config-router)#network   192.168.60.0
R2(config-router)#network   192.168.100.0
R2(config-router)#end
R2#
```

（6）显示交换机 SW1、SW2 的配置信息，以交换机 SW1 为例，主要相关实例代码如下。

```
SW1#show   running-config
!
hostname SW1
!
ip routing
!
interface FastEthernet0/1
 switchport access vlan 10
!
interface FastEthernet0/2
 switchport access vlan 20
!
interface GigabitEthernet0/1
 no switchport
 ip address 192.168.50.1 255.255.255.252
 duplex auto
 speed auto
!
interface Vlan10
 mac-address 00d0.9717.a101
 ip address 192.168.10.254 255.255.255.0
!
interface Vlan20
 mac-address 00d0.9717.a102
 ip address 192.168.20.254 255.255.255.0
!
router rip
 version 2
 network 192.168.10.0
 network 192.168.20.0
 network 192.168.50.0
 no auto-summary
!
SW1#
```

（7）显示路由器 R1、R2 的配置信息，以路由器 R1 为例，主要相关实例代码如下。

```
R1#show   running-config
!
hostname R1
!
interface GigabitEthernet0/0/0
```

```
    ip address 192.168.50.2 255.255.255.252
    duplex auto
    speed auto
!
interface GigabitEthernet0/0/1
    ip address 192.168.100.1 255.255.255.252
    duplex auto
    speed auto
!
router rip
    version 2
    network 192.168.50.0
    network 192.168.100.0
    no auto-summary
!
R1#
```

（8）查看路由器 R1、R2 的路由表信息，以路由器 R1 为例，如图 5.24 所示。

```
R1#show  ip  route
Codes: L - local, C - connected, S - static, R - RIP, M - mobile, B - BGP
       D - EIGRP, EX - EIGRP external, O - OSPF, IA - OSPF inter area
       N1 - OSPF NSSA external type 1, N2 - OSPF NSSA external type 2
       E1 - OSPF external type 1, E2 - OSPF external type 2, E - EGP
       i - IS-IS, L1 - IS-IS level-1, L2 - IS-IS level-2, ia - IS-IS inter area
       * - candidate default, U - per-user static route, o - ODR
       P - periodic downloaded static route

Gateway of last resort is not set

R    192.168.10.0/24 [120/1] via 192.168.50.1, 00:00:08, GigabitEthernet0/0/0
R    192.168.20.0/24 [120/1] via 192.168.50.1, 00:00:08, GigabitEthernet0/0/0
R    192.168.30.0/24 [120/2] via 192.168.100.2, 00:00:02, GigabitEthernet0/0/1
R    192.168.40.0/24 [120/2] via 192.168.100.2, 00:00:02, GigabitEthernet0/0/1
     192.168.50.0/24 is variably subnetted, 2 subnets, 2 masks
C       192.168.50.0/30 is directly connected, GigabitEthernet0/0/0
L       192.168.50.2/32 is directly connected, GigabitEthernet0/0/0
     192.168.60.0/30 is subnetted, 1 subnets
R       192.168.60.0/30 [120/1] via 192.168.100.2, 00:00:02, GigabitEthernet0/0/1
     192.168.100.0/24 is variably subnetted, 2 subnets, 2 masks
C       192.168.100.0/30 is directly connected, GigabitEthernet0/0/1
L       192.168.100.1/32 is directly connected, GigabitEthernet0/0/1

R1#
```

图 5.24　路由器 R1 的路由表信息

（9）用主机 PC2 测试路由验证结果。主机 PC2 分别访问主机 PC3 与主机 PC4 的结果如图 5.25 所示。

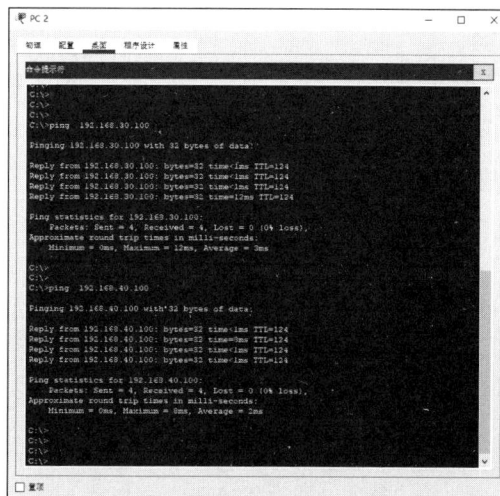

图 5.25　主机 PC2 分别访问 PC3 与主机 PC4 的结果

任务 5.3　OSPF 协议配置

【实训目的】

（1）理解动态路由的工作原理。

（2）掌握 OSPF 协议的配置方法。

【实训环境】

（1）准备 Cisco Packet Tracer 8.0 模拟器。

（2）设计网络拓扑结构。

【实训内容与步骤】

（1）配置多区域 OSPF 路由，包括相关端口与 IP 地址配置，如图 5.26 所示，进行网络拓扑连接。配置路由器 R1 和路由器 R2，使得路由器 R1 为 DR，路由器 R2 为 BDR，并且路由器 R1 和路由器 R2 属于骨干区域 Area 0，其他区域为非骨干区域。

V5-3　配置 OSPF 路由

图 5.26　配置多区域 OSPF 路由

（2）配置交换机 SW1，相关实例代码如下。

```
Switch>enable
Switch#terminal  no  monitor
Switch#conf  t
Switch(config)#hostname  SW1
SW1(config)#vlan  10
SW1(config-vlan)#exit
SW1(config)#vlan 20
SW1(config-vlan)#exit
SW1(config)#int  f 0/1
SW1(config-if)#switchport  access  vlan  10
```

```
SW1(config-if)#int   f 0/2
SW1(config-if)# switchport    access    vlan   20
SW1(config-if)#exit
SW1(config)#int   vlan   10
SW1(config-if)#ip    address    192.168.10.254    255.255.255.0
SW1(config-if)#no    shutdown
SW1(config-if)#int   vlan   20
SW1(config-if)#ip    address    192.168.20.254    255.255.255.0
SW1(config-if)#no    shutdown
SW1(config-if)#int   g 0/1
SW1(config-if)#no    switchport                              //关闭交换功能
SW1(config-if)#ip    address    192.168.50.1    255.255.255.252
SW1(config-if)#no    shutdown
SW1(config-if)#exit
SW1(config)#ip   routing                                     //启用三层路由功能
SW1(config-if)#router   ospf    1                            //启动 OSPF 进程
SW1(config-router)#network    192.168.10.0    0.0.0.255    area 1
SW1(config-router)#network    192.168.20.0    0.0.0.255    area 1
SW1(config-router)#network    192.168.50.0    0.0.0.255    area 1
SW1(config-router)#end
SW1#
```

（3）配置交换机 SW2，相关实例代码如下。

```
Switch>enable
Switch#terminal   no   monitor
Switch#conf   t
Switch(config)#hostname   SW2
SW2(config)#vlan 30
SW2(config-vlan)#exit
SW2(config)#vlan 40
SW2(config-vlan)#exit
SW2(config)#int   f 0/1
SW2(config-if)#switchport    access    vlan   30
SW2(config-if)#int   f 0/2
SW2(config-if)# switchport    access    vlan   40
SW2(config-if)#exit
SW2(config)#int   vlan   30
SW2(config-if)#ip    address    192.168.30.254    255.255.255.0
SW2(config-if)#no    shutdown
SW2(config-if)#int   vlan   40
SW2(config-if)#ip    address    192.168.40.254    255.255.255.0
SW2(config-if)#no    shutdown
SW2(config-if)#int   g 0/1
SW2(config-if)#no    switchport                              //关闭交换功能
SW2(config-if)#ip    address    192.168.60.1    255.255.255.252
SW2(config-if)#no    shutdown
SW2(config-if)#exit
SW2(config)#ip   routing                                     //启用三层路由功能
SW2(config-if)#router   ospf    1                            //启动 OSPF 进程
SW2(config-router)#network    192.168.30.0    0.0.0.255    area   2
```

173

```
SW2(config-router)#network  192.168.40.0  0.0.0.255  area  2
SW2(config-router)#network  192.168.60.0  0.0.0.255  area  2
SW2(config-router)#end
SW2#
```

（4）配置路由器 R1，相关实例代码如下。

```
Router>enable
Router#terminal  no  monitor
Router#conf  t
Router(config)#hostname  R1
R1(config)#int  g 0/0/0
R1(config-if)#ip  address  192.168.50.2 255.255.255.252
R1(config-if)#no  shutdown
R1(config-if)#int  g 0/0/1
R1(config-if)#ip  address  192.168.100.1 255.255.255.252
R1(config-if)#no  shutdown
R1(config-if)#exit
R1(config)#router  ospf  1
R1(config-router)#network  192.168.50.0  0.0.0.255  area  1
R1(config-router)#network  192.168.100.0  0.0.0.255  area  0
R1(config-router)#end
R1#
```

（5）配置路由器 R2，相关实例代码如下。

```
Router>enable
Router#terminal  no  monitor
Router#conf  t
Router(config)#hostname  R2
R2(config)#int  g 0/0/0
R2(config-if)#ip  address  192.168.60.2  255.255.255.252
R2(config-if)#no  shutdown
R2(config-if)#int  g 0/0/1
R2(config-if)#ip  address  192.168.100.2  255.255.255.252
R2(config-if)#no  shutdown
R2(config-if)#exit
R2(config)#router  ospf  1
R2(config-router)#network  192.168.60.0  0.0.0.255  area  2
R2(config-router)#network  192.168.100.0  0.0.0.255  area  0
R2(config-router)#end
R2#
```

（6）显示交换机 SW1、SW2 的配置信息，以交换机 SW1 为例，主要相关实例代码如下。

```
SW1#show  running-config
!
hostname SW1
!
ip routing
!
interface FastEthernet0/1
  switchport access vlan 10
!
```

```
interface FastEthernet0/2
 switchport access vlan 20
!
interface GigabitEthernet0/1
 no switchport
 ip address 192.168.50.1 255.255.255.252
 duplex auto
 speed auto
!
interface Vlan10
 mac-address 00d0.9717.a101
 ip address 192.168.10.254 255.255.255.0
!
interface Vlan20
 mac-address 00d0.9717.a102
 ip address 192.168.20.254 255.255.255.0
!
router ospf 1
 log-adjacency-changes
 network 192.168.10.0 0.0.0.255 area 1
 network 192.168.20.0 0.0.0.255 area 1
 network 192.168.50.0 0.0.0.255 area 1
!
SW1#
```

（7）显示路由器 R1、R2 的配置信息，以路由器 R1 为例，主要相关实例代码如下。

```
R1#show  running-config
!
hostname R1
!
interface GigabitEthernet0/0/0
 ip address 192.168.50.2 255.255.255.252
 duplex auto
 speed auto
!
interface GigabitEthernet0/0/1
 ip address 192.168.100.1 255.255.255.252
 duplex auto
 speed auto
!
router ospf 1
 log-adjacency-changes
 network 192.168.50.0 0.0.0.255 area 1
 network 192.168.100.0 0.0.0.255 area 0
!
R1#
```

（8）查看路由器 R1、R2 的路由表信息，以路由器 R1 为例，如图 5.27 所示。

（9）用主机 PC1 测试路由验证结果。主机 PC1 分别访问交换机 SW1 和主机 PC3 的测试结果如图 5.28 所示。

```
R1#show  ip  route
Codes: L - local, C - connected, S - static, R - RIP, M - mobile, B - BGP
       D - EIGRP, EX - EIGRP external, O - OSPF, IA - OSPF inter area
       N1 - OSPF NSSA external type 1, N2 - OSPF NSSA external type 2
       E1 - OSPF external type 1, E2 - OSPF external type 2, E - EGP
       i - IS-IS, L1 - IS-IS level-1, L2 - IS-IS level-2, ia - IS-IS inter area
       * - candidate default, U - per-user static route, o - ODR
       P - periodic downloaded static route

Gateway of last resort is not set

O    192.168.10.0/24 [110/2] via 192.168.50.1, 00:02:54, GigabitEthernet0/0/0
O    192.168.20.0/24 [110/2] via 192.168.50.1, 00:02:54, GigabitEthernet0/0/0
     192.168.50.0/24 is variably subnetted, 2 subnets, 2 masks
C       192.168.50.0/30 is directly connected, GigabitEthernet0/0/0
L       192.168.50.2/32 is directly connected, GigabitEthernet0/0/0
     192.168.60.0/30 is subnetted, 1 subnets
O IA    192.168.60.0/30 [110/2] via 192.168.100.2, 00:01:50, GigabitEthernet0/0/1
     192.168.100.0/24 is variably subnetted, 2 subnets, 2 masks
C       192.168.100.0/30 is directly connected, GigabitEthernet0/0/1
L       192.168.100.1/32 is directly connected, GigabitEthernet0/0/1
R1#
```

图 5.27　路由器 R1 的路由表信息

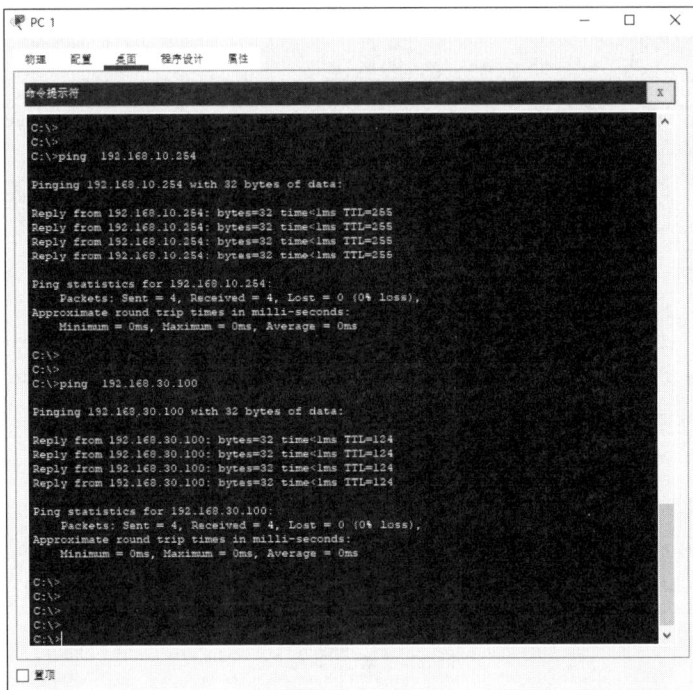

图 5.28　主机 PC1 分别访问交换机 SW1 和主机 PC3 的测试结果

模块小结

本模块讲解了网络互联的基本概念、要求、类型和层次，以及网络互联路由协议等知识。
本模块最后通过技能实训使学生掌握静态路由的配置方法、RIP 与 OSPF 协议的配置方法。

模块练习

1. 选择题
（1）中继器处于（　　）。
A. 物理层　　　　B. 数据链路层　　　C. 网络层　　　D. 高层

（2）网桥处于（　　　）。

    A. 物理层　　　　　　B. 数据链路层　　　　C. 网络层　　　　　D. 高层

（3）交换机处于（　　　）。

    A. 物理层　　　　　　B. 数据链路层　　　　C. 网络层　　　　　D. 高层

（4）路由器处于（　　　）。

    A. 物理层　　　　　　B. 数据链路层　　　　C. 网络层　　　　　D. 高层

（5）网关处于（　　　）。

    A. 物理层　　　　　　B. 数据链路层　　　　C. 网络层　　　　　D. 高层

（6）RIP 网络中允许的最大跳数为（　　　）。

    A. 8　　　　　　　　B. 12　　　　　　　　C. 15　　　　　　　D. 16

（7）路由表中的 0.0.0.0 代表的是（　　　）。

    A. 直接路由　　　　　B. RIP　　　　　　　C. OSPF 协议　　　D. 默认路由

（8）OSPF 协议的协议号为（　　　）。

    A. 68　　　　　　　　B. 69　　　　　　　　C. 88　　　　　　　D. 89

（9）中继器的作用就是将信号（　　　），使其传播得更远。

    A. 缩小　　　　　　　B. 滤波　　　　　　　C. 整形和放大　　　D. 压缩

（10）【多选】网络互联的优点有（　　　）。

    A. 扩大资源共享的范围　　　　　　　　B. 提高网络的安全性

    C. 提高网络的可靠性　　　　　　　　　D. 提高网络的性能

（11）【多选】网络互联的类型主要有（　　　）。

    A. LAN-LAN　　　　　　　　　　　　B. LAN-WAN

    C. LAN-WAN-LAN　　　　　　　　　D. WAN-WAN

（12）【多选】OSPF 协议的特点有（　　　）。

    A. 收敛速度快　　　　　　　　　　　B. 扩展性好

    C. 提供认证功能　　　　　　　　　　D. 具有更高的优先级和可信度

2. 简答题

（1）简述网络互联的定义及其发展的动力。

（2）简述 RIP。

（3）简述 OSPF 协议。

模块6
广域网技术

情景导入

随着网络技术的广泛应用，网络的应用范围不断扩大，网络间互联的需求越来越强烈，这促使广域网技术飞速发展，处于不同地理位置的用户接入广域网的方式是否一样？广域网的接入技术有哪些？当移动用户或远程用户通过拨号方式远程访问公司或企业内部专用网络的时候，采用传统的远程访问方式不但通信费用比较高，而且通信的安全性得不到保证，那么在内部专用网络中的计算机间进行数据传输时，怎么才能保证通信的安全性？当内部网络使用私有IP地址时，用户如何访问Internet？其中又使用了什么技术？

本模块主要讲解广域网技术的相关基础理论知识，包括广域网提供的服务、广域网的基本组成、广域网数据链路层协议、广域网接入技术、虚拟专用网及网络地址转换技术等。

学习目标

【知识目标】
- 理解广域网提供的服务、广域网的基本组成、广域网数据链路层协议。
- 理解广域网接入技术。
- 了解虚拟专用网。
- 掌握网络地址转换技术的使用方法。

【技能目标】
- 掌握HDLC的配置方法。
- 掌握PAT的配置方法。

【素质目标】
- 培养工匠精神，要求做事严谨、精益求精、着眼细节、爱岗敬业。
- 培养团队互助、合作进取的意识。

相关知识

6.1 广域网概述

广域网也称远程网（Long Haul Network），覆盖的地理范围为几十千米到几千千米。它能连接多个城市或国家，或者横跨几个洲，并能提供远距离通信，形成国际性的远程网络。

广域网是一种跨地区的数据通信网络，使用电信运营商提供的设备作为信息传输平台。广域网是由许多交换机组成的，交换机之间采用点到点线路连接。几乎所有的点到点通信方式都可以用来建立广域网，包括通过租用线路、光纤、微波、卫星信道等介质进行的通信。而广域网交换机实际上就是一台计算机，由处理器和输入/输出设备进行数据包的收发处理。

6.1.1　广域网提供的服务

广域网提供的服务有两大类：无连接的网络服务和面向连接的网络服务。这两类服务的具体实现就是通常所说的数据包服务和虚电路服务。

1. 数据包服务

数据包服务是无连接服务，它不需要建立连接，可直接进行数据传输，也不需要拆除连接。数据包服务的特点如下：主机只要想发送数据就随时可以发送。每个分组可独立地选择路由。这样先发送出去的分组不一定先到达目的主机，也就是说，数据包不能保证将分组按发送顺序交付目的站点。

2. 虚电路服务

虚电路服务是面向连接的服务，它的主要特点是具有虚电路建立、数据传输、虚电路拆除 3 个阶段。在虚电路建立好后，就好像在两台主机之间建立了一条穿过网络的"数字管道"。所有发送的分组都按发送的先后顺序进入管道，然后按照先进先出的原则沿着管道传输到目的主机。这样到达目的站点的分组不会因网络出现拥塞而丢失，且这些分组到达目的站点的顺序与发送的顺序一致，因此虚电路对通信的 QoS 有比较好的保障。

数据包与虚电路的对比如表 6.1 所示。

表 6.1　数据包与虚电路的对比

比较内容	数据包	虚电路
建立连接	不需要	必须有
分组顺序	无序（无发送顺序）	有序（有发送顺序）
路由选择	每个分组独立选择路由	所有分组均按同一路由传输，只对呼叫请求分组进行路由选择
目的地址	每个分组都有目的站点的全部地址	仅在虚电路建立阶段使用，每个分组使用短的虚电路号
差错处理	由主机负责	由通信子网负责
流量控制	由主机负责	由通信子网负责
出现故障	出现故障的路由器可能会丢失分组，一些路由可能会发生变化	所有出现故障的路由器的虚电路均不能工作

6.1.2　广域网的基本组成

广域网一般由主计算机（主机）、终端、通信控制处理机和通信设备等网络单元经通信线路连接组成。

1. 主机

主机是指计算机网络中承担数据处理的计算机系统。主机应包括具有完善的管理（实时或交互分时）能力的硬件和操作系统，并具有相应的端口。

2. 终端

终端是网络中用量大、分布广的设备，直接面对用户，能实现人机对话，并可通过它与网络进行联系。终端类型很多，如键盘、显示器、智能终端、会话型终端、图形终端等。

3. 通信控制处理机

通信控制处理机是主机与通信线路单元之间连接的计算机，负责通信控制和通信处理工作。

4. 通信设备

通信设备是数据传输设备，包括集中器、信号转换器（调制解调器）、多路复用器、交换机、路由器等。其中，集中器主要用于将多台工作站集中起来连接到主干线上；信号转换器用于提供不同信号之间的转换，不同传输介质采用不同类型的信号转换器。当用电话线作为传输线时，电话线只能传输模拟信号，但主机和终端输出的是数字信号，因此在通信线路与主机、通信控制处理机和终端之间均需接入模拟信号和数字信号相互转换的信号转换器。

5. 通信线路

通信线路用来连接上述组成部分。按数字信号的传输速率不同，可将通信线路分为高速通信线路、中速通信线路和低速通信线路 3 种。一般终端与计算机、通信控制处理机及集中器之间采用低速通信线路。各计算机之间，包括主机与通信控制处理机之间及通信控制处理机之间采用高速通信线路。通信线路可采用电缆、光纤等有线传输介质，也可采用微波、无线电波等无线传输介质。

6.1.3 广域网数据链路层协议

串行链路普遍用于广域网中，串行链路中定义了两种数据传输方式：异步传输和同步传输。

异步传输是以字节为单位来传输数据的，并且需要采用额外的起始位和停止位来标记每个字节的开始和结束。起始位为二进制数 0，停止位为二进制数 1。在这种传输方式下，起始位和停止位在发送数据中占据相当大的比例，每个字节的发送都需要额外的开销。

同步传输是以帧为单位来传输数据的，在通信时需要使用实时时钟来同步本端和对端设备的通信。数据通信设备（Data Communication Equipment，DCE）提供了一个用于同步 DCE 和数据终端设备（Data Terminal Equipment，DTE）之间数据传输的时钟信号。DTE 通常使用 DCE 产生的时钟信号。

1. 点到点协议

点到点协议（Point-to-Point Protocol，PPP）为在点到点连接上传输多协议数据包提供了一种标准方法。PPP 最初是为两个对等节点之间的 IP 流量传输提供一种封装协议而设计的，是面向字符类型的协议。这种链路可提供全双工模式操作，并按照顺序传递数据包，通过拨号或专线方式建立点到点连接发送数据，使其成为各种主机、网桥和路由器之间简单连接的一种共通的解决方案。

（1）PPP 组件。PPP 包含两种协议：链路控制协议（Link Control Protocol，LCP）和网络控制协议（Network Control Protocol，NCP）。

为了能适应多种多样的链路类型，PPP 定义了 LCP。LCP 可以自动检测链路环境，如检测是否存在环路；还可以协商链路参数（如最大数据包长度、使用何种认证协议等）。与其他数据链路层协议相比，PPP 的一个重要特点是可以提供认证功能，链路两端可以协商使用何种认证协议来实施认证过程，只有认证成功之后才会建立连接。

PPP 定义了一组 NCP，每一个 NCP 都对应了一种网络层协议，用于协商网络层地址等参数。例如，IPCP 用于协商控制 IP、IPXCP 用于协商控制 IPX 等。

（2）PPP 帧格式。PPP 采用了与 HDLC 协议类似的帧格式，如图 6.1 所示。

① "标志"字段用于标识一个物理帧的起始和结束，该字节为二进制序列 01111110（0x7E）。

② PPP 帧的"地址"字段和 HDLC 帧的"地址"字段有差异，PPP 帧的"地址"字段字节固定为 11111111（0xFF），是一个广播地址。

③ "控制"字段默认为 00000011（0x03），表示无序号帧。

④ "协议"字段用来说明 PPP 封装的协议报文类型，典型的字段值如下：0xC021，代表 LCP 报文；0xC023，代表 PAP 报文；0xC223，代表 CHAP 报文。

⑤ "信息"字段包含"协议"字段中指定协议的数据包。其中，"数据"字段的默认最大长度（不包括"协议"字段）称为最大接收单元（Maximum Receive Unit，MRU），MRU 的默认值为 1500B。

⑥ "校验"字段是一个 16 位的校验和，用于检查 PPP 帧的完整性。

图 6.1 PPP 帧格式

2. 高级数据链路控制协议

高级数据链路控制（High-level Data Link Control，HDLC）协议是一组用于在网络节点间传输数据的协议，它是由 ISO 颁布的一种具有高可靠性、高效率的数据链路控制规程，其特点是各项数据和控制信息都以位为单位，采用帧的格式传输。

在 HDLC 协议中，数据被组成一个个单元（称为帧）再通过网络发送，并由接收端确认收到。HDLC 协议也管理数据流和数据发送的间隔时间。HDLC 协议是数据链路层中使用最广泛的协议之一，数据链路层是 OSI 参考模型中的第二层；第一层是物理层，负责产生与收发物理电子信号；第三层是网络层，其功能包括通过访问路由表来确定路由。在传输数据时，网络层的数据帧中包含了源节点与目标节点的网络地址，在数据链路层通过 HDLC 协议对网络层的数据帧进行封装，增加数据链路控制信息。

按照 ISO 的标准，HDLC 协议是基于 IBM 的同步数据链路控制（Synchronous Data Link Control，SDLC）协议的，SDLC 协议被广泛用于 IBM 的大型机环境中。在 HDLC 协议中，使用 SDLC 协议的被称为正常响应方式（Normal Response Mode，NRM）。在 NRM 中，基站（通常是大型机）通过专线在多路或多点网络中发送数据给本地或远程的二级站。这种网络并不是我们平时所说的那种，它是一种非公众的封闭网络，网络间采取半双工模式通信。

（1）HDLC 协议的特点

HDLC 协议的主要特点如下。

① 透明传输。HDLC 协议对任意位组合的数据均能实现透明传输。"透明"是一个很重要的术语，它表示某一个实际存在的事物看起来好像不存在一样。透明传输表示经实际电路传输后的数据信息没有发生变化。对所传输的数据信息来说，由于此电路并没有对其产生任何影响，因此可以说数据信息"看不见"此电路，或者可以说此电路对该数据信息来说是透明的。这样任意组合的数据信息都可以在此电路上传输。

② 可靠性高。所有帧均采用循环冗余校验，在 HDLC 协议中，差错控制的范围是除 F 标志外的整个帧，而基本型传输控制规程中不包括前缀和部分控制字符。另外，HDLC 协议对信息帧进行了编号传输，有效地防止了帧的重收和漏收。

③ 传输效率高。HDLC 协议使用全双工模式通信，遵循面向位的通信规则，是一种同步数据控制协议；HDLC 协议中额外的开销位少，允许高效的差错控制和流量控制。

④ 适应性强。HDLC 协议不依赖于任何一种字符编码集，它能适应各种类型的工作站和链路。

⑤ 结构灵活。在 HDLC 协议中，传输控制功能和处理功能分离，层次清楚，应用非常灵活。

（2）HDLC 帧格式

完整的 HDLC 帧由"标志"字段（Flag）、"地址"字段（Address）、"控制"字段（Control）、"信

息"字段（Information）、"FCS"字段等组成。

① "标志"字段为01111110，可以用于标志帧的开始与结束，也可以作为帧与帧之间的填充字符。

② "地址"字段携带的是地址信息。

③ "控制"字段用于构成各种命令及响应，以便对链路进行监视与控制。发送端利用"控制"字段来通知接收端执行约定的操作；接收端将该字段作为对命令的响应，并报告已经完成的操作或状态的变化。

④ "信息"字段可以包含任意长度的二进制数，其上限由"FCS"字段或通信节点的缓存容量决定，目前用得较多的是1000~2000位，而下限可以是0，即无信息字段。监控帧中不能有"信息"字段。

⑤ "FCS"字段可以使用16位CRC对两个"标志"字段之间的内容进行校验。

HDLC协议有3种类型的帧，HDLC帧格式如图6.2所示。

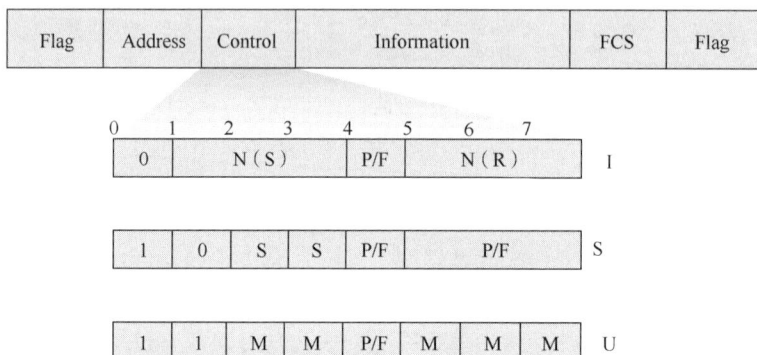

图6.2 HDLC帧格式

① 信息帧用于传输有效信息或数据，通常简称I帧。

② 监控帧用于差错控制和流量控制，通常简称S帧。S帧的标志是控制字段前两位为10。S帧不带"信息"字段，只有6个字节，即48位。

③ 无编号帧简称U帧，U帧用于提供链路的建立、拆除及多种控制功能。

6.2 广域网接入技术

常见的广域网接入技术包括ISDN接入技术、ADSL接入技术、DDN接入技术、电缆调制解调器接入技术、光纤接入技术和无线接入技术等。

6.2.1 ISDN接入技术

ISDN是一个数字电话网络国际标准，是一种典型的电路交换网络系统。在国际电信联盟（International Telecommunications Union，ITU）的官方建议中，ISDN被定义为一种在数字电话网的基础上发展起来的通信网络。ISDN能够支持多种业务，包括电话业务和非电话业务。

1. ISDN的结构

ISDN有两种信道，即B信道和D信道。其中，B信道用于传输数据和语音信息，D信道用于传输信号和控制信息（也能用于传输数据）。

（1）B信道。B信道的传输速率为64kbit/s，它是基本的用户信道，只要所要求的数据传输速率不超过64kbit/s，就可以用全双工模式传输任何数字信息。

（2）D信道。根据用户的需求不同，D信道的数据传输速率可以是16kbit/s或者64kbit/s。D信道也可用于低速率的数据传输和告警及遥感传输的应用等。

2. ISDN 数字用户接口类型

ISDN 数字用户接口目前可分为两种类型: 基本速率接口 (Basic Rate Interface, BRI) 和主群速率接口 (Primary Rate Interface, PRI)。

不同类型的接口适用于不同用户的需求层次。每种类型都包括一个 D 信道和若干个 B 信道。

（1）基本速率接口: 这一接口标准规定了一个包含两个 B 信道和一个带宽为 16kbit/s 的 D 信道的数字通路结构, 通常表示为 2B+D。每个 B 信道的传输速率为固定的 64kbit/s, 两者相加即为 128kbit/s。加上 D 信道的 16kbit/s, 整个基本速率接口的总带宽为 144kbit/s。

（2）主群速率接口: 相较于基本速率接口, 主群速率接口提供了更丰富的信道资源, 其构成包括若干 B 信道与一个带宽为 64kbit/s 的 D 信道。B 信道的数量依据不同国家或地区的标准有所不同。

北美、日本等采用 23B+D, 总位速率为 1.544Mbit/s。

欧洲、澳大利亚等采用 30B+D, 总位速率为 2.048Mbit/s。

3. ISDN 的业务

ISDN 向用户提供了 3 种业务, 即承载业务、用户终端业务和补充业务。其中, 承载业务提供基本传输功能和电信功能, 用户终端业务包含网络提供的通信能力和终端本身所具有的通信能力, 补充业务用于变更或补充以上两种基本业务。利用补充业务可以提供许多高级功能, 给通信带来了很大的方便。但补充业务不能单独提供给用户, 它必须随基本通信业务一起提供。

电信发达国家通过几年的 ISDN 实践, 总结出发展 ISDN 的最重要的一条经验就是要开发 ISDN 的应用, 并让用户了解这些应用。ISDN 的应用范围非常广泛, 主要的应用领域有局域网、多点屏幕共享、视频、语音/数据综合、文件交换、远端通信、图像、多媒体文件的存取、基于计算机的主叫用户号码标识等。

6.2.2 ADSL 接入技术

ADSL 是 x 数字用户线 (xDigital Subscriber Line, xDSL) 服务中最流行的一种。

1. ADSL 概述

1989 年在贝尔实验室诞生的 ADSL 是 "xDSL 家族" 中的一员, 被誉为 "现代信息高速公路上的快车"。它因具有下行传输速率高、频带宽、性能强等特点而深受广大客户的喜爱, 成为继 Modem、ISDN 之后的又一种全新的更快捷、更高效的接入方式。它是运行在原有普通电话线上的一种新的高速宽带技术。鉴于 ADSL 的上下行传输速率, 在 ADSL 的高速数据通信和交互视频的功能中, 数据通信功能可以用于 Internet/Intranet 的访问、公寓式办公楼 (Small Office Home Office, SOHO)、远程教育或专用的网络应用等, 也可以用于交互视频, 包括需要高速网络视频通信的视频点播 (Video On Demand, VOD)、电影、游戏等。

ADSL 是一种通过标准双绞电话线给家庭、办公室用户提供宽带数据服务的技术, 且能实现电话与数据业务互不干扰, 传输范围为 3km~5km。

ADSL 宽带业务同时为用户提供了 3 条信息通道: 一条是传输速率为 1.5Mbit/s~9Mbit/s 的高速下行通道, 用于用户下载信息; 一条是传输速率为 640kbit/s~1Mbit/s 的中速双工通道, 用于用户上传输出信息; 还有一条是普通的老式电话服务通道, 用于普通电话服务。

ADSL 目前已经被广泛地应用在家庭网络中, ADSL 上网无须拨号, 并可同时连接多台设备, 包括 ADSL Modem、普通电话机和个人计算机等。

2. ADSL 的特点

ADSL 是目前 xDSL 技术中最为成熟、最常用的一种接入技术, 它具有以下特点。

（1）ADSL 在一条电话线上同时提供了电话和高速数据服务, 电话与数据服务互不影响。

（2）ADSL 提供了高速数据通信能力, 其数据传输速率远高于拨号上网, 很好地满足了交互式多媒体应用的需求。

（3）ADSL 提供了灵活的接入方式，可支持专线方式与虚拟拨号方式。

（4）ADSL 可提供多种服务。ADSL 专线可选择不同的接入速率（如 512kbit/s、2Mbit/s），用户可灵活选择 VOD 服务；ADSL 接入网可与 ATM 网配合，为用户提供组建 VPN 及远程局域网互联的能力。

3. PPP 与 PPPoE

PPP 是目前广域网上应用最广泛的协议之一，其优点在于简单、具备用户验证能力、可以解决 IP 地址分配等。家庭拨号上网就是通过 PPP 在用户端和 ISP 的接入服务器之间建立通信线路来实现访问 Internet 的。

利用以太网资源，在以太网上运行 PPP 来进行用户认证接入的方式称为 PPPoE（PPP over Ethernet），它是 PPP 与其他协议共同派生出的符合宽带接入要求的新协议。

PPPoE 既保护了用户方的以太网资源，又满足了 ADSL 的接入要求，是目前 ADSL 接入方式中应用最广泛的技术标准。

6.2.3 DDN 接入技术

数字数据网（Digital Data Network，DDN）是以数字交叉连接为核心技术，集合数据通信、数字通信、光纤通信等技术，利用数字信道传输数字信号的一种数据接入业务网络。它的传输介质有光纤、微波、卫星信道，以及用户端可用的普通电缆和双绞线。

DDN 可为用户提供专用的中高速数字数据传输信道，以便用户用它来组织自己的计算机通信网。DDN 也可以用于传输压缩的数字语音或传真信号。

1. DDN 的特点

DDN 的特点如下。

（1）采用了半永久性电路连接方式，采用了同步时分多路复用技术，不具备交换功能。

（2）可为用户提供点到点的数字专用线路；传输介质可为光纤、微波、卫星信道，用户端可用普通电缆和双绞线。

（3）网络对用户透明，支持任何协议，不受约束，通信双方只要自行约定了通信协议，就能在 DDN 上进行数据通信。

（4）适用于频繁的大数据量通信，传输速率可达155Mbit/s。

2. DDN 的组成

DDN 以硬件为主，对应 OSI 参考模型中的下 3 层，主要由以下 4 部分组成。

（1）本地传输系统，由用户设备和用户环路组成。

（2）DDN 节点，其功能主要有复用和交叉连接。

（3）局间传输及同步系统，由局间传输和同步时钟组成。

（4）网络管理系统，其功能包含用户接入管理，网络资源的调度和路由管理，网络状态的监控，网络故障的诊断、报警与处理，网络运行数据的收集与统计，计费信息的收集与报告等。

3. DDN 提供的网络业务

DDN 提供的网络业务分为专用电路、帧中继和压缩语音/G3 传真业务等。DDN 的主要业务是向用户提供中高速率传输，高质量的点到点和点到多点数字专用电路（简称专用电路）；在专用电路的基础上，通过引入帧中继服务模块（Frame Relay Module，FRM），提供永久虚电路（Permanent Virtual Circuit，PVC）连接方式的帧中继业务；通过在用户入网处引入语音服务模块（Voice Service Module，VSM）提供压缩语音/G3 传真业务，可看作在专用电路业务基础上的增值业务。压缩语音/G3 传真业务可由网络增值，也可由用户增值。

6.2.4 电缆调制解调器接入技术

电缆调制解调器（Cable Modem，CM）是一种允许用户通过有线电视网进行高速数据接入（如接入 Internet）的设备，它发挥了有线电视同轴电缆的带宽优势，利用一条电视信道高速传输数据，适用于提供宽带功能业务。

电缆调制解调器和普通的拨号上网的调制解调器类似，都是通过对数字信号进行调制或解调后来进行传输的。但电缆调制解调器属于共享介质系统，它是利用有线电视网的一小部分传输频带来进行数据的调制和解调的。因而，用户在上网的同时，也可以收看电视和使用电话。

电缆调制解调器集普通调制解调器功能、桥接加解密功能、网卡及以太网集线器功能等于一体。当数字信号通过混合光纤同轴电缆（Hybrid Fiber Coax，HFC）传输至用户家中时，电缆调制解调器将数字信号传输到 PC。此后，电缆调制解调器接收 PC 传来的数字信号，对信号进行处理后再将其传输到有线电视网上。

1. 电缆调制解调器的特点
电缆调制解调器的特点如下。

（1）传输速率快，费用低。电缆调制解调器上行数据传输速率为 31.2kbit/s～10Mbit/s，下行数据传输速率为 3Mbit/s～38Mbit/s，从网上下载信息的速率至少是现有的电话调制解调器的 1000 倍。另外，电缆调制解调器在单位时间内获得的信息量比使用其他方式获得的信息量多很多。

（2）传输距离远。从理论上讲，电缆调制解调器没有距离限制，可以覆盖的地域很广。

（3）具有较强的抗干扰能力。电缆调制解调器的入户连接介质是同轴电缆，它的结构优于电话线，对信号具有相当强的屏蔽作用，不易受外界干扰。

（4）即插即用、安装方便。电缆调制解调器支持即插即用，安装起来十分方便，且接入 Internet 不需要拨号。即使每天 24 小时都联网，但只要不发送或接收数据就不会占用任何网络和系统资源。

（5）共享网络带宽。电缆调制解调器用户是共享带宽的，当有多个电缆调制解调器用户同时接入 Internet 时，数据带宽由这些用户均分，传输速率也会相应降低，这是电缆调制解调器的最大缺点。

2. 电缆调制解调器的组成
电缆调制解调器不仅包含调制解调部分，还包括射频信号接收调谐、加解密和协议适配等部分，它还可能是一台桥接器、路由器、网络控制器或集线器。

使用电缆调制解调器无须拨号上网，也不占用电话线，便可永久连接。通过电缆调制解调器，用户可在有线电视网络内实现对国际互联网的访问、IP 电话、视频会议、视频点播、远程教育等功能。一台电缆调制解调器能够在两个方向上独立地接收和发送数据。对于上行数据传输，它会将用户端发出的数字信号转换为射频模拟信号，这种转换后的信号形式与在有线电视网络中传输的电视信号相似。在下行方向上，电缆调制解调器把射频模拟信号转换为数字信号，以便计算机处理。

6.2.5 光纤接入技术

光纤接入是指局端设备与终端用户之间完全以光纤作为传输介质，采用的具体接入技术可以不同。光接入网（Optical Access Network，OAN）的主要传输介质是光纤，可实现接入网的信息传输功能。由于光纤具有容量大、保密性好、抗干扰能力强、重量轻等优点，因此光纤在接入网中的广泛应用成为一种必然。光纤接入技术实际上是在接入网中全部采用光纤作为传输介质，构成 OAN，实现用户高性能宽带接入的一种方案。

OAN 是一种点到多点的光纤传输系统。根据接入网室外传输设施中是否含有有源设备，OAN 又可分为有源光网络（Active Optical Network，AON）和无源光网络（Passive Optical Network，PON）。

AON 是指从局端设备到用户分配单元之间采用有源光纤传输设备（即光电传输设备、有源光器件及光纤等）的网络。PON 是指光传输端采用无源器件，实现点到多点拓扑的光纤接入网络。目前的 OAN 几乎都是 PON，PON 是 OAN 的发展趋势。PON 初期投资少，维护简单，易于扩展，结构灵活，但要求采用性能好、带宽高的光器件。

1. OAN 的特点

OAN 的特点如下。

（1）带宽高。可以高速接入 Internet、ATM 网及电信宽带 IP 网的各种应用系统，从而享用宽带网提供的各种宽带业务。

（2）网络的可升级性能好。OAN 易于通过技术升级成倍扩大带宽，因此，OAN 可以满足近期各种信息的传输需求。以这一网络为基础，可以构建面向各种业务和应用的信息传输系统。

（3）接入简单、费用低。用户终端只需一块网卡，即可高速接入 Internet，用户上网时可以实现 100Mbit/s 到桌面的接入，且上网费用不高。

（4）双向传输。OAN 的交互性较好，在向用户提供双向实时业务方面具有明显优势。

2. 光纤接入的形式

光纤接入的形式主要有光纤到大楼（Fiber To The Building，FTTB）、光纤到路边（Fiber To The Curb，FTTC）、光纤到户（Fiber To The Home，FTTH）、光纤到小区（Fiber To The Zone，FTTZ）、光纤到办公室（Fiber To The Office，FTTO）等，其中 FTTH 是宽带接入网的发展趋势。

拓展阅读 6-1

6.2.6 无线接入技术

当前，信息传输领域中有一种新的趋势，即无线网络和 Internet 的结合，伴随着这种趋势的全新联网方式，无线接入技术正悄然走入人们的视线。所谓无线接入技术，是指从交换节点到用户终端之间，部分或全部采用无线手段的一种接入技术。在遇到洪水、地震、台风等自然灾害时，无线接入系统还可作为有线通信网的临时应急系统，快速提供基本业务服务。无线接入技术如图 6.3 所示。

使用无线接入技术，人们可以在任何时候、任何地方接入 Internet 或 Intranet，完成自己想做的事情（如读取电子邮件、查询和下载工作中需要的重要数据等）。它已经成为人们从事商务活动最为理想的技术之一。

图 6.3 无线接入技术

1. 无线接入的特点

无线接入的特点如下。

（1）无线接入无须专门进行管道线路的铺设，为一些光缆或电缆无法铺设的区域提供了业务接入的可能，缩短了工程项目的时间，减少了管道线路的投资。

（2）随着无线接入技术的发展，无线接入设备可以同时解决数据及语音等多种业务的接入。

（3）可根据区域的业务量的增减灵活调整带宽。

（4）可方便地进行业务迁移、扩容，在临时搭建业务点的应用中优势更加明显。

2. 无线接入方式

无线接入方式大致可分为两种：一种是局端设备之间通过无线方式互联，相当于中继器；另一种是用户终端采用无线接入方式接入局端设备。

3. 无线接入技术类型

无线接入 Internet 所采用的技术，是在向用户提供传统电信业务的无线本地环路（Wireless Local Loop，WLL）技术基础上发展、建立起来的。传统无线本地环路系统所使用的频带从几百兆赫兹到几千兆赫兹不等，主要类型有以下几种。

（1）模拟蜂窝标准，如 AMPS、NMT、TACS 制式。

（2）数据蜂窝标准，如 GSM、DCS 1800、D-AMPS、PDC、CDMA（IS-95）。

（3）数字无绳类，如 DECT、PHS、PACS。

（4）点到多点微波、卫星通信、宽带 CDMA 等专用技术。

4. 无线接入技术的分类

无线接入技术可分为两种：一种为移动接入，包括蜂窝数字分组数据、电路交换蜂窝、分组无线传输（个人通信业务）；另一种为固定接入，包括微波、扩频微波、卫星、无线光传输和特高频（Ultra High Frequency，UHF）。

（1）移动接入无线数据通信

移动接入无线数据通信比较注重时效性，要求在移动的过程中完成数据信息的存取。这种类型的数据通信技术包括蜂窝数字分组数据、电路交换蜂窝、通用分组无线服务（General Packet Radio Service，GPRS）等。

（2）固定接入无线数据通信

固定接入无线数据通信是用户上网浏览及传输大量数据时的必然选择。与移动接入无线数据通信相比，固定接入无线数据通信成本较低。

拓展阅读 6-2

6.3 虚拟专用网

VPN 指在公用网络上建立专用网络，进行加密通信，VPN 在企业网络中应用广泛。VPN 的网关通过对数据包的加密和数据包目的地址的转换实现远程访问。VPN 可通过服务器、硬件、软件等多种方式实现。

6.3.1 VPN 概述

VPN 可以让企业远程客户利用现有公用网的物理链路在需要的时候安全地与企业内网进行互访。它是专用网络的延伸，包含了类似 Internet 的共享或公用网络链接。两台计算机之间可通过 VPN 以模拟点到点专用链接的方式借助共享或公用网络发送数据。

1. VPN 简介

VPN 属于远程访问技术，简单地说就是利用公用网络架设的专用网络。例如，某公司员工出差到外地，他想访问企业内网的服务器资源，这种访问就属于远程访问。

在传统的企业网络配置中，进行远程访问使用的方法是租用数字数据网专线，这样的通信方案必然会产生高昂的网络通信和维护费用。对移动用户（移动办公人员）与远程个人用户而言，一般会通过拨号线路进入企业的局域网，但这样必然会带来安全上的隐患。

让外地员工访问内网资源，利用 VPN 的解决方法就是在内网中架设一台 VPN 服务器，外地员工在当地接入互联网后，可通过互联网连接 VPN 服务器，并通过 VPN 服务器进入企业内网。为了保证数据安全，VPN 服务器和客户机之间的通信数据都进行了加密处理。有了数据加密，就可以认为数据在一条专用的数据链路上进行安全传输，就如同架设了一个专用网络一样，但实际上 VPN 使用的是互联网上的公用链路，VPN 实质上就是利用加密技术在公用网络上封装出一个"数据通信隧道"。有了 VPN，用户无论是在外地出差还是在家中办公，只要能接入互联网就能利用 VPN 访问内网资源，这就是 VPN 在企业中应用得如此广泛的原因。

2. VPN 的优缺点

（1）VPN 的优点

VPN 的优点如下。

① VPN 能够让移动员工、远程员工、商务合作伙伴和其他人利用本地可用的高速宽带网（如 DSL、有线电视或者 Wi-Fi 网络）连接到企业网络。

② 设计良好的宽带 VPN 是模块化的和可升级的。VPN 能够让用户使用一种很容易设置的互联网基础设施，并让新的用户迅速和轻松地添加到该网络中。

③ VPN 能提供高水平的安全性，使用高级的加密和身份识别协议保护数据以避免受到窥探，阻止"数据窃贼"和其他非授权用户接触这种数据。

④ VPN 使用户在利用 ISP 的设施和服务的同时，完全掌握自己网络的控制权。用户只利用 ISP 提供的网络资源，对于其他的安全设置、网络管理事项，用户可自行管理。在企业内部，用户可以自己建立 VPN。

（2）VPN 的缺点

VPN 的缺点如下。

① 企业不能直接控制基于互联网的 VPN 的可靠性和性能。企业必须依靠提供 VPN 的 ISP 保证服务的运行。这个因素使得企业必须与 ISP 签署保证各种性能指标的协议。

② 企业创建和部署 VPN 线路并不容易。这种技术需要高水平地理解网络安全问题，需要认真地规划和配置。

③ 不同厂商的 VPN 产品和解决方案是不兼容的，混合使用不同厂商的产品可能会出现技术问题，而使用同一家厂商的设备可能会提高成本。

④ 当使用无线设备时，VPN 有安全风险。在接入点之间漫游特别容易出问题。当用户在接入点之间漫游的时候，任何使用高级加密技术的解决方案都可能被攻破。

6.3.2 VPN 的分类

根据不同的划分标准，VPN 可以划分为不同类型。

1. 按 VPN 的隧道协议分类

VPN 的隧道协议主要有 3 种，即点到点隧道协议（Point-to-Point Tunneling Protocol，PPTP）、第二层隧道协议（Layer Two Tunneling Protocol，L2TP）和 IPSec。其中，PPTP 和 L2TP 工作在 OSI 参考模型中的第二层，所以又称第二层隧道协议，IPSec 是第三层隧道协议。

2. 按 VPN 的应用分类

按 VPN 的应用，可将 VPN 分为以下 3 类。

（1）Access VPN（远程接入 VPN）。客户端到网关，使用公用网络作为骨干网在设备之间传输 VPN 数据流量。

（2）Intranet VPN（内联网 VPN）。网关到网关，通过公司网络连接到子公司的资源。

（3）Extranet VPN（外联网 VPN）。与合作伙伴企业网构成 Extranet，将一个公司与另一个公司的资源进行连接。

3. 按 VPN 所用的设备类型分类

网络设备提供商针对不同客户的需求开发出了不同的 VPN 网络设备，主要有交换机、路由器和防火墙。根据所用的设备类型，可将 VPN 分为以下 3 类。

（1）交换机式 VPN。交换机式 VPN 主要用于连接用户较少的情形。

（2）路由器式 VPN。路由器式 VPN 部署较容易，只要在路由器上添加 VPN 服务即可。

（3）防火墙式 VPN。绝大部分的防火墙产品都支持 VPN 功能，都是为了防止第三方非法入侵设备进入，均起到保护内网不被入侵的作用。

4. 按 VPN 的实现原理分类

按 VPN 的实现原理，可将 VPN 分为以下两类。

（1）重叠 VPN。此 VPN 需要用户自己建立端节点之间的 VPN 链路，主要包括通用路由封装（Generic Routing Encapsulation，GRE）、L2TP、IPSec 等技术。

（2）对等 VPN。由网络运营商在骨干网上完成 VPN 通道的建立，主要包括多协议标签交换技术。

6.4 网络地址转换技术

随着网络技术的发展、接入 Internet 的计算机数量不断增加，Internet 中空闲的 IP 地址越来越少，IP 地址资源越来越紧张。事实上，除了中国教育和科研计算机网外，一般用户几乎申请不到整段的 C 类 IP 地址。在其他 ISP 处，即使是拥有几百台计算机的大型局域网用户，当其申请 IP 地址时，所分配到的也不过只有几个或十几个 IP 地址。显然，这么少的 IP 地址根本无法满足网络用户的需求，于是产生了 NAT 技术，目前 NAT 技术有效地解决了此问题，使得私有网络可以访问外网。NAT 技术虽然可以借助某些代理服务器来实现，但是考虑到运算成本和网络性能，很多时候是在路由器上实现的。

6.4.1 NAT 概述

NAT 技术于 1994 年被提出来。简单来说，它是把内部私有 IP 地址翻译成合法、有效的网络公有 IP 地址的技术，内网通过 NAT 技术接入外网如图 6.4 所示。若专用网内部的一些主机本来已经分配到了本地 IP 地址（仅在本地专用网内使用的专用地址），但现在又想和 Internet 上的主机通信（并不需要加密），则可使用 NAT 技术，这种技术需要在专用网连接到 Internet 的路由器上安装 NAT 软件。装有 NAT 软件的路由器叫作 NAT 路由器，它至少有一个有效的外部全球 IP 地址。这样，所有使用本地 IP 地址的主机在和外界通信时，都要在 NAT 路由器上将其本地 IP 地址转换成全球 IP 地址，这样才能和 Internet 连接。

图6.4　内网通过 NAT 技术接入外网

1．NAT 技术的作用及其优缺点

NAT 技术不仅能解决 IP 地址不足的问题，还能有效地避免来自外网的攻击，隐藏并保护内网的计算机。

（1）作用：通过将内网的私有 IP 地址翻译成全球唯一的公有 IP 地址，使内网可以连接到互联网等外网上。

（2）优点：能够节省公有 IP 地址、处理地址重叠、增强灵活性与安全性。

（3）缺点：增加了延迟；增加了配置和维护的复杂性；不支持某些应用，但可以通过静态 NAT 映射支持某些应用程序。

要真正了解 NAT 技术就必须先了解现在 IP 地址的使用情况，私有 IP 地址是指内网或主机的 IP 地址，公有 IP 地址是指在 Internet 上全球唯一的 IP 地址。RFC 1918 为私有网络预留出了 3 类 IP 地址。

A 类 IP 地址：10.0.0.0～10.255.255.255。

B 类 IP 地址：172.16.0.0～172.31.255.255。

C 类 IP 地址：192.168.0.0～192.168.255.255。

上述 3 类地址不会在 Internet 上被分配，因此不必向 ISP 或注册中心申请，可在公司或企业内部自由使用。

2．NAT 术语

内部本地地址（Inside Local Address）：内网中的设备在内部的 IP 地址，即分配给内网中主机的 IP 地址；这种地址通常来自 RFC 1918 指定的私有地址空间，即内部主机的实际地址。

内部全局地址（Inside Global Address）：内网中的设备在外部的 IP 地址，内部全局 IP 地址对外代表一个或多个内部 IP 地址；这种地址来自全局唯一的地址空间，通常是 ISP 提供的，即内部主机经网络地址转换后去往外部的地址。

外部本地地址（Outside Local Address）：外网中的设备在内部的 IP 地址，即在内网中看到的外部主机 IP 地址；它通常来自 RFC 1918 定义的私有地址空间，即外部主机由 NAT 设备转换后的地址。

外部全局地址（Outside Global Address）：外网中的设备在外部的 IP 地址，即外网中的主机 IP 地址；它通常来自全局可路由的地址空间，即外部主机的真实地址。

内网与外网如图 6.5 所示。

图 6.5　内网与外网

6.4.2 静态 NAT

NAT 的实现方式有 3 种，即静态 NAT、动态 NAT 和端口地址转换（Port Address Translation，PAT），下面讲解一下静态 NAT。

1. 静态 NAT

静态 NAT 是一种网络地址转换技术，其功能在于将内网中的私有 IP 地址映射为公用网络上的公有 IP 地址。这种映射关系具有固定的一对一特性，即每个私有 IP 地址都严格对应且始终转换为一个特定的公有 IP 地址。通过采用静态 NAT，外网能够直接针对这些已映射的公有 IP 地址访问内网中的特定设备，如服务器等。

2. 静态 NAT 的工作过程

静态 NAT 的转换条目需要预先手动配置，用于建立内部本地地址和内部全局地址的一对一永久对应关系，即将一个内部本地地址和一个内部全局地址进行绑定。借助静态 NAT，可以隐藏内部服务器的地址信息，提高网络安全性。

当内部主机 PC1 访问外部主机 PC3 的资源时，静态 NAT 访问过程如图 6.6 所示。

图 6.6 静态 NAT 访问过程

（1）主机 PC1 以私有 IP 地址 192.168.1.10 为源地址向主机 PC3 发送报文，路由器 AR1 在接收到主机 PC1 发来的报文时，检查 NAT 转换表，若该地址配置有静态 NAT 映射，则进入下一步；若没有配置静态 NAT 映射，则转换不成功。

（2）当路由器 AR1 配置有静态 NAT 映射时，将源地址（192.168.1.10）替换成对应的转换地址（202.199.184.10），经转换，数据包的源地址变为 202.199.184.10，并转发该数据包。

（3）当主机 PC3（200.100.3.10）接收到数据包后，将向源地址 202.199.184.10 发送响应报文，静态 NAT 响应过程如图 6.7 所示。

（4）当路由器 AR1 接收到内部全局地址的数据包时，将以内部全局地址 202.199.184.10 为关键字查找 NAT 转换表，再将数据包的目的地址转换成 192.168.1.10，并将数据包转发给主机 PC1。

（5）主机 PC1 接收到响应报文，继续保持会话，直至会话结束。

191

图 6.7　静态 NAT 响应过程

6.4.3　动态 NAT

下面讲解一下动态 NAT。

1. 动态 NAT

动态 NAT 是指将内网的私有 IP 地址转换为公有 IP 地址时，IP 地址是不确定的，所有被授权访问 Internet 的私有 IP 地址都可随机转换为任何指定的合法 IP 地址。也就是说，只要指定哪些内部地址可以进行转换，以及使用哪些合法地址作为外部地址，就可以进行动态 NAT。动态 NAT 可以使用多个合法外部地址集，当 ISP 提供的合法 IP 地址略少于网络内部的计算机数量时，可以采用动态 NAT。

静态 NAT 是在路由器上手动配置内部本地地址与内部全局地址的一对一映射，配置完成后，该全局地址不允许其他主机使用，这在一定程度上造成了 IP 地址资源的浪费。动态 NAT 也是对内部本地地址与内部全局地址进行一对一映射，但是动态 NAT 是从内部全局地址池中动态选择一个未被使用的地址对内部本地地址进行转换映射的。动态 NAT 的地址转换条目是动态创建的，无须预先手动创建。

2. 动态 NAT 的工作过程

动态 NAT 会在路由器中建立一个地址池来放置可用的内部全局地址，当有内部本地地址需要转换时，可查询地址池，取出内部全局地址建立地址映射关系。转换完成后，释放该映射关系，将这个内部全局地址返回地址池中，以供其他用户使用。

当内部主机 PC1 访问外部主机 PC3 的资源时，动态 NAT 访问过程如图 6.8 所示。

（1）主机 PC1 以私有 IP 地址 192.168.1.10 为源地址向主机 PC3 发送报文，路由器 AR1 在接收到主机 PC1 发来的报文时，检查地址池，发现需要对该报文的源地址进行转换，并从路由器 AR1 的地址池中选择一个未被使用的本地全局地址 202.199.184.10 用于转换。

（2）路由器 AR1 将内部本地地址 192.168.1.10 转换成对应的转换地址 202.199.184.10，经转换，数据包的源地址变为 202.199.184.10，转发该数据包，并创建一个动态 NAT 表项。

（3）当主机 PC3 收到报文后，使用 200.100.3.10 作为源地址，以内部全局地址 202.199.184.10 为目的地址来进行应答，动态 NAT 响应过程如图 6.9 所示。

图 6.8　动态 NAT 访问过程

图 6.9　动态 NAT 响应过程

193

（4）当路由器 AR1 接收到内部全局地址的数据包时，将以内部全局地址 202.199.184.10 为关键字查找 NAT 转换表，再将数据包的目的地址转换成 192.168.1.10，并将数据包转发给主机 PC1。

（5）主机 PC1 接收到响应报文，继续保持会话，直至会话结束。

6.4.4 PAT

下面讲解一下 PAT。

1. PAT 简介

PAT 是指改变外出数据包的源端口并进行端口转换。PAT 采用了端口多路复用方式，使内网的所有主机共享一个合法的外部 IP 地址实现对 Internet 的访问，从而可以最大程度地节省 IP 地址资源，并隐藏网络内部的所有主机，有效地避免来自 Internet 的攻击。因此，目前网络中应用得最多的就是 PAT。

静态 NAT 与动态 NAT 实现了内网访问外网的目的，动态 NAT 虽然解决了内部全局地址灵活使用的难题，但是并没有从根本上解决 IP 地址不足的问题，那么如何使多台主机使用一个公有 IP 地址访问外网呢？答案是使用 PAT 技术。

PAT 是动态 NAT 的一种实现形式，PAT 利用不同的端口号将多个内部私有 IP 地址转换为一个外部 IP 地址，以达到多台主机访问外网且只使用一个 IP 地址的目的。

2. PAT 的工作过程

PAT 和动态 NAT 的区别在于 PAT 只需要一个内部全局地址就可以映射多个内部本地地址，通过端口号来区分不同的主机。与动态 NAT 一样，PAT 的地址池中存放了很多内部全局地址，转换时从地址池中获取一个内部全局地址，在转换表中建立内部本地地址及端口号与内部全局地址及端口号的映射关系。

当内部主机 PC1 访问外部主机 PC3 的资源时，PAT 访问过程如图 6.10 所示。

图 6.10 PAT 访问过程

（1）主机 PC1 以私有 IP 地址 192.168.1.10 为源地址且端口号为 6001 向主机 PC3 发送报文，路由器 AR1 在接收到主机 PC1 发来的报文时，检查地址池，发现需要对该报文的源地址进行转换，并从路由器 AR1 的地址池中选择一个未被使用的端口号为 4001 的内部全局地址 202.199.184.10 用于转换。

（2）路由器 AR1 将内部本地地址 192.168.1.10:6001 替换成对应的转换地址 202.199.184.10:4001，经转换，数据包的源地址变为 202.199.184.10:4001，转发该数据包，并创建一个动态 NAT 表项。

（3）当主机 PC3 收到报文后，使用 200.100.3.10 作为源地址且端口号为 8001，并以内部全局地址 202.199.184.10:4001 为目的地址来进行应答，PAT 响应过程如图 6.11 所示。

NAT地址池
202.199.184.10
202.199.184.11
202.199.184.12
202.199.184.13
202.199.184.14
……
202.199.184.50

协议	内部本地地址：端口	内部全局地址：端口	外部全局地址：端口
TCP	192.168.1.10：6001	202.199.184.10：4001	200.100.3.10：8001
TCP	192.168.1.11：6002	202.199.184.10：4002	200.100.3.10：8001
TCP	192.168.1.12：6003	202.199.184.10：4003	200.100.3.10：8001
……	……	……	……
TCP	192.168.2.11：7001	202.199.184.11：5001	200.100.3.10：8001
TCP	192.168.2.12：7002	202.199.184.11：5001	200.100.3.10：8001
……	……	……	……

AR1 ② 200.100.10.1/30 Internet 200.100.10.2/30 AR2
S 0/0/0 S 0/0/0

192.168.5.2/30 GE 0/0/0 GE 0/0/0 200.100.6.2/30
VLAN 50 GE 0/0/24 VLAN 60
192.168.5.1/30 ① 200.100.6.1/30
GE 0/0/24

LSW1 LSW2
192.168.1.254/24 192.168.2.254/24 200.100.3.254/24 200.100.4.254/24
GE 0/0/1 GE 0/0/2 GE 0/0/1 GE 0/0/2

Ethernet 0/0/1 Ethernet 0/0/1 Ethernet 0/0/1 Ethernet 0/0/1

源地址：200.100.3.10
目的地址：202.199.184.10

PC1 PC2 PC3 PC4
VLAN 10 VLAN 20 VLAN 30 VLAN 40
192.168.1.10/24 192.168.2.10/24 200.100.3.10/24 200.100.4.10/24

图 6.11　PAT 响应过程

（4）当路由器 AR1 接收到内部全局地址的数据包时，将以内部全局地址 202.199.184.10:4001 为关键字查找 NAT 转换表，再将数据包的目的地址转换成 192.168.1.10:6001，并将数据包转发给主机 PC1。

（5）主机 PC1 接收到响应报文，继续保持会话，直至会话结束。

技能实践

任务 6.1　HDLC 配置

【实训目的】

（1）理解广域网数据链路层技术。

（2）掌握 HDLC 的配置方法。

【实训环境】

（1）准备 Cisco Packet Tracer 8.0 模拟器。

（2）设计网络拓扑结构。

【实训内容与步骤】

用户只需要在串行端口模式下执行 "encapsulation hdlc" 命令就可以使用端口的 HDLC 协议。思科设备的串行端口上默认运行 PPP。用户必须在串行链路两端的端口上配置相同的链路协议，才能使双方通信。

V6-1　配置 HDLC

（1）进行 HDLC 配置，包括相关端口与 IP 地址配置，如图 6.12 所示，进行网络拓扑连接。

图 6.12　配置 HDLC

（2）配置路由器 R1，相关实例代码如下。

```
Router>enable
Router#terminal  no  monitor
Router#conf  t
Router(config)#hostname  R1
R1(config)#int  g 0/0/0
R1(config-if)#ip  address  192.168.1.254  255.255.255.0
R1(config-if)#no  shutdown
R1(config-if)#int  g 0/0/1
R1(config-if)#ip  address  192.168.2.254  255.255.255.0
R1(config-if)#no  shutdown
R1(config-if)#int  s 0/1/0
R1(config-if)#ip  address  192.168.10.1  255.255.255.252
R1(config-if)#no  shutdown
R1(config-if)#encapsulation  hdlc                          //封装 HDLC 协议
R1(config-if)#exit
R1(config)#router  ospf  1
R1(config-router)#network  192.168.1.0 0.0.0.255  area  0
R1(config-router)#network  192.168.2.0 0.0.0.255  area  0
R1(config-router)#network  192.168.10.0 0.0.0.3   area  0
R1(config-router)#end
R1#
```

（3）配置路由器 R2，相关实例代码如下。

```
Router>enable
Router#terminal  no  monitor
Router#conf   t
Router(config)#hostname   R2
R2(config)#int    g 0/0/0
R2(config-if)#ip   address   192.168.3.254   255.255.255.0
R2(config-if)#no   shutdown
R2(config-if)#int   g 0/0/1
R2(config-if)#ip   address   192.168.4.254   255.255.255.0
R2(config-if)#no   shutdown
R2(config-if)#int   s 0/1/0
R2(config-if)#ip   address   192.168.10.2   255.255.255.252
R2(config-if)#no   shutdown
R2(config-if)#encapsulation   hdlc                              //封装 HDLC 协议
R2(config-if)#exit
R2(config)#router   ospf   1
R2(config-router)#network   192.168.3.0   0.0.0.255   area  0
R2(config-router)#network   192.168.4.0   0.0.0.255   area  0
R2(config-router)#network   192.168.10.0   0.0.0.3    area  0
R2(config-router)# end
R2#
```

（4）显示路由器 R1、R2 的配置信息，以路由器 R1 为例，主要相关实例代码如下。

```
R1#show   running-config
!
hostname R1
!
interface GigabitEthernet0/0/0
 ip address 192.168.1.254 255.255.255.0
 duplex auto
 speed auto
!
interface GigabitEthernet0/0/1
 ip address 192.168.2.254 255.255.255.0
 duplex auto
 speed auto
!
interface Serial0/1/0
 ip address 192.168.10.1 255.255.255.252
 clock rate 2000000
!
router ospf 1
 log-adjacency-changes
 network 192.168.1.0 0.0.0.255 area 0
 network 192.168.2.0 0.0.0.255 area 0
 network 192.168.10.0 0.0.0.3 area 0
!
R1#
```

（5）显示路由器 R1 的端口 IP 信息，执行"show ip interface brief"命令，主要相关实例代码如下。

```
R1#show ip interface brief
Interface              IP-Address      OK? Method Status              Protocol
GigabitEthernet0/0/0   192.168.1.254   YES manual up                  up
GigabitEthernet0/0/1   192.168.2.254   YES manual up                  up
GigabitEthernet0/0/2   unassigned      YES NVRAM  administratively down down
Serial0/1/0            192.168.10.1    YES manual up                  up
Serial0/1/1            unassigned      YES NVRAM  administratively down down
Vlan1                  unassigned      YES unset  administratively down down
R1#
```

（6）测试主机 PC1 的访问连通性，主机 PC1 访问主机 PC3 和主机 PC4 的结果如图 6.13 所示。

图 6.13　测试主机 PC1 的访问连通性

任务 6.2　PAT 配置

【实训目的】

（1）理解 NAT 技术的应用。

（2）掌握 PAT 的配置方法。

【实训环境】

（1）准备 Cisco Packet Tracer 8.0 模拟器。

（2）设计网络拓扑结构。

【实训内容与步骤】

（1）配置 PAT，包括相关端口与 IP 地址配置，如图 6.14 所示，进行网络拓扑连接。

V6-2　配置 PAT

图 6.14　配置 PAT

（2）配置路由器 R1，相关实例代码如下。

```
Router>enable
Router#terminal  no  monitor
Router#conf  t
Router(config)#hostname  R1
R1(config)#int  g 0/0/1
R1(config-if)#ip  address  192.168.1.254  255.255.255.0
R1(config-if)#no  shutdown
R1(config-if)#ip  nat  inside                            //连接内网
R1(config-if)#int  g 0/0/0
R1(config-if)#ip  address  200.100.10.1  255.255.255.0
R1(config-if)#no  shutdown
R1(config-if)#ip  nat  outside                           //连接外网
R1(config-if)#exit
R1(config)#router  ospf  1
R1(config-router)#network  200.100.10.0  0.0.0.255  area  0  //只发布外网地址
R1(config-router)#exit
R1(config)#access-list  10  permit  192.168.1.0  0.0.0.255     //允许转换的内部地址列表
R1(config)#ip  nat  pool  pool-to-internet 200.100.10.101  200.100.10.110  netmask  255.255.255.0
                                //定义转换的地址池列表 pool-to-internet
R1(config)#ip  nat  inside  source  list  10  pool  pool-to-internet  overload //关联内部地址列表
R1(config)# end
R1#
```

以上配置使用地址池进行联系，通过 overload 方式实现 PAT 功能；也可以通过接入外网端口（路由器 R1 的 G 0/0/0 端口）来实现，相关实例代码如下。

```
R1(config)#ip  nat  inside  source  list  10  ?
  interface   Specify interface for global address
  pool        Name pool of global addresses
R1(config)#ip  nat  inside  source  list  10  interface  gigabitEthernet  0/0/0  overload
```

（3）配置路由器 R2，相关实例代码如下。

```
Router>enable
Router#terminal  no  monitor
Router#conf  t
Router(config)#hostname  R2
R2(config)#int  g 0/0/1
R2(config-if)#ip  address  200.100.1.254  255.255.255.0
R2(config-if)#no  shutdown
R2(config-if)#int  g 0/0/0
R2(config-if)#ip  address  200.100.10.2  255.255.255.0
R2(config-if)#no  shutdown
R2(config-if)#exit
R2(config)#router  ospf  1
R2(config-router)#network  200.100.10.0  0.0.0.255  area  0
R2(config-router)#network  200.100.1.0   0.0.0.255  area  0
R2(config-router)#end
R2#
```

（4）显示路由器 R1、R2 的配置信息，以路由器 R1 为例，主要相关实例代码如下。

```
R1#show  running-config
!
hostname R1
!
interface GigabitEthernet0/0/0
 ip address 200.100.10.1 255.255.255.0
 ip nat outside
 duplex auto
 speed auto
!
interface GigabitEthernet0/0/1
 ip address 192.168.1.254 255.255.255.0
 ip nat inside
 duplex auto
 speed auto
!
router ospf 1
 log-adjacency-changes
 network 200.100.10.0 0.0.0.255 area 0
!
ip nat pool pool-to-internet 200.100.10.101 200.100.10.110 netmask 255.255.255.0
ip nat inside source list 10 pool pool-to-internet overload
ip classless
!
access-list 10 permit 192.168.1.0 0.0.0.255
!
R1#
```

（5）验证主机 PC1 的访问连通性，主机 PC1 访问主机 PC3 的结果如图 6.15 所示。

图 6.15　验证主机 PC1 的访问连通性

（6）在路由器 R1 上查看 NAT 映射相关信息，相关实例代码如下。

```
R1#show  ip  nat  translations
Pro  Inside global      Inside local       Outside local       Outside global
icmp 200.100.10.101:10 192.168.1.1:10      200.100.1.1:10      200.100.1.1:10
icmp 200.100.10.101:11 192.168.1.1:11      200.100.1.1:11      200.100.1.1:11
icmp 200.100.10.101:12 192.168.1.1:12      200.100.1.1:12      200.100.1.1:12
icmp 200.100.10.101:9  192.168.1.1:9       200.100.1.1:9       200.100.1.1:9
R1#
R1#show  ip  nat  statistics
Total translations: 4 (0 static, 4 dynamic, 4 extended)
Outside Interfaces: GigabitEthernet0/0/0
Inside Interfaces: GigabitEthernet0/0/1
Hits: 10   Misses: 12
Expired translations: 8
Dynamic mappings:
-- Inside Source
access-list 10 pool pool-to-internet refCount 4
 pool pool-to-internet: netmask 255.255.255.0
      start 200.100.10.101 end 200.100.10.110
      type generic, total addresses 10 , allocated 1 (10%), misses 0
R1#
```

模块小结

　　本模块讲解了广域网提供的服务、广域网的基本组成、广域网数据链路层协议、广域网接入技术、虚拟专用网以及网络地址转换技术等知识，详细讲解了光纤接入技术、无线接入技术等知识。

　　本模块最后通过技能实践使学生掌握 HDLC 的配置方法、PAT 的配置方法。

201

模块练习

1. 选择题

（1）若某公司要维护自己的公共 Web 服务器，需要隐藏该 Web 服务器的地址信息，则应为该 Web 服务器配置（　　　）。

    A. 静态 NAT　　　　B. 动态 NAT　　　　C. PAT　　　　　　D. 无须配置 NAT

（2）可将内部地址的多台主机映射成一个 IP 地址的是（　　　）。

    A. 静态 NAT　　　　B. 动态 NAT　　　　C. PAT　　　　　　D. 无须配置 NAT

（3）使用 ADSL 拨号上网，需要在用户终端安装的协议是（　　　）。

    A. PPP　　　　　　B. SLIP　　　　　　C. PPTP　　　　　D. PPPoE

（4）ADSL 是一种宽带接入技术，这种技术使用的传输介质是（　　　）。

    A. CATV 电缆　　　B. 电话线　　　　　C. 基带同轴电缆　　D. 无线通信网

（5）下面有关虚电路服务的描述中错误的是（　　　）。

    A. 必须有虚电路的建立　　　　　　B. 总是按发送顺序到达目的站点

    C. 端到端的流量由通信子网负责　　D. 端到端的差错处理由主机负责

（6）HDLC 是面向（　　　）的数据链路层控制协议。

    A. 帧　　　　　　　B. 比特　　　　　　C. 字节　　　　　D. 字符

2. 简答题

（1）简述广域网提供的服务。

（2）简述广域网的基本组成。

（3）简述广域网数据链路层的协议。

（4）简述广域网接入技术。

（5）简述虚拟专用网的分类。

（6）简述网络地址转换技术。

模块7
Internet基础与应用

情景导入

人们常说"上网"一词,那么究竟"上网"中的"网"指的是哪个网?人们上网可以做些什么?Internet究竟为人们提供了什么样的服务?这些服务又是如何实现的?在未来的数字化社会中,掌握Internet基础应用能力至关重要。

本模块主要讲解Internet的基本概念、管理机构、应用和发展趋势等知识。

学习目标

【知识目标】
- 了解Internet的基本概念。
- 掌握浏览器的使用方法和技巧。
- 掌握Internet的应用。
- 了解Internet的发展趋势。

【技能目标】
- 掌握RIPng的配置方法。
- 掌握OSPFv3的配置方法。

【素质目标】
- 培养自主学习的能力和习惯。
- 培养团队互助、合作进取的意识。

相关知识

7.1 Internet 基础

Internet 是一组全球信息资源的总汇。Internet 是由许多子网(小的网络)互联而成的逻辑网,每个子网中连接着若干台计算机。Internet 以相互交换信息资源为目的,基于一些共同遵守的协议,并通过许多路由器和公用网络形成,它是信息资源的集合。Internet 中运行着丰富的应用服务,如电子邮件、文件传输、远程登录、网络新闻、实时聊天、社交媒体、在线购物、云服务、流媒体等。在享受 Internet 带来的便利的同时,也需要关注网络安全问题,如防火墙设置、数据加密、身份认证、防病毒、入侵检测、隐私策略等。

7.1.1　Internet 概述

Internet 是一种全球性的、互相连接的计算机网络系统，起源于 20 世纪 60 年代美国军方的 ARPANET 项目。它是由数以百万计的私有、公共、学术、商业和政府网络通过标准的通信协议（特别是 TCP/IP 协议族）互相连接而成的网络结构。Internet 的形成和发展经历了以下主要阶段。

形成阶段：最初的 ARPANET 主要用于军事研究，它连接了几所大学和研究机构的计算机，为分布式计算和数据共享奠定了基础。

实用阶段：随着时间的推移，Internet 的技术和应用逐渐成熟，更多的组织和个人开始接入并利用这个网络进行通信及信息共享。

商业化阶段：20 世纪 90 年代初，尤其是在 1994 年美国提出建设国家信息基础设施（National Information Infrastructure，NII）后，Internet 开始大规模商业化，促进了电子商务、在线服务和各种互联网应用的发展。

Internet 的主要特点如下。

全球互联：跨越地理界限，实现了全球范围内的信息互联互通。

开放架构：基于标准化的协议，允许任何遵循相同协议的计算机或网络加入。

多媒体信息传输：支持高速、大容量的数据、文字、声音、图形、影像等多种形式的信息传输。

资源共享：提供了文件共享、电子邮件、网页浏览、社交媒体、即时通信等多种信息服务。

动态发展：不断演化和创新，出现了万维网（World Wide Web，WWW）、移动互联网、物联网等多种新的技术和服务形态。

截至 2024 年，Internet 已经成为人类生活、工作、学习、娱乐不可或缺的一部分，深刻影响着全球经济、文化、教育、政治等各个领域。随着技术的进步和应用的拓展，Internet 将继续扮演推动全球信息化进程的关键角色。

7.1.2　Internet 的管理机构

Internet 的管理涉及多个层次和多个组织机构的共同协作。

1. 国际层面

互联网名称与数字地址分配机构（Internet Corporation for Assigned Names and Numbers，ICANN）：负责全球互联网域名系统根区的协调管理，以确保唯一性和稳定性；管理顶级域名（Top-Level Domains，TLDs）的分配和政策制定，同时监管 IP 地址的全球分配工作，这方面的具体实施依赖于区域互联网注册管理机构的合作，如亚太地区的亚太互联网络信息中心（Asia-Pacific Network Information Center，APNIC）。

国际互联网协会（Internet Society，ISOC）：一个致力于推广互联网在全球范围内的开放性、稳定性和可持续发展的非营利组织，它创立并监督互联网工程任务组（Internet Engineering Task Force，IETF）的工作，IETF 制定了一系列互联网技术标准，包括 TCP/IP 协议族。

区域互联网注册管理机构：如美国互联网号码注册局（American Registry for Internet Numbers，ARIN）、欧洲互联网协议网络协调中心（Reseaux IP Europeens Network Coordination Center，RIPE NCC）、亚太互联网络信息中心，以及拉丁美洲和加勒比地区互联网注册管理机构（Latin American and Caribbean Network Information Center，LACNIC），负责各自的区域内 IP 地址和自治系统号（Autonomous System Number，ASN）的分配及管理。

2. 国家和地区层面

各国互联网管理机构：每个国家或地区通常都有自己的互联网管理机构，负责域名注册、IP 地址分配以及相关政策的制定和执行。例如，中国主要的管理和服务机构是中国互联网络信息中心 （China

Internet Network Information Center, CNNIC), 负责管理国家顶级域名.cn、中文域名系统, 以及 IP 地址分配等相关工作。

政府监管部门: 各国政府通常会设立专门的部门或机构来监管互联网行业, 确保网络安全、内容符合规定和社会稳定。在中国, 涉及互联网监管的部门包括国家互联网信息办公室、国务院电信主管部门、公安部门以及其他相关机关, 它们依据法律法规履行各自的网络安全保护和监督管理职责。

总的来说, Internet 的管理是一个既包含国际合作又涵盖国家自主监管的过程, 涉及技术标准制定、域名系统管理、IP 地址分配及内容审查等多个方面。随着技术进步和社会发展, 这些管理机构的角色和责任也在不断演进及调整。

7.1.3 使用浏览器访问 Internet

使用浏览器访问 Internet 是基本的网络活动, 当今市场上, 浏览器软件类型繁多, 竞争激烈, 但任何一款好的浏览器都应具有文本和图形的显示速度快、支持超文本标记语言的增强、集成 Internet 中的所有服务、检索功能广泛、操作界面友好且易用等优点。用户可以在网页上进行浏览、滚动、单击超链接或填写表单等操作, 浏览器会根据用户的交互再次发送请求并更新页面内容。如果想保存经常访问的网站, 则可以将网页地址添加到浏览器的书签或收藏夹中, 以便以后快速访问。用户还可以设置某个网页为其浏览器主页, 每次打开新标签页或启动浏览器时, 该主页都会自动加载。

目前应用较多的浏览器有 Microsoft Edge、360 浏览器、谷歌浏览器、火狐浏览器等。

1. Microsoft Edge 的打开与关闭

(1)打开浏览器。要想使用 Microsoft Edge 访问网页, 应先打开 Microsoft Edge。打开 Microsoft Edge 时, 可以执行以下操作之一。

① 双击桌面上的 "Microsoft Edge" 图标, 如图 7.1 所示。

② 单击任务栏中的 "Microsoft Edge" 图标, 如图 7.2 所示。

图 7.1 桌面上的 "Microsoft Edge" 图标

图 7.2 任务栏中的 "Microsoft Edge" 图标

③ 单击 "开始" 按钮, 选择 "Microsoft Edge" 选项。

这样即可打开 Microsoft Edge, 如图 7.3 所示。

(2)关闭浏览器。关闭 Microsoft Edge 时, 只需在浏览器窗口中执行以下操作之一。

① 单击浏览器窗口右上角的 "关闭" 按钮。

② 按【Alt+F4】组合键。

2. 使用 Microsoft Edge 浏览网页

要使用 Microsoft Edge 浏览网页, 首先应该知道该网页的网址, 即统一资源定位符(Uniform Resource Locator, URL), 但是如何才能知道自

图 7.3 打开 Microsoft Edge

己要浏览的网页的网址呢? 用户可以使用搜索引擎, 只需提供一些搜索关键字, 就能通过搜索引擎找到与关键字相关的内容。

常用的搜索引擎的网址如表 7.1 所示。

表 7.1 常用的搜索引擎的网址

搜索引擎	网址
百度搜索引擎	www.baidu.com
谷歌搜索引擎	www.google.cn
腾讯搜索引擎	www.soso.com
搜狗搜索引擎	www.sogou.com
搜狐搜索引擎	www.sohu.com

下面介绍如何设置浏览器的主页。打开 Microsoft Edge，单击浏览器窗口右上角的"设置"按钮 ，如图 7.4 所示。打开"关于 Microsoft Edge"页面，其中显示了 Microsoft Edge 的版本，如图 7.5 所示。

图 7.4 设置菜单

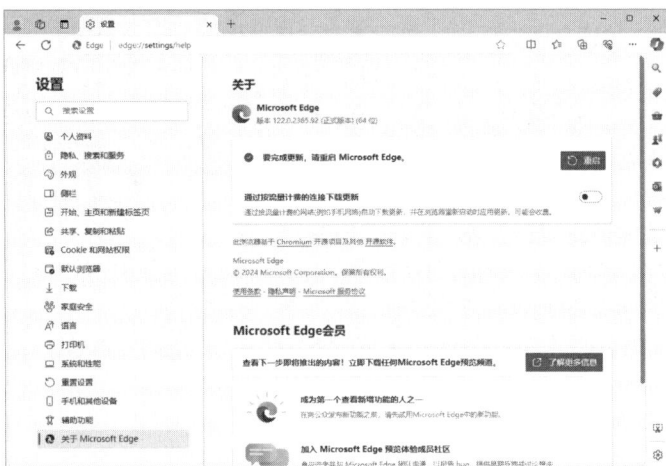

图 7.5 "关于 Microsoft Edge"页面

选择"开始、主页和新建标签页"选项，打开"开始、主页和新建标签页"页面，如图 7.6 所示。在"'开始'按钮"选项组中输入相应的网址，如 https://www.ryjiaoyu.com，单击"保存"按钮，再次打开 Microsoft Edge 时，将进入相应的默认主页，如图 7.7 所示。

图 7.6 "开始、主页和新建标签页"页面

图 7.7 默认主页

选择"Cookie 和网站权限"选项，打开"Cookie 和网站权限"页面，可以设置 Cookie 和已存储数据、站点权限等内容，如图 7.8 所示，单击"管理和删除 Cookie 和站点数据"右侧的">"按钮，打开"Cookie 和已存储数据/Cookie 和网站数据"页面，如图 7.9 所示，可以进行相关设置。

图 7.8 "Cookie 和网站权限"页面

图 7.9 "Cookie 和已存储数据/Cookie 和网站数据"页面

7.2 Internet 的应用

Internet 的应用极为广泛且不断演变，并改变着人们的工作和生活方式。随着 Internet 的发展，它提供的服务进一步增加，如 WWW 服务、信息获取与发布服务、电子邮件服务、文件传输服务、远程登录服务和电子商务服务等。随着技术的发展，Internet 应用还在不断增加新的形式和功能，如 AI 助手、大数据分析、区块链技术应用等。

7.2.1 WWW 服务

万维网服务也被称为 Web 服务或 WWW 服务，是 Internet 中最为广泛应用的服务之一。WWW 的核心特点是使用 HTTP 和超文本标记语言（Hypertext Markup Language，HTML）进行信息的传输及呈现，提供信息共享和交互服务。WWW 服务是互联网的核心服务之一，它极大地改变了人们获取信息、沟通交流、开展业务和娱乐休闲的方式。

1. WWW 的相关概念

WWW 的相关概念如下。

（1）超文本与超链接。超文本（Hypertext）是一种非线性的信息组织形式，它不仅仅包含普通文本，更重要的是，它通过超链接（Hyperlink）技术将不同位置的

拓展阅读 7-1

信息节点（可以是文本、图像、视频、音频等多媒体内容）相互关联起来，形成一个复杂的信息网络。超文本的核心特征在于其内部信息间的非顺序性联系，用户可以根据自己的需求通过单击超链接从一个信息节点跳转到另一个信息节点，而非局限于传统的线性阅读或导航方式。

超文本方式是指信息组织形式不是简单地按顺序排列，而是使用由指针链接的复杂的网状交叉索引方式对不同来源的信息进行链接。可以链接的对象有文本、图像、音频和视频等，而这种链接关系称为"超链接"。

超链接是在超文本中实现这种非线性跳跃的具体手段，它是一个可以从源文档指向目标文档或同一文档内其他位置的指针。在网页环境中，超链接通常表现为一段带有下划线的文字或一张图像，当用户单击时，浏览器将加载链接指向的资源或跳转到新的网页。超链接既可以链接到同一网站内的其他网页（内部链接），又可以链接到不同网站的资源（外部链接），甚至可以链接到文档内的特定位置（锚点链接）。

因此，可以说超文本是一个包含丰富链接结构的信息集合体，而超链接是这个结构中实现信息跳转和关联的关键组件。超文本与超链接相互依存，共同构成了万维网环境中的网页浏览体验。

（2）HTTP。HTTP 是 WWW 服务的基础，用于在 Web 客户端和服务器之间传输数据。HTTP 定义了请求和响应消息的格式，以及数据如何被传输和处理。HTTP 是 Web 操作的基础，它能保证正确传输超文本文档，是一种最基本的 C/S 模式的访问协议。它可以使浏览器更加高效，使网络传输流量减少。

（3）统一资源标识符（Uniform Resource Identifier，URI）和 URL。每一个网页和网络资源都有唯一的 URI 或 URL，用户通过在浏览器地址栏中输入 URL 可以访问指定的资源。

（4）C/S 模式。WWW 服务采用了 C/S 模式，用户通过客户端软件（通常是 Web 浏览器）向 WWW 服务器发送请求，服务器接收请求并返回相应的内容。

2. WWW 的工作原理

WWW 的工作基于 C/S 模式，其核心组成部分包括 WWW 服务器、WWW 浏览器和 HTTP，其工作流程如下。

用户请求：用户在 Web 浏览器中输入一个 URL，如 https://www.ryjiaoyu.com。

域名解析：浏览器通过 DNS 将用户输入的域名（如 https://www.ryjiaoyu.com）转换为对应的 IP 地址，找到实际存放网页内容的服务器的位置。

建立连接：浏览器使用 HTTP（或 HTTPS，即 HTTP 的安全版本）与服务器建立连接。HTTP 通常运行在 TCP/IP 之上，浏览器会向服务器指定的端口（通常是 80 或 443）发起连接请求。

发送请求：建立连接后，浏览器向服务器发送 HTTP 请求，请求中包含了要访问的资源路径（URL 中除域名之外的部分）以及其他可能的请求参数。

服务器响应：服务器接收到请求后，根据请求内容找到相应的资源，并生成 HTTP 响应消息，其中包括状态码、响应头部信息及资源内容，如 HTML 文档、图片、层叠样式表（Cascading Style Sheets，CSS）文件、JavaScript 等。

接收和解析响应：浏览器接收服务器返回的响应数据，根据响应头部和内容类型解析及处理数据，例如，如果是 HTML 文档，则解析 HTML 标签并构建文档对象模型（Document Object Model，DOM），并根据 CSS 信息渲染页面布局，如有 JavaScript 代码，则会执行该代码以增强网页交互性。

呈现页面：最终浏览器将解析和渲染后的页面内容呈现在用户界面中，用户即可浏览和交互网页内容。

超链接导航：当用户单击网页中的超链接时，上述过程会重复进行，但此时请求的目标将是新链接指向的资源，体现了 WWW 中超文本的特性。

断开连接：在 HTTP 1.x 的传统版本中，通常每个请求完成后，浏览器与服务器之间的 TCP 连接会被关闭；而在 HTTP 2 和 HTTP 3 中，为了提高性能，可能会采用持久连接或多路复用技术，以减少频繁建立和关闭连接的开销。

7.2.2 电子邮件服务

电子邮件即 E-mail（Electronic mail），它是利用计算机网络的通信功能实现信件传输的一种技术，是 Internet 上最早出现的服务之一。通过电子邮件，用户可以创建、发送、接收和存储数字信息，这些信息通常包含文本、图像、视频、音频等多种格式的数据。

1. 电子邮件的优点

电子邮件作为一种重要的现代通信工具，拥有众多显著的优点，主要体现在以下几个方面。

（1）实时性与高效性

快速传递：电子邮件可以在几秒钟内发送至全球各地，不受地理位置的限制，大大提高了信息传输的速度。

延时交互：用户可以随时编写邮件，不受对方即时在线的约束，允许收件人在方便时阅读和回复。

（2）灵活性与便利性

书写与编辑：邮件内容可以反复修改和完善，且不受篇幅限制，便于长篇内容的编写和更新。

移动办公：用户只要有网络连接，无论是在家中、办公室还是旅行途中，都可以通过电脑、手机或平板电脑等设备收发电子邮件。

自动转发与存储：邮件服务器可以自动保存电子邮件，即便收件人当时未登录，电子邮件也会保留在其邮箱中。

（3）多功能与集成性

文件共享：支持各类文件作为附件发送，方便远程工作和学习中的资料分享。

多元媒体支持：不仅可以发送文本信息，还可以发送图片、音频、视频等多媒体内容。

软件整合：与日程管理、任务分配、项目管理等多种工具深度集成，提高工作效率。

（4）经济环保

低成本：相较于传统的邮寄服务，电子邮件几乎不产生额外的物质成本，仅需网络连接费用。

无纸化办公：有利于减少纸张消耗，符合现代社会对于环保和可持续发展的要求。

（5）法律效力与存档

法律证据：电子邮件可以作为商业合同、工作指令等方面的书面证据，具有法律效力。

存档与检索：邮件系统具备良好的归档和搜索功能，方便日后查阅和审计。

（6）大规模传播

分布式发送：一封电子邮件可以一次性发送给一个或多个收件人，适用于群发通知、公告等场景。

然而，尽管电子邮件具有以上诸多优点，但也存在诸如信息过载、隐私保护、垃圾邮件等问题，需要用户合理使用并采取相应措施加以应对。

2. 邮件服务器

邮件服务器（Mail Server）是 Internet 中邮件服务系统的核心，它在 Internet 中充当"邮局"，运行着邮件服务器软件。用户使用的电子邮箱建立在邮件服务器上，借助它提供的邮件发送、接收、转发等服务，用户的电子邮件能通过 Internet 被送到目的地。

邮件服务器的主要功能如下。

（1）对有访问此邮件服务器电子邮箱需求的用户进行身份安全检查。

（2）接收此邮件服务器用户发送的电子邮件，并根据电子邮件地址转发给相应的邮件服务器。

（3）接收其他邮件服务器发来的电子邮件，检查电子邮件地址的用户名，把电子邮件发送到指定的邮箱。

（4）对因某种原因不能正确发送/转发的电子邮件，附上出错原因，退还给发送电子邮件的用户。

（5）允许用户将存储在邮件服务器用户邮箱中的电子邮件下载到自己的计算机上。

如果要使用电子邮件服务，则先要拥有一个电子邮箱。电子邮箱是 Internet 中提供电子邮件服务的机构，一般是 ISP 为用户建立的。当用户向 ISP 申请 Internet 账号时，ISP 就会在它的邮件服务器上建立该用户的电子邮件账号，包括用户名与密码。任何人都可以将电子邮件发送到某个电子邮箱中，但只有电子邮箱的拥有者输入正确的用户名和密码后，才能看到电子邮件的内容或处理电子邮件。

3. 电子邮件地址

电子邮件与传统邮件一样，也需要一个地址。在 Internet 中，每一个使用电子邮件的用户都必须在各自的邮件服务器上建立一个邮箱，拥有一个全球唯一的电子邮件地址，即电子邮箱。

电子邮件地址采用基于 DNS 所用的分层命名的方法，其结构为"Username@Hostname. Domain-name"或者"用户名@主机名"。

其中，Username 表示用户名，代表用户在电子邮箱中使用的账号；@表示 at（"在"的意思）；Hostname 表示用户电子邮箱所在的邮件服务器的主机名；Domain-name 表示邮件服务器所在域名。

4. 电子邮件的相关协议

在电子邮件服务系统中，各种服务协议在邮件客户机和邮件服务器间架起了一座"桥梁"，使得电子邮件系统可以正常运行。

常用的电子邮件协议主要有 SMTP、邮局协议版本 3（Post Office Protocol version 3，POP3）和因特网信息访问协议（Internet Message Access Protocol，IMAP）等。

SMTP 是一种能提供可靠且有效的电子邮件传输的协议。SMTP 是建立在 FTP 服务上的邮件服务协议，主要用于系统之间的邮件信息传递，并提供有关来信的通知。SMTP 独立于特定的传输子系统，且只需要可靠、有序的数据流信道支持。SMTP 的重要特性之一是其能跨越网络传输邮件，即"SMTP邮件中继"。使用 SMTP 可实现相同网络处理进程之间的邮件传输，也可通过中继器或网关实现某处理进程与其他网络之间的邮件传输。

POP3 的主要任务是在用户计算机与邮件服务器连接通信时，将邮件服务器的电子邮箱中的邮件直接传输到用户的计算机上，它类似于邮局暂时保存电子邮件，用户可以随时取走电子邮件。

IMAP 是一种优于 POP3 的协议。和 POP3 一样，IMAP 也能下载电子邮件、从邮件服务器中删除电子邮件或询问是否有新的电子邮件，但 IMAP 克服了 POP3 的一些缺点。例如，它可以决定客户机请求邮件服务器提交所收到电子邮件的方式，请求邮件服务器只下载所选中的电子邮件而不是全部电子邮件。客户机可先阅读邮件信息的标题和发送者的名字，再决定是否下载这封电子邮件。通过用户的客户机电子邮件程序，IMAP 可让用户在服务器上创建并管理邮件文件夹或邮箱、删除邮件、查询某一封邮件的一部分或全部内容，完成这些工作时都不需要把电子邮件从服务器下载到用户的个人计算机上。

5. 电子邮件系统的工作原理

电子邮件服务基于 C/S 模式，它通过"存储-转发"方式为用户传递邮件。电子邮件系统的工作原理如图 7.10 所示。首先，发送端将写好的电子邮件发送给自己的邮件服务器；发送端的邮件服务器接收用户送来的电子邮件，并根据收件人的地址发送到对方的邮件服务器中；接收端的邮件服务器接收其他服务器发送来的电子邮件，根据收件人的地址分发到相应的电子邮箱中；接收端可以在任何时间或地点从自己的邮件服务器中读取电子邮件，并对它们进行处理。发送端将电子邮件发出后，电子邮件通过路径到达接收端，这个过程可能非常复杂，但是不需要用户介入，一切都是在 Internet 中自动完成的。

图 7.10 电子邮件系统的工作原理

7.2.3 文件传输服务

互联网上除了有丰富的网页供用户浏览外，还有大量的共享软件、免费程序、影像资料、文字、动画等多种不同功能、不同形式、不同格式的文件供用户使用，利用 FTP，用户可以将远程主机上的这些文件下载到自己的计算机中，也可以将本机的文件上传到远程主机上。

FTP 是用于在网络上进行文件传输的一套标准协议，它工作在 OSI 参考模型中的第七层、TCP/IP 参考模型中的第四层，即应用层，使用 TCP 而不是 UDP 传输。客户机在和服务器建立连接前要经过一个"3 次握手"的过程，保证客户机与服务器之间的连接是可靠的，且是面向连接的，为数据传输提供可靠保证。

FTP 允许用户以文件操作（如文件的增、删、改、查、传输等）的方式与另一主机相互通信，然而，用户并不真正登录到自己想要存取信息的计算机上而成为完全用户。可用 FTP 程序访问远程资源，实现收发文件、管理目录以及访问电子邮件等，即便双方计算机可能配有不同的操作系统和文件存储方式。

1. FTP 的工作过程

FTP 服务系统采用了典型的 C/S 模式，提供 FTP 服务的计算机称为 FTP 服务器，用户的本地计算机称为 FTP 客户机。FTP 的工作过程如图 7.11 所示。

图 7.11　FTP 的工作过程

开发任何基于 FTP 的客户端软件都必须遵循 FTP 的工作原理。FTP 客户机有 3 个构件：用户端口、客户机控制进程和客户机数据传输进程。FTP 服务器有两个构件：服务器控制进程和服务器数据传输进程。FTP 的独特优势是它在两台通信的主机之间使用了两条 TCP 连接。其中，一条是数据连接，用于数据传输；另一条是控制连接，用于传输控制信息（命令和响应）。这种将命令和数据分开传输的方式大大提高了 FTP 的效率，而其他应用程序一般只有一条 TCP 连接。在整个交互的 FTP 会话中，控制连接始终处于连接状态，数据连接则在每一次文件传输时先打开后关闭。

2. FTP 的主要功能

当用户计算机与远端计算机建立 FTP 连接后，就可以进行文件传输了。FTP 的主要功能如下。

（1）把本地计算机上的一个或多个文件传输（上传）到远程计算机上，或从远程计算机上获取（下载）一个或多个文件。

（2）能够传输多种类型、多种结构、多种格式的文件，如文本文件、二进制文件。此外，还可以选择文件的格式及文件传输的模式等。

（3）提供对本地计算机和远程计算机的目录操作功能，可在本地计算机或远程计算机上建立或者删除目录、改变当前工作目录及打印目录和文件的列表等。

（4）对文件进行改名、删除及显示文件内容等。

3. 匿名 FTP

默认状态下，FTP 站点允许匿名访问，FTP 服务器接受对该资源的所有请求，且不提示用户输入用户名或密码。如果站点中存储了重要的或敏感的信息，则应只允许授权用户访问，禁止匿名用户访问。

使用 FTP 时必须先登录，在远程主机上获得相应的权限以后，方可下载或上传文件。也就是说，要想与某一台计算机传输文件，就必须获得这一台计算机的适当授权。或者说，除非有用户 ID 和口令，否则无法传输文件。这种情况违背了 Internet 的开放性，Internet 上的 FTP 主机何止千万台，不可能要求每个用户在每一台主机上都拥有账号。匿名 FTP 就是为解决这个问题而产生的。

匿名 FTP 是这样一种机制：用户可通过它连接到远程主机上，并下载文件，但无须成为其注册用户。

系统管理员建立了一个特殊的用户 ID，名为 anonymous，Internet 上的任何人在任何地方都可使用该用户 ID。

通过 FTP 程序连接匿名 FTP 主机的方式和连接普通 FTP 主机的方式差不多，只是在要求提供用户标识 ID 时必须输入 anonymous，该用户 ID 的口令可以是任意字符串。习惯上，以用户自己的电子邮件地址作为口令，使系统维护程序能够记录下来谁在存取这些文件。

7.2.4　DNS 服务

DNS 是对域名和与之相对应的 IP 地址进行转换的服务器。DNS 中保存了一个域名和与之相对应的 IP 地址的表，用以解析消息的域名。域名是 Internet 中某一台计算机或计算机组的名称，用于在数据传输时标识计算机的电子方位（有时也指地理位置）。域名由一串用点分隔的名称组成，通常包含组织名，且始终包括两三个字母的后缀，以指明组织的类型或该域名所在的国家或地区。

1. 主机名和域名

IP 地址是主机的身份标识，但是对于人类来说，记住大量的诸如 192.168.10.79 的 IP 地址太难了。相对而言，主机名一般具有一定的含义，比较容易记忆，因此，如果计算机能够提供某种工具，使人们可以方便地根据主机名获得 IP 地址，那么这个工具会备受青睐。在网络发展的早期，一种简单的实现方法就是把域名和 IP 地址的对应关系保存在一个文件中，计算机利用这个文件进行域名解析。

这种方式实现起来很简单，但是它有一个非常大的缺点，即内容更新不灵活，每台主机都需要配置这样的文件并及时更新内容，否则就得不到最新的域名信息，因此它只适用于一些规模小的网络。随着网络规模的不断扩大，用单一文件实现域名解析的方法显然不再适用，取而代之的是基于分布式数据库的 DNS，DNS 将域名解析的功能分散到不同层级的 DNS 服务器中，这些 DNS 服务器协同工作，提供可靠、灵活的域名解析服务。

这里用日常生活中的常见例子进行介绍：公路上的汽车都有唯一的车牌号码，如果有人说自己的车牌号码是"80H80"，那么我们无法知道这个号码属于哪座城市，因为不同的城市都可以分配这个号码。现在假设这个号码属于辽宁省沈阳市，而沈阳市在辽宁省的城市代码是"A"，现在把城市代码和车牌号码组合在一起，即"A80H80"，是不是就可以确定这个车牌号码的属地了呢？答案还是不可以。因为其他的省份也有代码是"A"的城市，需要把辽宁省的简称"辽"加进去，即"辽 A80H80"，这样才能确定该车牌号码的属地。

在这个例子中，辽宁省代表一个地址区域，表示一个命名空间，这个命名空间的名称是"辽"。辽宁省的各个城市也有自己的命名空间，如"辽 A"表示沈阳市、"辽 B"表示大连市，在各个城市的命名空间中才能给汽车分配车牌号码。在 DNS 中，域名空间就是"辽"或"辽 A"这样的命名空间，而主机名就是实际的车牌号码。

与车牌号码的命名空间一样，DNS 的域名空间也是分级的，在 DNS 域名空间中，最上面一层被称为"根域"，用"."表示。从根域开始向下依次划分为顶级域、二级域等子域，最下面一级是主机。子域和主机的名称分别称为域名和主机名，域名又有相对域名和绝对域名之分，就像 Linux 操作系统中的相对路径和绝对路径一样。如果从下向上将主机名及各级子域的所有绝对域名组合在一起，用"."分隔，则构成了主机的完全限定域名（Fully Qualified Domain Name，FQDN）。例如，辽宁省交通高等专科学校的 Web 服务器的主机名为"www"，域名为"lncc.edu.cn"，那么其 FQDN 就是"www.lncc.edu.cn"，通过 FQDN 可以唯一地确定互联网中的一台主机。

2. DNS 的工作原理

DNS 服务器提供了域名解析服务，那么是不是所有的域名都可以交给一台 DNS 服务器来解析呢？这显然是不现实的，因为互联网中有不计其数的域名，且域名的数量还在不断增长。一种可行的方法是把域名空间划分成若干区域进行独立管理，区域是连续的域名空间，每个区域都由特定的 DNS 服务器管理，一台 DNS 服务器可以管理多个区域，每个区域都在单独的区域文件中保存域名解析数据。

在 DNS 域名空间结构中，根域位于顶层，管理根域的 DNS 服务器称为根域服务器，顶级域位于根域的下一层，常见的顶级域名有用于商业机构的".com"、用于教育机构的".edu"、用于各种组织（包括非营利组织）的".org"、用于政府部门的".gov"、用于网络组织的".net"、用于医生、律师、会计师等专业人员的".pro"以及代表国家或地区的域名（如中国".cn"）等。顶级域服务器负责管理顶级域名的解析，顶级域服务器下面还有二级域服务器等，假如现在把解析"www.lncc.edu.cn"的任务交给根域服务器，根域服务器并不会直接返回这个主机名的 IP 地址，因为根域服务器只知道各个顶级域服务器的地址，并把解析".cn"顶级域名的权限"授权"给其中一台顶级域服务器（假设是服务器 A）。如果根域服务器收到的请求中包括".cn"顶级域服务器的地址，则这个过程会一直继续下去，直到最后一台负责处理".lncc.edu.cn"的服务器直接返回"www.lncc.edu.cn"的 IP 地址。在这个过程中，DNS 把域名的解析权限层层向下授权给下一级 DNS 服务器，这种基于授权的域名解析就是 DNS 的分级管理机制，又称区域委派。

全球共有 13 台根域服务器，这 13 台根域服务器的名称分别为 A~M，10 台放置在美国，另外 3 台分别放置在英国、瑞典和日本。其中，一台为主根服务器，放置在美国；其余 12 台均为辅根服务器，9 台放置在美国，一台放置在英国，一台放置在瑞典，一台放置在日本。所有根域服务器均由互联网域名与号码分配机构统一管理。这 13 台根域服务器可以指挥类似火狐浏览器或 IE 等的 Web 浏览器和电子邮件程序控制互联网通信。

下面介绍 DNS 的查询过程。

（1）当用户在浏览器地址栏中输入"www.163.com"并按【Enter】键访问该网站时，操作系统会先检查自己本地的 hosts 文件中是否有这个网址映射关系，如果有，则调用这个映射，完成域名解析。

（2）如果 hosts 文件中没有这个网址的映射关系，则查找本地 DNS 解析器缓存，查看其中是否有其网址映射关系，如果有，则直接返回，完成域名解析。

（3）如果 hosts 文件与本地 DNS 解析器缓存中都没有相应的网址映射关系，则查找 TCP/IP 参数中设置的首选 DNS 服务器（称为本地 DNS 服务器），此服务器收到查询时，如果要查询的域名包含在本地配置区域文件中，则返回解析结果给客户机，完成域名解析，此解析具有权威性。

（4）如果要查询的域名未由本地 DNS 服务器解析，但该服务器已缓存了此网址的映射关系，则调用这个映射，完成域名解析。此解析不具有权威性。

（5）如果本地 DNS 服务器的本地区域文件和缓存解析都失效，则根据本地 DNS 服务器的设置（是否设置转发器）进行查询。

① 如果未使用转发模式，则本地 DNS 服务器会把请求发至 13 台根域服务器，根域服务器收到请求后会判断这个域名".com"是谁来授权管理的，并会返回一个负责该顶级域服务器的 IP 地址。本地 DNS 服务器收到 IP 信息后，会联系负责".com"域的服务器。负责".com"域的服务器收到请求后，如果自己无法解析，则会发送至一个管理".com"域的下一级 DNS 服务器的 IP 地址"163.com"给本地 DNS 服务器。当本地 DNS 服务器收到这个地址后，就会查找"163.com"域的服务器，重复上述过程进行查询，直至找到"www.163.com"主机。

② 如果使用的是转发模式，则此 DNS 服务器会把请求转发至上一级 DNS 服务器，由上一级 DNS 服务器进行解析，如果上一级 DNS 服务器无法解析，则查找根域服务器或把请求转至上上级，直到完成解析。不管是本地 DNS 服务器使用的是转发模式还是根域服务器，最后都要将结果返回给本地 DNS 服务器，由此 DNS 服务器返回给客户机。

7.2.5 远程登录服务

远程登录是最主要的 Internet 应用之一，也是最早的 Internet 应用之一，默认端口号为 23。

1. 远程登录的概念及主要作用

远程登录允许 Internet 用户从其本地计算机登录到远程服务器，一旦建立连接并登录到远程服务器，用户就可以向其输入数据、运行软件，就像直接登录到该服务器一样，可以做任何相关授权操作。

Internet 远程登录服务的主要作用如下。

（1）允许用户与在远程计算机上运行的程序进行交互。

（2）可以执行远程计算机上的任何应用程序，并能屏蔽不同型号计算机之间的差异。

（3）用户可以利用个人计算机去完成许多只有大型计算机才能完成的任务。

2. 远程登录的基本工作原理

与其他 Internet 服务一样，远程登录服务系统采用的也是 C/S 模式，主要由远程登录服务器、用户终端和远程登录通信协议组成。

用户要登录的远程主机上必须运行远程登录服务软件；用户的本地计算机上需要运行远程登录客户软件，用户只能通过远程登录客户软件进行远程访问。

远程登录服务软件与远程登录客户软件协同工作，在远程登录通信协议的协调指挥下，实现远程登录功能。远程登录的基本工作原理如图 7.12 所示。

3. 远程登录的使用

使用远程登录的条件是用户本身的计算机或向用户提供 Internet 访问的计算机支持"Telnet"命令。用户进行远程登录时，在远程计算机上应该具有自己的账户，包括用户名与密码。远程计算机提供公共账户供没有账户的用户使用。

图 7.12　远程登录的基本工作原理

用户在使用"telnet"命令进行远程登录时，首先应在"telnet"命令中给出对方计算机的主机名或 IP 地址（如"telnet 192.168.1.100"），然后根据对方系统的提示，输入用户名和密码进行远程访问。

Internet 中有很多信息服务机构提供开放式的远程登录服务。登录到这样的计算机时，不需要事先设置账户，使用公开的用户名就可以进入系统。这样用户就可以使用"telnet"命令使自己的计算机暂时成为远程计算机的一个虚拟终端。一旦用户实现了远程登录，用户就可以像远程主机的本地终端一样进行工作，并可以使用远程主机对外开放的全部资源，如程序、操作系统、应用软件及信息资料等。

7.2.6　电子商务服务

电子商务诞生于 20 世纪 60 年代，发展于 20 世纪 90 年代，是一种商务活动的新形式，是以现代信息技术手段进行商品交易的过程，其内容主要包括电子方式和商贸活动两个方面。

电子商务主要涵盖 3 个方面的内容：一是政府贸易管理的电子化，即采用网络技术实现数据和资料的处理、传递和存储；二是企业级电子商务，即企业间利用计算机技术和网络技术实现与供应商、客户之间的商务活动；三是电子购物，即企业通过网络为个人提供服务及进行其他商业行为。

电子商务产生和发展的重要条件体现在计算机的广泛应用、网络的普及和成熟、电子安全交易协议的制定以及政府的支持和推动等多个方面。

1. 电子商务的特点

电子商务与传统商业方式相比，具有以下特点。

（1）精简流通环节。电子商务不需要批发商、专卖店和商场，客户可通过网络直接从厂商订购商品。

（2）节省购物时间，增加客户的选择。电子商务通过网络为具有各种消费需求的用户提供广泛的选择余地，可以使用户足不出户便能购买到令他们满意的商品。

（3）加速资金流通。电子商务中的资金周转无须在银行以外的客户、批发商、商场等之间进行，可直接通过网络在银行内部账户上进行，这大大加快了资金周转的速度，同时减少了商业纠纷。

（4）增强客户和厂商的交流。客户可以通过网络说明自己的需求，订购自己喜欢的产品，厂商可以很快地了解用户需求，避免生产上的浪费。

（5）刺激企业间的联合和竞争。企业可以通过网络了解竞争对手的产品性能与价格以及销售量等信息，从而促进企业改进技术，提高产品竞争力。

2. 电子商务的内容

电子商务不仅使企业拥有一个商机无限的网络发展空间，还有助于提高企业的竞争力，并能为广大消费者提供更多的消费选择，其主要内容如下。

（1）虚拟银行。虚拟银行是现代银行业的发展方向，指引着银行业未来的发展。利用 Internet 这个开放式网络来开展银行业务具有广阔的前景，将引起一场深刻的"银行革命"。在虚拟银行电子空间中，可以允许银行客户和金融客户根据需要随时在虚拟银行里漫游，并随时使用银行提供的各种服务，包括使用信用卡网上购物、个人贷款、电子货币结算及投资业务咨询等。

拓展阅读 7-2

（2）网上购物。网上购物就是通过互联网检索商品信息，并通过电子订购单发出购物请求，然后填写私人账号或信用卡的号码，厂商通过邮寄的方式发货，或通过快递公司送货上门。一般而言，我国的网上购物使用的交易方式是款到发货（直接银行转账，在线汇款）和货到付款等。

（3）网络广告。网络广告就是在网络上做的广告，是通过网络广告投放平台利用网站上的广告横幅、文本链接、多媒体的方法，在互联网发布广告，通过网络传递到互联网用户的一种高科技广告运作方式。与传统的四大传播媒体（报纸、杂志、电视、广播）广告及近来备受青睐的户外广告相比，网络广告具有得天独厚的优势，是实施现代营销媒体战略的重要部分。网络广告是主要的网络营销方法之一，在网络营销方法体系中具有举足轻重的地位。事实上，多种网络营销方法也都可以理解为网络广告的具体表现形式，并不局限于放置在网页上的各种规格的广告。电子邮件广告、搜索引擎关键词广告、搜索固定排名等都可以理解为网络广告的表现形式。

无论以什么形式出现，网络广告的本质是相同的，即向互联网用户传递营销信息，合理利用用户注意力资源。Internet 是一个全新的广告媒体，宣传速度快、效果理想，是中小企业宣传自己的很好的途径，对于广泛开展国际业务的公司来说更是如此。

7.3 Internet 的发展趋势

创新是 Internet 不变的主题，融合再创新是 Internet 不变的旋律。Internet 的发展趋势体现在以下几个方面。

1. 业务应用趋向人性化

未来的 Internet 产业将围绕"以人为本"的宗旨来发展，不管如何创新，其目的都是让用户获得更大的便利。未来网站的经营模式也将向"以人为本"的方式过渡，这样可使网站自身和网络用户"双赢"。

2. 操作技术趋向简捷化

"以人为本"的趋势要求 Internet 界面对用户应充分体现"所见即所得"，减小使用 Internet 的复杂度。它的各项技术（如信息检索技术等）将会向简捷化的方向发展，人们使用 Internet 将更加便捷。

3. 基础平台趋向融合化

将网络上承载的各种业务能力集合在一起称为融合。融合多种应用是大势所趋，这种融合的实现不仅要体现在业务上，还要体现在基础设施和边缘行业上。

当前研究的首要热点是如何实现基础设施的融合，另一热点是业务融合中如何在产业链上正确定位。

怎样为基于网络的产业环境定位，以及各行各业今后如何紧密配合、协同工作是 Internet 发展面临的又一大挑战。

4．网站服务趋向多元化

网站是 Internet 企业的载体，也是企业获取利润的主要渠道。网站今后的建设和运营模式趋向门户与专业并重的多元化，以满足用户的个性化需求。

技能实践

任务 7.1　RIPng 配置

【实训目的】

（1）理解 RIPng。

（2）掌握 RIPng 的配置方法。

【实训环境】

（1）准备 Cisco Packet Tracer 8.0 模拟器。

（2）设计网络拓扑结构。

【实训内容与步骤】

RIPng 是为 IPv6 网络设计的下一代距离矢量路由协议。与早期的 IPv4 的 RIP 类似，RIPng 同样遵循距离矢量原则。RIPng 保留了 RIP 的多个主要特性，例如，RIPng 规定每一跳的开销度量值也为 1，最大跳数也为 15，RIPng 通过 UDP 的 521 端口发送和接收路由信息。

V7-1　配置 RIPng

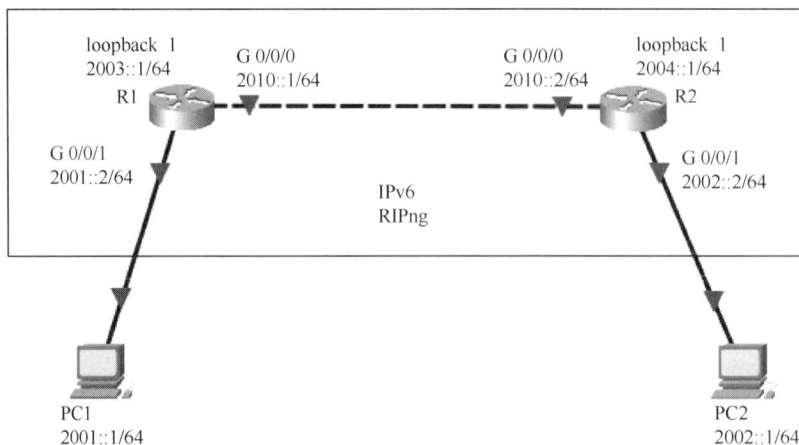

RIPng 与 RIP 最主要的区别在于，RIPng 使用 IPv6 组播地址 FF02::9 作为目的地址来传送路由更新报文，而 RIPv2 使用的是组播地址 224.0.0.9。IPv4 一般采用公网地址或私网地址作为路由条目的下一跳地址，而 IPv6 通常采用链路本地地址作为路由条目的下一跳地址。

（1）配置 RIPng，包括相关端口与 IP 地址配置，如图 7.13 所示，进行网络拓扑连接。路由器 R1 和路由器 R2 的 loopback 1 端口使用的是全球单播地址。路由器 R1 和路由器 R2 的物理端口在使用 RIPng 传送路由信息时，路由条目的下一跳地址只能是链路本地地址。例如，如果路由器 R1 收到的路由条目的下一跳地址为 2010::2/64，则路由器 R1 会认为目的地址为 2004::1/64 的网络地址可达。

图 7.13　配置 RIPng

（2）配置路由器 R1，相关实例代码如下。

```
Router>enable
Router#terminal   no   monitor
Router#conf   t
Router(config)#hostname   R1
R1(config)#ipv6   unicast-routing          //启用 IPv6 单播路由功能
R1(config)#ipv6   router   rip   r01        //创建 RIPng 路由进程
R1(config-rtr)#int   g 0/0/1
R1(config-if)#ipv6   address   2001::2/64    //配置 IPv6 地址
R1(config-if)#ipv6   rip   r01   enable       //使能 RIPng 进程端口
R1(config-if)#no   shutdown
R1config-if)#ipv6   enable
R1(config-if)#exit
R1(config)#int   g 0/0/0
R1(config-if)#ipv6   address   2010::1/64
R1(config-if)#ipv6   rip   r01   enable
R1(config-if)#no   shutdown
R1config-if)#ipv6   enable
R1(config-if)#exit
R1(config)#int   loopback 1
R1(config-if)#ipv6   address   2003::1/64
R1(config-if)#ipv6   rip   r01   enable
R1(config-if)#no   shutdown
R1config-if)#ipv6   enable
R1(config-if)#end
R1#
```

（3）配置路由器 R2，相关实例代码如下。

```
Router>enable
Router#terminal   no   monitor
Router#conf   t
Router(config)#hostname   R2
R2(config)#ipv6   unicast-routing          //启用 IPv6 单播路由功能
R2(config)#ipv6   router   rip   r02
R2(config-rtr)#int   g 0/0/1
R2(config-if)#ipv6   address   2002::2/64
R2(config-if)#ipv6   rip   r02   enable
R2(config-if)#no   shutdown
R2(config-if)#ipv6   enable
R2(config-if)#exit
R2(config)#int   g 0/0/0
R2(config-if)#ipv6   address   2010::2/64
R2(config-if)#ipv6   rip   r02   enable
R2(config-if)#no   shutdown
R2(config-if)#ipv6   enable
R2(config-if)#exit
R2(config)#int   loopback 1
R2(config-if)#ipv6   address   2004::1/64
R2(config-if)#ipv6   rip   r02   enable
R2(config-if)#no   shutdown
```

```
R2(config-if)#ipv6   enable
R2(config-if)#end
R2#
```

（4）配置主机 PC1 和 PC2 的 IPv6 相关地址信息，以主机 PC1 为例，如图 7.14 所示。

图 7.14　配置主机 PC1 的 IPv6 相关地址信息

（5）显示路由器 R1、R2 的配置信息，以路由器 R1 为例，主要相关实例代码如下。

```
R1#show   running-config
!
hostname R1
!
ip cef
ipv6 unicast-routing
!
interface Loopback1
 no ip address
 ipv6 address 2003::1/64
 ipv6 rip r01 enable
ipv6 enable
!
interface GigabitEthernet0/0/0
 no ip address
 duplex auto
 speed auto
 ipv6 address 2010::1/64
 ipv6 rip r01 enable
ipv6 enable
 !
```

```
interface GigabitEthernet0/0/1
 no ip address
 duplex auto
 speed auto
 ipv6 address 2001::2/64
 ipv6 rip r01 enable
ipv6 enable
!
ipv6 router rip r01
!
R1#
```

（6）显示路由器 R1、R2 的 RIPng 路由信息以及端口信息，以路由器 R1 为例，相关实例代码如下。

```
R1#show  ipv6  interface  brief
GigabitEthernet0/0/0      [up/up]
    FE80::202:17FF:FE67:9B01
    2010::1
GigabitEthernet0/0/1      [up/up]
    FE80::202:17FF:FE67:9B02
    2001::2
GigabitEthernet0/0/2      [administratively down/down]
    unassigned
Loopback1                 [up/up]
    FE80::2E0:B0FF:FE57:D8C
    2003::1
Vlan1                     [administratively down/down]
    unassigned
R1#
R1#show  ipv6  route
IPv6 Routing Table - 9 entries
Codes: C - Connected, L - Local, S - Static, R - RIP, B - BGP
       U - Per-user Static route, M - MIPv6
       I1 - ISIS L1, I2 - ISIS L2, IA - ISIS interarea, IS - ISIS summary
       ND - ND Default, NDp - ND Prefix, DCE - Destination, NDr - Redirect
       O - OSPF intra, OI - OSPF inter, OE1 - OSPF ext 1, OE2 - OSPF ext 2
       ON1 - OSPF NSSA ext 1, ON2 - OSPF NSSA ext 2
       D - EIGRP, EX - EIGRP external
C   2001::/64 [0/0]
    via GigabitEthernet0/0/1, directly connected
L   2001::1/128 [0/0]
    via GigabitEthernet0/0/1, receive
R   2002::/64 [120/2]
    via FE80::260:70FF:FE70:D901, GigabitEthernet0/0/0
C   2003::/64 [0/0]
    via Loopback1, directly connected
L   2003::1/128 [0/0]
    via Loopback1, receive
R   2004::/64 [120/2]
    via FE80::260:70FF:FE70:D901, GigabitEthernet0/0/0
```

```
C    2010::/64 [0/0]
       via GigabitEthernet0/0/0, directly connected
L    2010::1/128 [0/0]
       via GigabitEthernet0/0/0, receive
L    FF00::/8 [0/0]
       via Null0, receive
R1#
R1#show  ipv6  route  summary
IPv6 routing table name is default(0) global scope - 9 entries
IPv6 routing table default maximum-paths is 16
Route Source   Networks   Overhead   Memory (bytes)
connected       3          264        372
local           4          352        496
rip             2          176        248
Total           9          792        1116
   Number of prefixes:
     /8: 1, /64: 5, /128: 3
R1#
```

（7）验证相关测试结果，主机 PC1 访问主机 PC2 的结果如图 7.15 所示。

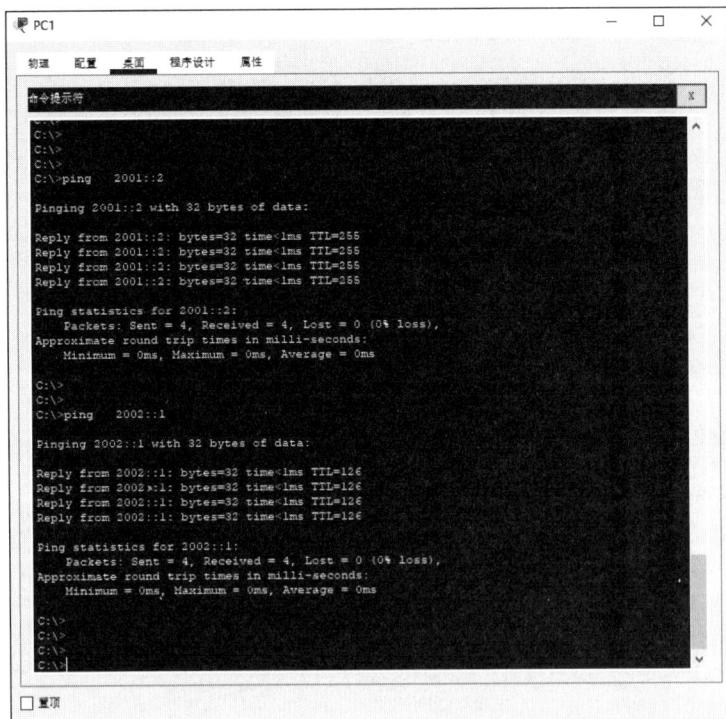

图 7.15　主机 PC1 访问主机 PC2 的结果

任务 7.2　OSPFv3 配置

【实训目的】
（1）理解 OSPFv3。
（2）掌握 OSPFv3 的配置方法。

【实训环境】

（1）准备 Cisco Packet Tracer 8.0 模拟器。

（2）设计网络拓扑结构。

【实训内容与步骤】

OSPFv3 是运行在 IPv6 网络中的 OSPF 协议。运行 OSPFv3 协议的路由器使用物理端口的链路本地单播地址为源地址来发送 OSPF 报文。路由器将学习相同链路上与之相连的其他路由器的链路本地地址，并在报文转发的过程中将这些地址当作下一跳地址使用，IPv6 中使用组播地址 FF02::5 来表示 All Routers，而 OSPFv2 中使用的是组播地址 224.0.0.5。需要注意的是，OSPFv3 和 OSPFv2 互不兼容。

路由器 ID 在 OSPFv3 中也是用于标识路由器的。与 OSPFv2 的路由器 ID 不同，OSPFv3 的路由器 ID 必须手动配置；如果没有手动配置路由器 ID，则 OSPFv3 将无法正常运行。OSPFv3 在广播型网络和 NBMA 网络中选择 DR 及 BDR 的过程与 OSPFv2 相似。IPv6 中使用组播地址 FF02::6 来表示 All Routers，而在 OSPFv2 中使用的是组播地址 224.0.0.6。

OSPFv3 是基于链路的，而不是基于网段的。在配置 OSPFv3 时，不需要考虑路由器的端口是否配置在同一网段，只要路由器的端口连接在同一链路上，就可以不配置 IPv6 全局地址而直接建立联系。这一变化影响了 OSPFv3 报文的接收、Hello 报文的内容及 LSA 报文的内容。

OSPFv3 直接使用 IPv6 的扩展头部（AH 和 ESP）来实现认证及安全处理，不需要自身来完成认证。

（1）配置 OSPFv3，包括相关端口与 IP 地址配置，如图 7.16 所示，进行网络拓扑连接。

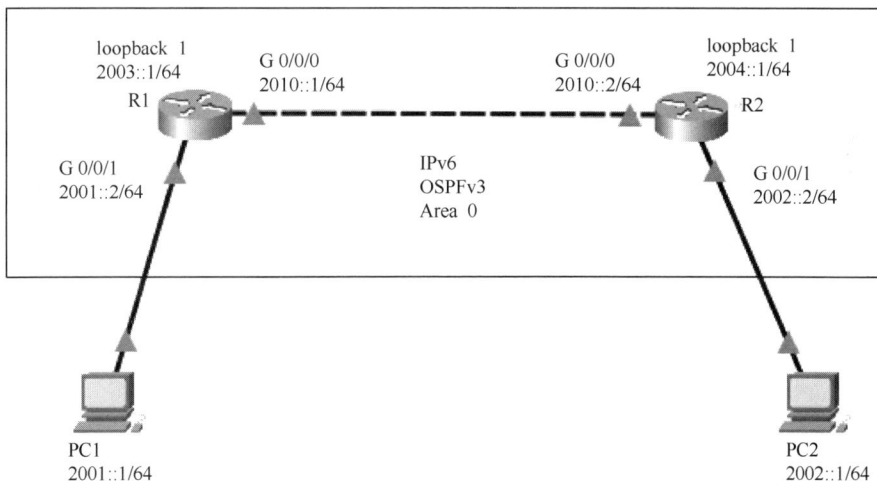

图 7.16　配置 OSPFv3

（2）配置路由器 R1，相关实例代码如下。

```
Router>enable
Router#terminal   no   monitor
Router#conf  t
Router(config)#hostname  R1
R1(config)#ipv6  unicast-routing          //启用 IPv6 单播路由功能
R1(config)#ipv6  router  ospf  1          //创建 OSPFv3 路由进程
R1(config-rtr)#router-id  1.1.1.1         //配置路由器 ID
R1(config-rtr)#exit
```

```
R1(config)#int  g 0/0/1
R1(config-if)#ipv6  address  2001::2/64          //配置 IPv6 地址
R1(config-if)#ipv6  ospf  1  area  0             //配置区域 0
R1(config-if)#no  shutdown
R1config-if)#ipv6  enable
R1(config-if)#exit
R1(config)#int  g 0/0/0
R1(config-if)#ipv6  address  2010::1/64
R1(config-if)#ipv6  ospf  1  area  0
R1(config-if)#no  shutdown
R1config-if)#ipv6  enable
R1(config-if)#exit
R1(config)#int  loopback 1
R1(config-if)#ipv6  address  2003::1/64
R1(config-if)#ipv6  ospf  1  area  0
R1(config-if)#no  shutdown
R1config-if)#ipv6  enable
R1(config-if)#end
R1#
```

（3）配置路由器 R2，相关实例代码如下。

```
Router>enable
Router#terminal  no  monitor
Router#conf  t
Router(config)#hostname  R2
R2(config)#ipv6  unicast-routing              //启用 IPv6 单播路由功能
R2(config)#ipv6  router  ospf 1               //创建 OSPFv3 路由进程
R2(config-rtr)#router-id  2.2.2.2             //配置路由器 ID
R2(config-rtr)#exit
R2(config)#int  g 0/0/1
R2(config-if)#ipv6  address  2002::2/64
R2(config-if)#ipv6  ospf  1  area  0
R2(config-if)#no  shutdown
R2(config-if)#ipv6  enable
R2(config-if)#exit
R2(config)#int  g 0/0/0
R2(config-if)#ipv6  address  2010::2/64
R2(config-if)#ipv6  ospf  1  area  0
R2(config-if)#no  shutdown
R2(config-if)#ipv6  enable
R2(config-if)#exit
R2(config)#int  loopback 1
R2(config-if)#ipv6  address  2004::1/64
R2(config-if)#ipv6  ospf  1  area  0
R2(config-if)#no  shutdown
R2(config-if)#ipv6  enable
R2(config-if)#end
R2#
```

（4）配置主机 PC1 和 PC2 的 IPv6 相关地址信息，以主机 PC2 为例，如图 7.17 所示。

图 7.17　配置主机 PC2 的 IPv6 相关地址信息

（5）显示路由器 R1、R2 的配置信息，以路由器 R1 为例，主要相关实例代码如下。

```
R1#show   running-config
!
hostname R1
!
ip cef
ipv6 unicast-routing
!
interface Loopback1
 no ip address
 ipv6 address 2003::1/64
 ipv6 enable
 ipv6 ospf 1 area 0
!
interface GigabitEthernet0/0/0
 no ip address
 duplex auto
 speed auto
 ipv6 address 2010::1/64
 ipv6 enable
 ipv6 ospf 1 area 0
!
interface GigabitEthernet0/0/1
 no ip address
 duplex auto
 speed auto
```

```
    ipv6 address 2001::2/64
    ipv6 enable
    ipv6 ospf 1 area 0
!
ipv6 router ospf 1
    router-id 1.1.1.1
    log-adjacency-changes
!
end
R1#
```

（6）显示路由器 R1、R2 的 OSPFv3 路由信息以及端口信息，以路由器 R2 为例，相关实例代码如下。

```
R2#show   ipv6   interface   brief
GigabitEthernet0/0/0         [up/up]
    FE80::260:70FF:FE70:D901
    2010::2
GigabitEthernet0/0/1         [up/up]
    FE80::260:70FF:FE70:D902
    2002::2
GigabitEthernet0/0/2         [administratively down/down]
    unassigned
Loopback1                    [up/up]
    FE80::2D0:BAFF:FE52:151A
    2004::1
Vlan1                        [administratively down/down]
    unassigned
R2#show   ipv6   route
IPv6 Routing Table - 9 entries
Codes: C - Connected, L - Local, S - Static, R - RIP, B - BGP
       U - Per-user Static route, M - MIPv6
       I1 - ISIS L1, I2 - ISIS L2, IA - ISIS interarea, IS - ISIS summary
       ND - ND Default, NDp - ND Prefix, DCE - Destination, NDr - Redirect
       O - OSPF intra, OI - OSPF inter, OE1 - OSPF ext 1, OE2 - OSPF ext 2
       ON1 - OSPF NSSA ext 1, ON2 - OSPF NSSA ext 2
       D - EIGRP, EX - EIGRP external
O    2001::/64 [110/2]
       via FE80::202:17FF:FE67:9B01, GigabitEthernet0/0/0
C    2002::/64 [0/0]
       via GigabitEthernet0/0/1, directly connected
L    2002::2/128 [0/0]
       via GigabitEthernet0/0/1, receive
O    2003::1/128 [110/1]
       via FE80::202:17FF:FE67:9B01, GigabitEthernet0/0/0
C    2004::/64 [0/0]
       via Loopback1, directly connected
L    2004::1/128 [0/0]
       via Loopback1, receive
C    2010::/64 [0/0]
       via GigabitEthernet0/0/0, directly connected
```

```
L      2010::2/128 [0/0]
         via GigabitEthernet0/0/0, receive
L      FF00::/8 [0/0]
         via Null0, receive
R2#show   ipv6   route   summary
IPv6 routing table name is default(0) global scope - 9 entries
IPv6 routing table default maximum-paths is 16
Route Source      Networks     Overhead      Memory (bytes)
connected           3             264            372
local               4             352            496
ospf 1              2             176            248
   Intra-area: 2  Inter-area: 0  External-1: 0  External-2: 0
   NSSA External 1: 0  NSSA External 2: 0
Total               9             792            1116
   Number of prefixes:
     /8: 1, /64: 4, /128: 4
R2#
```

（7）验证相关测试结果，主机 PC2 访问主机 PC1 的结果如图 7.18 所示。

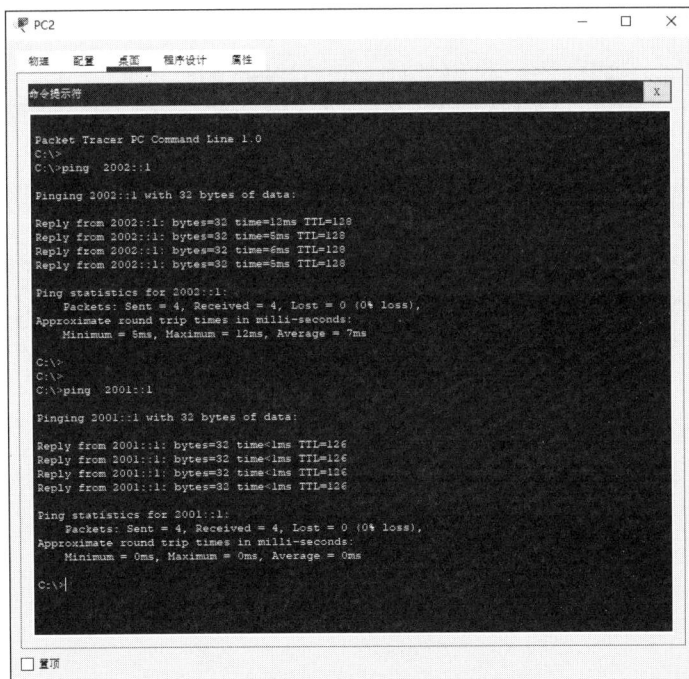

图 7.18   主机 PC2 访问主机 PC1 的结果

模块小结

　　本模块讲解了 Internet 的基本概念、管理机构、应用和发展趋势等知识，详细讲解了 DNS 服务，并讨论了电子商务服务的发展情况。

　　本模块最后通过技能实践使学生掌握 RIPng 的配置方法、OSPFv3 的配置方法。

模块练习

1. 选择题

（1）Internet 主要使用的传输协议是（　　）。

    A．POP3　　　　　　B．TCP/IP　　　　　　C．IPC　　　　　　D．NetBIOS

（2）教育机构的域名是（　　）。

    A．.com　　　　　　B．.org　　　　　　C．.net　　　　　　D．.edu

（3）Telnet 默认使用的端口号是（　　）。

    A．20　　　　　　　B．21　　　　　　　C．23　　　　　　　D．25

（4）在我国，Internet 又称为（　　）。

    A．因特网　　　　　B．物联网　　　　　C．企业网　　　　　D．通信网

（5）"www.lncc.edu.cn" 不是 IP 地址，而是（　　）。

    A．硬件编号　　　　B．软件编号　　　　C．域名　　　　　　D．密码

（6）文件从 FTP 服务器传输到客户机的过程称为（　　）。

    A．上传　　　　　　B．下载　　　　　　C．浏览　　　　　　D．邮寄

（7）WWW 服务使用的协议是（　　）。

    A．HTTP　　　　　B．IP　　　　　　　C．Telnet 协议　　　D．FTP

（8）IP 地址能够唯一确定 Internet 上的每台计算机与每个用户的（　　）。

    A．时间　　　　　　B．费用　　　　　　C．软件　　　　　　D．位置

2. 简答题

（1）简述什么是 Internet。

（2）简述 WWW 服务。

（3）简述电子邮件服务。

（4）简述文件传输服务。

（5）简述 DNS 服务。

（6）简述远程登录服务。

（7）简述电子商务服务。

（8）简述 Internet 的发展趋势。

模块8
计算机网络安全

情景导入

我们在建筑物中看到的类似避雷针的设备，它是一种建筑装饰吗？当然不是，它是一种为了安全而设立的安全设施。设立安全系统或安全设施的目的如下：当发生安全故障时，它们能及时派上用场；当一切正常时，它们不会影响正常工作。那么计算机网络世界中的"安全"是指什么？我们能通过什么措施来增强计算机网络的安全性？当网络不能正常工作时，如何检查网络出现了什么故障？刚刚还能正常使用的计算机，在Internet上下载了一个程序后，变得运行缓慢且不停重启，无法正常工作，这是为什么？

本模块主要讲解计算机网络安全相关的基础知识，主要包括计算机网络安全的定义、计算机病毒、防火墙技术及网络故障检测与管理。

学习目标

【知识目标】
- 了解计算机网络安全的定义。
- 掌握计算机病毒的基本概念、检测与防治。
- 掌握防火墙技术。
- 掌握网络故障检测与管理的方法。

【技能目标】
- 掌握端口扫描器X-Scan的使用方法。
- 掌握360杀毒软件的使用方法。

【素质目标】
- 培养自主学习的能力和习惯。
- 培养团队互助、合作进取的意识。

相关知识

8.1 计算机网络安全概述

有关计算机网络安全技术的研究始于 20 世纪 60 年代，当时，计算机系统的脆弱性已为美国政府和一些机构所认识，但是鉴于当时计算机的速度和性能，其使用的范围不是很广，因此，有关计算机网络安全的研究一直局限在比较小的范围之内。随着网络技术的不断发展，网络应用日益增多，网络安全威胁日益严重，人们越来越关心网络安全问题。

8.1.1 计算机网络安全的相关知识

20 世纪 80 年代，计算机的性能得到了成百上千倍的提高，其应用的范围也在不断扩大，计算机几乎遍布世界各个角落，人们利用通信网络把独立的单机系统连接起来进行相互通信和资源共享。随之而来的是计算机网络安全问题日益严峻，网络中的"黑客"攻击事件每年以几何倍数递增，网络的安全正面临着日益严重的威胁，网络安全问题成为信息技术中最重要的问题之一。

1. 计算机网络安全的定义

计算机网络安全是指网络系统的硬件、软件及系统中的数据受到保护，不受偶然的或者恶意的原因而遭到破坏、更改、泄露，确保系统能连续、可靠、正常地运行，网络服务不中断。计算机网络安全从本质上来讲就是网络上的信息安全。广义来说，凡是涉及网络上信息的保密性、完整性、可用性、真实性、可控性的技术和理论都是计算机网络安全的研究领域。

2. 计算机网络安全涉及的方面

计算机网络安全主要涉及物理安全、软件安全、信息安全和运行安全 4 个方面。

（1）物理安全。物理安全包括硬件、存储介质和外部环境的安全。硬件是指网络中的各种设备和通信线路，如主机、路由器、服务器、工作站、交换机、电缆等；存储介质包括磁盘、光盘等；外部环境主要指计算机设备的安装场地、供电系统。保障物理安全，就是保障这些硬件设施能够正常工作而不被损害。

拓展阅读 8-1

（2）软件安全。软件安全是指网络软件以及各主机、服务器、工作站等设备所运行的软件的安全。保障软件安全，就是保障网络中的各种软件能够正常运行，不被修改、破坏。

（3）信息安全。信息安全是指网络中所存储和所传输数据的安全，主要体现在信息隐蔽性和防修改的能力上。保障信息安全，就是保障网络中的信息不被非法修改、复制、解密等，这也是保障网络安全最根本的目的。

（4）运行安全。运行安全指网络中的各个信息系统能够正常运行并能正常地通过网络传输信息。保障运行安全，就是通过对网络系统中的各种设备运行状况进行监测，在发现不安全的因素时，及时报警并采取相应措施，消除不安全状态以保障网络系统的正常运行。

保障网络安全的目的是确保系统的保密性、完整性和可用性。保密性要求只有授权用户才能访问网络信息；完整性要求网络中的数据保持完整，不被意外或恶意地改变；可用性指在网络不降低实用性的情况下仍能根据授权用户的需要提供资源和服务。

8.1.2 网络安全的基本特性

由于网络安全受到的威胁具有多样性、复杂性，以及网络信息、数据具有重要性等因素，在设计网络系统时，应该努力达到安全目标。一个安全的网络应具有下面 5 个特性：保密性、完整性、可靠性、可用性和不可抵赖性。

拓展阅读 8-2

1. 保密性

保密性指防止信息泄露给非授权个人或实体。信息只让授权用户使用，保密性是面向信息的安全要求。保密是在可靠性和可用性的基础上，保障网络中信息安全的重要手段。对敏感用户信息的保密是人们研究最多的领域。由于网络信息会成为黑客、计算机犯罪人员、病毒甚至信息战时敌方的攻击目标，因此受到人们越来越多的关注。

2. 完整性

完整性也是面向信息的安全要求。它是指信息不被偶然或蓄意地删除、修改、伪造、乱序、重放、插入等操作破坏的特性。它与保密性不同，保密性是防止信息泄露给非授权的人，而完整性要求信息的内容及顺序都不被破坏和修改。用户信息和网络信息都要求完整性，例如，涉及金融的用户信息，如果用户账目被修改、伪造或删除，则会带来巨大的经济损失。网络信息一旦受到破坏，严重时会造成通信网络的瘫痪。

3. 可靠性

可靠性是网络安全最基本的要求之一，是指系统在规定条件下和规定时间内完成规定功能的概率。如果网络不可靠，经常出问题，则这个网络是不安全的。目前，网络可靠性的研究主要偏硬件可靠性方面。研制具有高可靠性的硬件设备，采取合理的冗余备份措施是最基本的保证可靠性的对策。但实际上有许多故障和事故，与软件可靠性、人员可靠性和环境可靠性有关。人员可靠性在通信网络中起着重要作用。有关资料表明，系统失效事故中很大一部分的原因是人为因素。

4. 可用性

可用性是网络面向用户的基本安全要求。网络最基本的功能是向用户提供所需的信息和提供通信服务，而用户的通信要求是随机的、多方面的，有时还要求具有时效性。网络必须随时满足用户通信的要求。从某种意义上讲，可用性是可靠性的更高要求，特别是在重要场合下，特殊用户的可用性显得十分重要。为此，网络需要采用科学合理的网络拓扑结构，必要的冗余、容错和备份措施，以及网络自愈技术、分配配置和负担分担、各种完善的物理安全和应急措施等，从满足用户需求出发，保证通信网络的安全。

5. 不可抵赖性

不可抵赖性也称为不可否认性，是面向通信双方（人、实体或进程）信息真实性的安全要求。它要求收发双方均不可抵赖。随着通信业务的不断扩大，电子贸易、电子金融、电子商务和办公自动化等许多信息处理过程都需要通信双方对信息内容的真实性进行认同，为此，应采用数字签名、认证、数据备份、鉴别等有效措施，以实现信息的不可抵赖性。

网络的安全不仅包括防范窃密活动，其可靠性、可用性、完整性和不可抵赖性应作为与保密性同等重要的安全目标加以实现。我们应从观念上、政策上做出必要的调整，全面规划和实施网络信息的安全策略。

8.1.3 网络安全脆弱的原因

网络安全脆弱的原因是多方面的，主要有以下几个方面。

1. 开放的网络环境

网络空间之所以易受攻击，是因为网络系统具有开放、快速、分散、互联、虚拟等特点。网络用户可以自由地访问任何网站，几乎不受时间和空间的限制，信息传输速率极快，因此，病毒等有害的信息可在网络中迅速扩散开来。网络基础设施和终端设备数量众多，分布广阔，各种信息系统互联互通，用户身份和位置真假难辨，构成了一个庞大而复杂的虚拟环境。此外，网络软件和协议之间存在着许多技术漏洞，让攻击者有可乘之机，这些都给网络安全管理造成了巨大的困难。Internet 的广泛使用，意味着网络的攻击不仅可以来自本地的网络用户，还可以来自 Internet 上的任何一台机器。另外，网络之间使用的通信协议 TCP/IP 本身也有缺陷。

2. 操作系统的缺陷

操作系统是计算机系统的基础软件，没有它提供的安全保护，计算机操作系统及数据的安全都将无法得到保障。保障操作系统的安全非常重要，因为有很多网络攻击方式是从寻找操作系统的缺陷入手的。操作系统的主要缺陷体现在以下几个方面。

（1）操作系统模型本身的缺陷。这种缺陷是操作系统设计初期就存在的，无法通过修改操作系统的源代码来弥补。

（2）操作系统程序的源代码存在错误。操作系统也是一个计算机程序，任何程序都会有错误，操作系统也不例外。

（3）操作系统程序的配置不当。许多操作系统的默认配置安全性很差，进行安全配置比较复杂，且需要一定的安全知识，而许多用户并没有这方面的知识。如果没有正确地进行配置，则会造成一些操作系统的安全缺陷。

3. 应用软件的漏洞

操作系统只是给人们提供了一个平台，人们使用最多的还是应用软件。随着科技的发展，人们的工作和生活对计算机的依赖越来越大，应用软件越来越多，软件的安全性变得越来越重要。应用软件有开发者众多、个性化、注重功能等特点，现在有许多网络攻击是利用应用软件的漏洞发起的。

4. 人为因素

许多公司和用户的网络安全意识薄弱，这些人为因素也影响了网络的安全性，专家们一致认为网络安全管理是"30%的技术，70%的管理"。

8.2 计算机病毒

计算机病毒（Computer Virus）指编制或者在计算机程序中插入的破坏计算机功能或破坏数据，影响计算机正常使用并能够自我复制的计算机指令。

计算机病毒不是独立存在的，而是隐藏在其他可执行的程序之中。计算机中病毒后，轻则影响计算机运行速度，重则死机，系统被破坏，因此，病毒会给用户带来很大的损失。

8.2.1 计算机病毒的基本概念

任何病毒只要侵入系统，都会对系统及应用程序产生不同程度的影响，轻则降低计算机的工作效率，占用系统资源，重则导致数据丢失、系统崩溃。计算机病毒的程序性，代表它和其他合法程序一样，是一段可执行程序，但它不是完整的程序，而是寄生在其他可执行程序上的一段程序，只有其他程序运行的时候，病毒才起破坏作用。病毒进入计算机后一旦得到执行，就会搜索其他符合条件的环境，确定目标后再将自身复制其中，从而达到自我"繁殖"的目的。因此，传染性是判断计算机病毒的重要条件。

病毒只有在满足特定条件时，才会对计算机产生致命的破坏，计算机"中毒"后不会马上产生反应，病毒会长期隐藏在系统中，如有名的在每逢13号的星期五发作的"黑色星期五"病毒。病毒一般情况下在正常硬盘或者程序中，计算机用户在其激活之前很难发现病毒，它们是使用很高的编程技巧编写而成的一种短小精悍的可执行程序。一般没有用户主动执行病毒程序，但是病毒会在其条件成熟后产生作用，如破坏程序、扰乱系统的工作等。计算机的非授权运行是计算机病毒的典型特点，其会在未经操作者许可的条件下自动运行。

1. 计算机病毒的特性

计算机病毒具有以下几个特性。

（1）隐蔽性。计算机病毒不易被发现，这是因为计算机病毒具有较强的隐蔽性，其往往以隐含在文件或程序代码中的方式存在，在普通的病毒查杀活动中难以及时、有效地查杀病毒。病毒通常伪装成正常程序，扫描计算机病毒时难以发现。此外，一些病毒被设计成病毒修复程序，诱导用户使用，进而实现病毒植入，入侵计算机。计算机病毒的隐蔽性使得计算机用户处于被动状态，造成了严重的安全隐患。

（2）破坏性。病毒往往具有极大的破坏性，能够破坏数据信息，甚至造成大面积的计算机瘫痪，对计算机用户造成较大损失。常见的木马、蠕虫等计算机病毒可以大范围入侵计算机，为计算机带来安全隐患。

（3）传染性。计算机病毒的一大特性是传染性，即能够通过 U 盘、网络等途径入侵计算机。在入侵之后，往往可以实现病毒扩散，感染未感染病毒的计算机，进而造成大面积的计算机瘫痪等事故。随着网络信息技术的不断发展，在短时间内，病毒能够实现较大范围的恶意入侵。因此，在计算机病毒的安全防御中，如何防止病毒快速传染成为有效防御病毒的重要基础，也是构建防御体系的关键。

（4）寄生性。计算机病毒具有寄生性。计算机病毒需要在宿主中寄生才能生存，才能更好地发挥其功能，以破坏宿主的正常机能。通常情况下，计算机病毒都寄生在其他正常程序或数据中，在此基础上利用一定介质实现传播。在宿主计算机实际运行过程中，一旦达到某种设置条件，计算机病毒就会被激活，随着程序的启动，计算机病毒会对宿主计算机文件不断修改，使其破坏作用得以发挥。

（5）可执行性。计算机病毒与其他合法程序一样，是一段可执行程序，但它不是一个完整的程序，而是寄生在其他可执行程序上的，因此它享有一切宿主拥有的权力。

（6）可触发性。病毒会因某个事件或数值的出现而实施感染或进行攻击。

（7）攻击的主动性。病毒对系统的攻击是主动的，计算机系统无论采取多么严密的保护措施，都不可能彻底地排除病毒对系统的攻击，而保护措施充其量是一种预防的手段而已。

（8）针对性。计算机病毒针对特定的计算机和特定的操作系统。例如，有的病毒针对 IBM PC 及其兼容机，如小球病毒针对 IBM PC 及其兼容机上的 DoS，有的病毒针对 Apple 公司的 Macintosh，还有的病毒针对 UNIX 操作系统。

2. 计算机"中毒"的主要症状

计算机"中毒"的症状有很多，凡是计算机不正常都有可能与病毒有关。计算机感染病毒后，如果没有发作，则是很难觉察到的。但病毒发作时很容易从计算机的以下症状中看出来：工作会很不正常；莫名其妙地死机；突然重新启动或无法启动；程序不能运行；磁盘坏簇莫名其妙地增多；磁盘空间变小；系统启动变慢；数据和程序丢失；出现异常的声音、音乐或出现一些无意义的画面和问候语等；正常的外设使用异常，如打印出现问题、键盘输入的字符与屏幕显示的不一致等。

8.2.2 计算机病毒的检测与防治

众所周知，要想知道计算机系统是否感染病毒，首先要进行检测，然后才是防治。具体的检测方法不外乎两种：自动检测和人工检测。

自动检测由成熟的检测软件（杀毒软件）自动完成，无须进行太多的人工干预，但是由于现在新病毒出现快、变种多，有时候会因没有及时更新病毒库导致无法检测到系统已"中毒"，所以需要用户能够根据计算机出现的异常情况进行检测，即人工检测。感染病毒的计算机系统内部会发生某些变化，并在一定的条件下表现出来，因而可以通过直接观察来判断系统是否感染病毒。

1. 计算机病毒检测方法

自 20 世纪 80 年代出现具有危害性的计算机病毒以来，计算机专家们就开始研究防病毒技术，防病毒技术随着病毒技术的发展而发展。常用的计算机病毒诊断方法有以下几种，这些方法依据的原理不同，实现时所需的开销不同，检测范围也不同，各有所长。

（1）特征代码法。特征代码法是现在大多数防病毒软件的静态扫描所采用的方法，是检测已知病毒最简单、开销最小的方法，当防病毒软件公司收集到一种新的病毒时，就会从这个病毒中截取一小段独一无二且足以表示这种病毒的二进制代码，将其当作扫描此病毒的依据，而这段独一无二的代码就是所谓的病毒特征代码。分析出病毒的特征代码后，将其集中存放于病毒代码库中，在扫描的时候将扫描对象与特征代码库进行比较，如果吻合，则判断计算机感染了该病毒。特征代码法实现起来简单，对查杀已知的文件型病毒特别有效，由于已知特征代码，因此清除病毒十分安全和彻底。

特征代码法的优点：检测准确，可识别病毒的名称，误报率低，依据检测结果可做杀毒处理。

特征代码法的缺点：速度慢，不能检查多态型病毒，不能检查隐蔽型病毒，不能检查未知病毒。

（2）校验和法。病毒在感染程序时，大多会使被感染的程序大小增加或者日期改变，校验和法就是根据病毒的这种行为来进行判断的。其把硬盘中的某些文件的资料汇总并记录下来，在以后的检测过程中重复此项动作，并与前次记录进行比较，借此来判断这些文件是否被病毒感染了。

校验和法的优点：方法简单，能发现未知病毒，也能发现所查文件的细微变化。

校验和法的缺点：病毒感染并非文件改变的唯一原因，文件的改变常常是正常程序引起的，如常见的正常操作，所以校验和法误报率较高，效率低，不能识别病毒名称，不能检查隐蔽型病毒。

（3）行为监测法。病毒感染文件时，常常产生一些不同于正常程序的行为。利用病毒的特有行为的特性监测病毒的方法称为行为监测法。通过对病毒多年的观察、研究，研究者们发现有一些行为是病毒的共同行为，且这些行为比较特殊，在正常程序中是比较罕见的。行为监测法会在程序运行时监测其行为，如果发现了病毒行为，则会立即报警。

（4）虚拟机法。虚拟机法即在计算机中创造一个虚拟系统，将异常程序在虚拟环境中激活，从而观察异常程序的执行过程，根据其行为特征，判断是否为病毒。这种方法对加壳和加密的病毒非常有效，因为这两类病毒在执行过程中是要自身脱壳和解密的，这样杀毒软件就可以在病毒"现出原形"之后通过特征代码法对其进行查杀。例如，沙箱是一种虚拟系统，在沙箱内运行的程序会被完全隔离，任何操作都不会对真实系统产生危害，就如同一面镜子，病毒所影响的只是镜子中的内容而已。

（5）主动防御法。特征代码法查杀病毒已经非常成熟可靠，但是它总是落后于病毒的传播速度。随着网络安全防护的理念从独立的防病毒、防火墙、IPS 产品转变到一体化防护，主动防御法就出现了。主动防御法是一种阻止恶意程序执行的方法，可以在病毒发作时进行主动而有效的全面防范，从技术层面上有效防止未知病毒的传播。

2. 计算机病毒的防治

各个品牌的杀毒软件各有特色，但是基本功能大同小异。从统计数据来看，我国个人计算机大多使用 360 杀毒软件。

（1）360 杀毒软件

360 杀毒软件是 360 安全中心出品的一款免费的云安全杀毒软件。它创新地整合了五大领先查杀引擎，包括 Bitdefender 病毒查杀引擎、小红伞病毒查杀引擎、360 云查杀引擎、360 主动防御引擎及 360 第二代 QVM 人工智能引擎。

360 杀毒软件具有查杀率高、资源占用少、升级迅速等优点。它可一键扫描，能够快速、全面地诊断系统安全状况和健康程度，并进行精准修复，为用户提供安全、专业、有效、新颖的病毒查杀防护服务。其防杀病毒能力得到了多个国际权威安全软件评测机构的认可。

（2）360 安全卫士

360 安全卫士拥有查杀木马、清理插件、修复漏洞、计算机体检、计算机救援、保护隐私、计算机专家、清理垃圾、清理痕迹、木马防火墙、360 密盘等功能，依靠抢先侦测和云端鉴别，可全面、智能地拦截各类木马，保护用户的账号、隐私等重要信息。

360 安全卫士使用起来极其方便，一直以来主打在线安装模式，只需联网即可轻松安装最新版本，安装过程简单快速，基本上是全自动完成的，无须人工干预。360 安全卫士启动后将立即自动执行计算机体检任务。在其主界面的右侧有账号登录链接及推荐功能项目，用户可以在此查看到程序当前的实时防护状态。

8.3 防火墙技术

古时候，人们常在寓所之间砌起一道墙，一旦发生火灾，这道墙就能够防止火势蔓延到别处。如果一个网络连接到了 Internet，那么它的用户就可以访问外网并与之通信。但同时外网同样可以访问该网络并与之交互。为了安全，可以在该网络和 Internet 之间插入一个中介系统，建立一道安全屏障。这道屏障用于阻断外网对该网络的威胁和入侵，将作为保护本网络安全的关卡，它的作用与古时候的防火砖墙有类似之处，因此人们把这个屏障叫作"防火墙"。

8.3.1 防火墙简介

1．防火墙的定义

防火墙是一个由计算机硬件和软件组成的系统，部署于网络边界，是内网和外网之间的"桥梁"，同时会对进出网络的数据进行保护，以防止恶意入侵、传播恶意代码等，保障内网数据的安全。防火墙是建立在网络技术和信息安全技术基础上的应用性安全技术，几乎所有企业都会在内网与外网（如 Internet）相连接的边界设置防火墙。防火墙能够起到安全过滤和安全隔离外网攻击、入侵等有害网络安全的信息和行为的作用，它是不同网络或网络安全域之间信息的唯一出入口。防火墙部署如图 8.1 所示。

图 8.1 防火墙部署

防火墙遵循的基本准则有两条。一是防火墙会拒绝所有未经允许的命令。防火墙的审查是基础的逐项审阅，任何一个服务请求和应用操作都将被逐一审查，命令只有在符合允许条件后才可能被执行，这为保证内部计算机安全提供了切实可行的办法。由于用户可以申请的服务和服务数量是有限的，这种准则下防火墙在增强了安全性的同时减弱了可用性。二是防火墙会允许所有未拒绝的命令。防火墙在传递所有信息的时候都是按照约定的命令执行的，也就是在逐项审查后会拒绝存在潜在危害的命令，因为可用性优于安全性，所以会导致安全性难以把控。

2．防火墙的基本特性与功能

防火墙是"木桶"理论在网络安全中的应用。网络安全概念中有一个"木桶"理论：一个桶能装的水量不取决于桶有多高，而取决于组成该桶的最短的那块木板的高度。在一个没有防火墙的环境中，网络的安全性只能体现为每一台主机的功能，所有主机必须通力合作，才能使网络具有较高的安全性。防火墙能够简化安全管理，使网络的安全性在防火墙系统上得到提高，而不是分布在内网的所有主机上。

在逻辑上，防火墙既是分离器，又是限制器，更是分析器，它有效地监控了内网和外网之间的任何活动，保证了内网的安全。典型的防火墙具有以下 3 个方面的基本特性。

（1）内网和外网之间的所有数据流都必须经过防火墙。

防火墙安装在信任网络（内网）和非信任网络（外网）之间，它可以隔离非信任网络（一般指的是 Internet）与信任网络（一般指的是内部局域网络）的连接，同时不会妨碍用户对非信任网络进行访问。内网和外网之间的所有数据流都必须经过防火墙，因为只有防火墙是内网与外网之间的唯一信道，这样才可以全面、有效地保护企业内网不受侵害。

（2）只有符合安全策略的数据流才能通过防火墙。

部署防火墙的目的是在网络连接之间建立一道安全控制屏障，通过允许、拒绝或重新定向经过防火墙的数据流，实现对进、出内网的数据流进行审计和控制。防火墙最基本的功能是根据企业的安全规则控制（允许、拒绝、监测）出入网络的信息流，确保网络流量的合法性，并在此前提下将网络流量快速地从一条链路转发到另外一条链路上。

（3）防火墙自身具有非常强的抗攻击能力。

防火墙承担了企业内网安全防护的重任。防火墙处于网络边界，就像一个"边界卫士"一样，每时每刻都要抵御黑客的入侵，因此要求防火墙自身具有非常强的抗攻击能力。

防火墙除了具备上述 3 个方面的基本特性外，一般来说，还具有以下几个方面的功能。

（1）支持 NAT。防火墙可以作为部署 NAT 的逻辑地址，因此防火墙可以用来解决地址空间不足的问题，并避免机构在转换 ISP 时带来需要重新编址的麻烦。

（2）支持 VPN。防火墙支持具有 Internet 服务特性的企事业单位内网技术体系 VPN。通过 VPN 可将企事业单位在地域上分布于世界各地的局域网或专用子网有机地互联成一个整体。这不仅省去了专用通信线路，还为信息共享提供了技术保障。

（3）支持用户制定的各种访问控制策略。

（4）支持网络存取和访问进行的监控审计。

（5）支持身份认证等功能。

3. 防火墙的优缺点

（1）防火墙的优点如下。

① 增强了网络安全性。防火墙可防止非法用户进入内网，降低主机被入侵的风险。

② 提供集中的安全管理。防火墙对内网实施集中的安全管理，通过制定安全策略，其安全防护措施可运行于整个内网系统中而无须在每台主机中分别设立。同时，可将内网中需改动的程序都存于防火墙中而不是分散到每台主机中，以便于集中保护。

③ 增强了保密性。防火墙可阻止攻击者获取所攻击网络系统的有用信息。

④ 提供对系统的访问控制。防火墙可提供对系统的访问控制，例如，允许外部用户访问某些主机，同时禁止该用户访问其他主机；允许内部用户使用某些资源且禁止该用户使用其他资源等。

⑤ 能有效地记录网络访问情况。因为所有进出信息都必须通过防火墙，所以非常便于收集关于系统和网络使用或误用的信息。

（2）防火墙的缺点如下。

① 防火墙不能防范来自内部的攻击。防火墙对内部用户偷窃数据、破坏硬件和软件等行为无能为力。

② 防火墙不能防范未经过防火墙的攻击。没有经过防火墙的数据，防火墙无法检查，如个别内网用户绕过防火墙进行拨号访问等。

③ 防火墙不能防范策略配置不当或错误配置带来的安全威胁。防火墙是一台被动的安全策略执行设备，就像门卫一样，要根据相关规定来执行安全防护操作，而不能自作主张。

④ 防火墙不能防范未知的威胁。防火墙能较好地防范已知的威胁，但不能自动防范所有新的威胁。

8.3.2 防火墙端口区域及 DMZ 常规访问控制策略

1. 防火墙端口区域

（1）Trust（内部，局域网），连接内网。

（2）Untrust（外部，Internet），连接外网，一般指的是 Internet。

（3）非军事区（Demilitarized Zone，DMZ），DMZ 中的服务器通常为提供对外服务的服务器，如 Web 服务器、FTP 服务器、E-mail 服务器等。DMZ 可增强 Trust 区域中设备的安全性，有特殊的访问策略，Trust 区域中的设备也会对 DMZ 中的系统进行访问。防火墙通用部署方式如图 8.2 所示。

2. DMZ 常规访问控制策略

（1）内网可以访问 DMZ，方便用户使用和管理 DMZ 中的服务器。

（2）外网可以访问 DMZ 中的服务器，同时需要由防火墙完成外部地址到服务器实际地址的转换。

（3）DMZ 不能访问外网。此条策略也有例外，例如，如果 DMZ 中放置了 E-mail 服务器，则其需要访问外网，否则将不能正常工作。

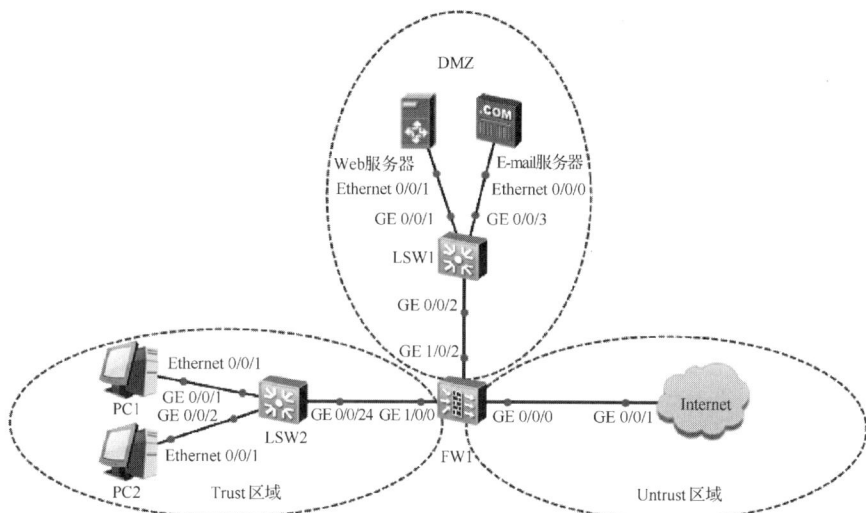

图 8.2　防火墙通用部署方式

8.3.3　防火墙的类型

防火墙主要有包过滤防火墙、代理防火墙、状态检测防火墙、复合型防火墙、下一代防火墙等类型。

（1）包过滤防火墙。第一代防火墙几乎与路由器同时出现，采用了包过滤技术。包过滤防火墙的工作流程如图 8.3 所示。由于多数路由器本身就支持分组过滤功能，因此网络访问控制可通过路由控制来实现，具有分组过滤功能的路由器成为第一代防火墙。

图 8.3　包过滤防火墙的工作流程

（2）代理防火墙。它也被称为应用网关防火墙，是第二代防火墙。代理防火墙工作在应用层上，能够根据具体的应用对数据进行过滤或者转发。这样的防火墙彻底隔断了内网与外网的直接通信，内网用户对外网的访问变成防火墙对外网的访问，并由防火墙把访问的结果转发给内网用户。

（3）状态检测防火墙。它是基于动态包过滤技术的防火墙。对于 TCP 连接，每一个可靠连接的建立都需要经过"3 次握手"过程，此时的数据包并不是独立的，它们前后之间有着密切的状态联系。状态检测防火墙将基于这种连接过程，根据数据包状态变化来决定访问控制的策略。状态检测防火墙的工作流程如图 8.4 所示。

图 8.4　状态检测防火墙的工作流程

（4）复合型防火墙。复合型防火墙结合了代理防火墙的安全性和包过滤防火墙的高速等优点，实现了 OSI 参考模型中的第三层～第七层自适应的数据转发。

（5）下一代防火墙。随着网络应用的高速增长和移动应用的爆发式出现，发生在应用网络中的安全事件越来越多，过去简单的网络攻击也大都转变为混合攻击，单一的安全防护措施已经无法有效地解决企业面临的网络安全问题。随着网络带宽的增加，网络流量也变得越来越大，要对大流量进行应用层的精确识别，防火墙的性能就必须更强，下一代防火墙就是在这种背景下出现的。为应对当前与未来的网络安全威胁，防火墙必须具备一些新的功能，如具有基于用户的高性能并行处理引擎。一些企业把具有多种功能的防火墙称为下一代防火墙。

8.3.4　认识防火墙

1. 防火墙设备外形

不同厂商、不同型号的防火墙设备的外形结构不同，但它们的功能、端口类型都差不多，具体可参考相应厂商的产品说明书。思科 USG6500 系列防火墙设备的前、后面板如图 8.5 所示。

图 8.5　思科 USG6500 系列防火墙设备的前、后面板

2. 防火墙设备连接

防火墙设备连接如图 8.6 所示，连接线缆，然后连接好电源适配器，给设备通电。设备没有电源开关，通电后会立即启动。若前面板上的系统指示灯每两秒闪一次，则表明设备已进入正常运行状态，可以登录设备进行配置。PoE 供电设备与防火墙必须通过网线直连。

图 8.6　防火墙设备连接

8.4　网络故障检测与管理

随着网络规模的不断扩大，网络维护变得越来越复杂，网络在使用中容易出现各种各样的故障，不仅会造成使用问题，还会大大影响网络的安全。

8.4.1　网络故障概述

引起网络故障的原因有很多，且分布很广，但总体来说可以分为软件故障和硬件故障两个方面，再细化可分为网络连接故障、软件属性配置故障和网络协议故障 3 个方面。

1. 网络连接故障

网络连接应该是发生故障之后应当首先考虑的问题，通常网络连接错误会涉及网卡、网线、集线器、交换机、路由器等设备，其中一台设备出现问题必然会导致网络故障。

如果一台计算机不能浏览网页，则用户的第一反应应该是网络连接不正常，可对网络是否处于连接状态进行测试。

2. 软件属性配置故障

计算机的配置选项、应用程序的参数设置不正确，也有可能导致网络故障。例如，服务器权限配置不当，将导致资源无法共享；计算机网卡配置不当，将导致无法连接网络；IE 配置不当，将无法浏览网页。所以在排除硬件故障之后，重点应放在软件属性配置方面。

3. 网络协议故障

没有网络协议就没有计算机网络，如果缺少合适的网络协议，那么局域网中的网络设备和计算机之间无法建立通信连接。所以，网络协议在网络中拥有举足轻重的地位，决定着网络能否正常运行。

8.4.2　常用的网络管理命令

在网络设备调试的过程中，经常会使用网络管理命令对网络进行测试，以查看网络的运行情况。下面介绍常用的网络管理命令的用法。

1. ping 命令

ping 命令是用来探测本机与网络中的另一主机或节点之间是否可达的命令，如果两台主机之间或两个节点之间 ping 不通，则表明这两台主机之间或两个节点之间无法建立连接。ping 命令是测试网络连通的一个重要命令，使用 ping 命令测试网络连通性如图 8.7 所示。

ping 命令的用法如下。

ping [-t] [-n count] [-I size] [-4] [-6] target_name

ping 命令各参数选项的功能描述如表 8.1 所示。

V8-1　常用的网络管理命令

表 8.1　ping 命令各参数选项的功能描述

参数选项	功能描述
-t	ping 指定的主机，直到停止。若要查看统计信息并继续操作，则可执行"Ctrl+Break"命令；若要停止，则可执行"Ctrl+C"命令
-n count	要发送的回显请求数
-I size	发送缓冲区的大小
-4	强制使用 IPv4
-6	强制使用 IPv6

2. tracert 命令

tracert 命令用于路由跟踪实用程序，以确定 IP 数据包访问目标时采取的路径。tracert 命令使用 IP 生存时间（Time To Live，TTL）字段和 ICMP 错误消息来确定从一台主机到网络上其他主机的路由，使用 tracert 命令进行路由跟踪测试如图 8.8 所示。

图 8.7　使用 ping 命令测试网络连通性

图 8.8　使用 tracert 命令进行路由跟踪测试

tracert 命令的用法如下。

tracert [-d] [-h maximum_hops] [-j host-list] [-w timeout]
　　　　[-R] [-S srcaddr] [-4] [-6] target_name

tracert 命令各参数选项的功能描述如表 8.2 所示。

表 8.2　tracert 命令各参数选项的功能描述

参数选项	功能描述
-d	不将地址解析成主机名
-h maximum_hops	搜索目标的最大跳数
-j host-list	与主机列表一起的松散源路由（仅适用于 IPv4）
-w timeout	等待每个回复的超时时间（以毫秒为单位）
-R	跟踪往返行程路径（仅适用于 IPv6）
-S srcaddr	要使用的源地址（仅适用于 IPv6）
-4	强制使用 IPv4
-6	强制使用 IPv6

3. nslookup 命令

nslookup 命令用于指定查询的类型，可以查到 DNS 记录的生存时间，还可以指定使用哪台 DNS 服务器进行解释。已安装 TCP/IP 的计算机均可以使用这个命令，它主要用来诊断 DNS 基础结构的信息。nslookup 命令是一个用于查询 Internet 域名信息或诊断 DNS 服务器问题的命令，使用 nslookup 命令查看域名信息如图 8.9 所示。

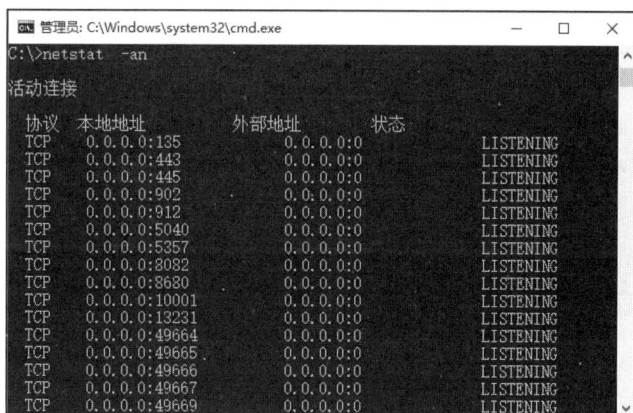

nslookup 命令的用法如下。

nslookup [-opt ...] # 使用默认服务器的交互模式

nslookup 命令各参数选项的功能描述如表 8.3 所示。

表 8.3　nslookup 命令各参数选项的功能描述

参数选项	功能描述
nslookup – server	使用"server"的交互模式
nslookup host	仅查找使用默认服务器的"host"
nslookup host server	仅查找使用"server"的"host"

4. netstat 命令

netstat 命令用于显示协议统计和当前 TCP/IP 网络连接、路由表、端口状态、多播成员等，使用 netstat 命令显示协议统计和当前 TCP/IP 网络连接如图 8.10 所示。

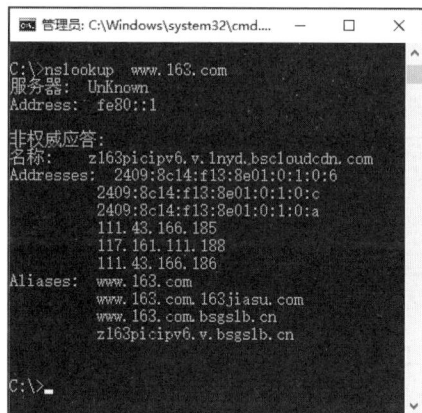

图 8.9　使用 nslookup 命令查看域名信息　　图 8.10　使用 netstat 命令显示协议统计和当前 TCP/IP 网络连接

netstat 命令的用法如下。

netstat [-a] [-e] [-f] [-n] [-o] [-r] [-s] [-t]

netstat 命令各参数选项的功能描述如表 8.4 所示。

表 8.4　netstat 命令各参数选项的功能描述

参数选项	功能描述
-a	显示所有连接和监听端口
-e	显示以太网统计。此选项可以与"-s"选项结合使用
-f	显示外部地址的完全限定域名
-n	以数字形式显示地址和端口号
-o	显示拥有的与每个连接关联的进程 ID
-r	显示路由表
-s	显示每种协议的统计信息。默认情况下，显示 IP、IPv6、ICMP、ICMPv6、TCP、TCPv6、UDP 和 UDPv6 的统计信息
-t	显示当前连接的卸载状态

5. ipconfig 命令

当使用 ipconfig 命令不带任何参数选项时，将显示每个已经配置了的端口的 IP 地址、子网掩码和默认网关值，使用 ipconfig 命令获取本地网卡的所有配置信息如图 8.11 所示。

当使用 "/all" 选项时，ipconfig 命令能为 DNS 和 WINS 服务器显示它们已配置且要使用的附加信息（如 IP 地址等），并显示内置于本地网卡中的物理地址。如果 IP 地址是从 DHCP 服务器租用的，那么 ipconfig 命令将显示 DHCP 服务器的 IP 地址和租用地址预计失效的日期。

"/release" 和 "/renew" 是附加选项，只能在向 DHCP 服务器租用其 IP 地址的计算机上起作

图 8.11　使用 ipconfig 命令获取本地网卡的所有配置信息

用。如果用户执行 "ipconfig/release" 命令，那么所有端口的租用 IP 地址会重新交付给 DHCP 服务器（归还 IP 地址）。如果用户执行 "ipconfig/renew" 命令，那么本地计算机会设法与 DHCP 服务器取得联系，并租用一个 IP 地址。注意，大多数情况下网卡将被重新赋予和以前相同的 IP 地址。对于 "/release" 和 "/renew"，如果未指定适配器名称，则会释放或更新所有绑定到 TCP/IP 的适配器的 IP 地址租约。

ipconfig 命令各参数选项的功能描述如表 8.5 所示。

表 8.5　ipconfig 命令各参数选项的功能描述

参数选项	功能描述
/?	显示此帮助消息
/all	显示完整配置信息
/release	释放指定适配器的 IPv4 地址
/release6	释放指定适配器的 IPv6 地址
/renew	更新指定适配器的 IPv4 地址
/renew6	更新指定适配器的 IPv6 地址
/flushdns	清除 DNS 解析程序的缓存
/registerdns	刷新所有 DHCP 租约并重新注册 DNS 名称
/displaydns	显示 DNS 解析程序缓存的内容

6. arp 命令

arp 命令用于显示和修改 ARP 缓存中的项目。ARP 缓存中包含一个或多个表，它们用于存储 IP 地址及其经过解析后的以太网或令牌环网物理地址。计算机上安装的每一个以太网或令牌环网适配器都有自己单独的表。如果在没有参数的情况下执行该命令，则将显示帮助信息，使用 arp 命令显示 ARP 表如图 8.12 所示。

arp 命令的用法如下。

arp -s inet_addr eth_addr [if_addr]
arp -d inet_addr [if_addr]
arp -a [inet_addr] [-N if_addr] [-v]

arp 命令各参数选项的功能描述如表 8.6 所示。

图 8.12　使用 arp 命令显示 ARP 表

表 8.6　arp 命令各参数选项的功能描述

参数选项	功能描述
-a	通过询问当前协议数据，显示当前 ARP。如果指定 inet_addr，则只显示指定计算机的 IP 地址和物理地址。如果不止一个网络端口使用 ARP，则显示 ARP 中的每一项
-g	与 -a 选项功能相同
-v	在详细模式下显示当前 ARP 项。所有无效项和环回端口上的项都将显示
inet_addr	指定 Internet 地址
-N if_addr	显示 if_addr 指定的网络端口的 ARP 项
-d	删除 inet_addr 指定的主机。inet_addr 可以是通配符 "*"，表示删除所有主机
-s	添加主机并将 Internet 地址 inet_addr 与物理地址 eth_addr 关联。物理地址是用连字符分隔的 6 个十六进制字节
eth_addr	指定物理地址
if_addr	如果存在，则此项用于指定地址转换表中应修改的端口的 Internet 地址。如果不存在，则使用第一个适用的端口

8.4.3　应用程序间的通信

当网络中的两台计算机进行通信时，除了需要确定计算机在网络中的 IP 地址外，还需要确定计算机中的一个端口。端口并不是实际的物理设备，而是一个应用程序，这个应用程序负责两台计算机的通信。应用程序间的通信如图 8.13 所示。

图 8.13　应用程序间的通信

一个 IP 地址标识了一台主机，主机可以提供多种服务，如 Web 服务、FTP 服务、远程桌面等。主机的每个服务都会等待客户端的连接，客户端如何区分这些服务呢？此时就需要通过端口来区分了。

1. 端口号

端口被规定为一个 0~65535 的整数，这个整数和提供的服务相关联。例如，Web 服务一般使用 80 端口，FTP 服务一般使用 21 端口，远程桌面一般使用 3389 端口。

当我们通过客户端浏览器访问一个网站时，在浏览器地址栏中输入该网站的网址时，并不需要输入端口号 80。这是因为 Web 服务默认使用 80 端口，当客户端以 HTTP 访问主机时，主机会默认访问 Web 服务。

端口被划分为 3 段，如图 8.14 所示。在同一台计算机上，端口号不能重复，否则会产生端口号冲突。

图 8.14　端口的划分

（1）众所周知的端口的端口号为 0~1023。这些端口号由 IANA 分配和控制。可能的话，相同端口号会分配给 TCP、UDP 和流控制传输协议（Stream Control Transmission Protocol，SCTP）的同一给定服务。例如，不论是 TCP 还是 UDP，端口号 80 都被赋予 Web 服务器，尽管它目前的所有实现都单纯使用 TCP。

（2）IANA 注册的端口的端口号为 1024~49151。这些端口不受 IANA 控制，不过由 IANA 登记并提供它们的使用情况清单。可能的话，相同端口号分配给 TCP 和 UDP 的同一给定服务。

241

（3）49152～65535 是 IANA 动态或私用端口的端口号。IANA 不管这些端口，它们就是所谓的临时端口。

2. 套接字

套接字（Socket）是支持 TCP/IP 网络通信的基本操作单元。多个 TCP 连接或多个应用程序进程可能需要通过同一个 TCP 端口传输数据。为了区分不同的应用程序进程和连接，许多计算机操作系统为应用程序与 TCP/IP 交互提供了称为套接字的端口。

套接字可理解为 IP+端口（如 192.168.100.100:6688）。其为传输层以上的概念。一个 TCP 连接的套接字对是一个定义该连接的两个端点的四元组，即本地 IP 地址、本地 TCP 端口号、外地 IP 地址、外地 TCP 端口号。套接字可以唯一标识一个网络上的每个 TCP 连接。就 SCTP 而言，一个关联由一组本地 IP 地址、一个本地端口、一组外地 IP 地址、一个外地端口标识。在两个端点均非多宿（一台计算机中有多个物理地址、两块网卡或多块网卡）这一最简单的情形下，SCTP 与 TCP 所用的四元组套接字对一致。然而，在某个关联的任何一个端点为多宿的情形下，同一关联可能需要多个。

在一台计算机中，端口号和进程之间是一一对应的关系，所以使用端口号和网络地址的组合可以唯一地确定整个网络中的一个网络进程。网络通信，归根结底是进程间的通信（不同计算机上的进程间的通信）。

3. 常见的 UDP 端口号和对应的协议以及功能描述

常见的 UDP 端口号和对应的协议以及功能描述如表 8.7 所示。

表 8.7 常见的 UDP 端口号和对应的协议以及功能描述

端口号	协议	功能描述
7	Echo	Echo 服务
9	Discard	用于连接测试的空服务
37	Time	时间协议
42	NameServer	主机名服务
53	DNS	域名服务
69	TFTP	简单文件传输协议
137	Netbios-Ns	NETBIOS 名称服务
138	Netbios-Dgm	NETBIOS 数据包服务
139	Netbios-Ssn	NETBIOS 会话服务
161	SNMP	简单网络管理协议
513	Who	登录的用户列表
517	Talk	远程对话服务器和客户端
520	RIP	路由信息协议

4. 常见的 TCP 端口号和对应的协议以及功能描述

常见的 TCP 端口号和对应的协议以及功能描述如表 8.8 所示。

表 8.8 常见的 TCP 端口号和对应的协议以及功能描述

端口号	协议	功能描述
7	Echo	Echo 服务
9	Discard	用于连接测试的空服务
20	FTP-Data	FTP 数据端口
21	FTP	FTP 端口
23	Telnet	Telnet 服务
25	SMTP	简单邮件传送协议
37	Time	时间协议

续表

端口号	协议	功能描述
43	Whois	目录服务
53	DNS	域名服务
80	HTTP	万维网服务，用于网页浏览
109	POP2	邮件协议-版本 2
110	POP3	邮件协议-版本 3
179	BGP	边界网关协议
513	Login	远程登录
514	cmd	远程命令，不必登录的远程 Shell 和远程文件复制（Remote File Copy，RCP）
517	Talk	远程对话服务和用户

技能实践

任务 8.1　端口扫描器 X-Scan 的使用

【实训目的】

（1）理解端口、协议的作用。

（2）掌握端口扫描器 X-Scan 的使用方法。

【实训环境】

（1）准备端口扫描器 X-Scan。

（2）准备网络实验环境。

【实训内容与步骤】

X-Scan 的使用方法如下。

（1）双击桌面上的"X-Scan"图标，启动 X-Scan，其主界面如图 8.15 所示。

（2）在主界面中选择"设置"→"扫描参数"选项，如图 8.16 所示。

图 8.15　X-Scan 主界面

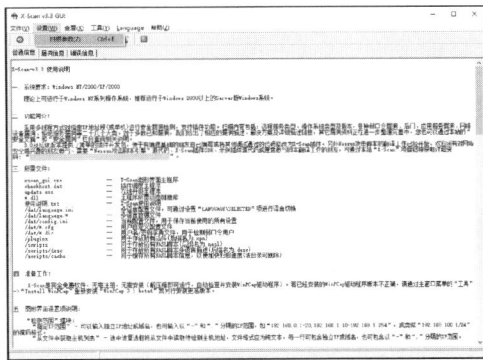

图 8.16　选择"设置"→"扫描参数"选项

（3）在打开的"扫描参数"对话框中，选择"检测范围"选项，指定 IP 范围，如图 8.17 所示。

（4）选择"全局设置"→"扫描模块"选项，选择相关服务、口令、漏洞等进行扫描，如图 8.18 所示。

（5）选择"全局设置"→"并发扫描"选项，设置"最大并发主机数量""最大并发线程数量"等，如图 8.19 所示。

（6）选择"全局设置"→"扫描报告"选项，进行相关设置，如图 8.20 所示。

图 8.17　指定 IP 范围

图 8.18　扫描模块设置

图 8.19　并发扫描设置

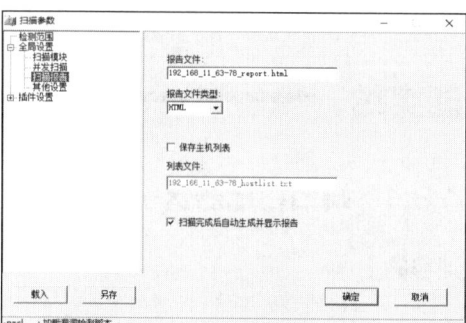

图 8.20　扫描报告设置

（7）选择"全局设置"→"其他设置"选项，进行相关设置，如图 8.21 所示。

（8）选择"插件设置"→"端口相关设置"选项，进行相关设置，如图 8.22 所示。

图 8.21　其他设置

图 8.22　端口相关设置

（9）选择"插件设置"→"SNMP 相关设置"选项，进行相关设置，如图 8.23 所示。

（10）选择"插件设置"→"NETBIOS 相关设置"选项，进行相关设置，如图 8.24 所示。

图 8.23　SNMP 相关设置

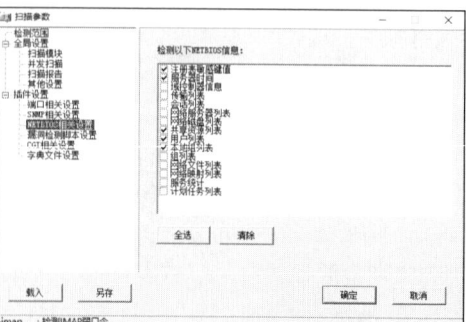

图 8.24　NETBIOS 相关设置

（11）选择"插件设置"→"漏洞检测脚本设置"选项，进行相关设置，如图 8.25 所示。

（12）选择"插件设置"→"CGI 相关设置"选项，进行相关设置，如图 8.26 所示。

图 8.25　漏洞检测脚本设置

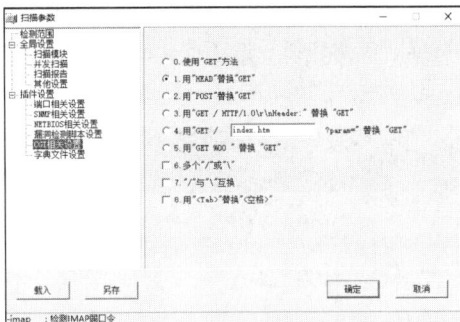
图 8.26　CGI 相关设置

（13）选择"插件设置"→"字典文件设置"选项，进行相关设置，如图 8.27 所示。

（14）设置完成后，在主界面中单击"开始"按钮进行扫描，如图 8.28 所示。

图 8.27　字典文件设置

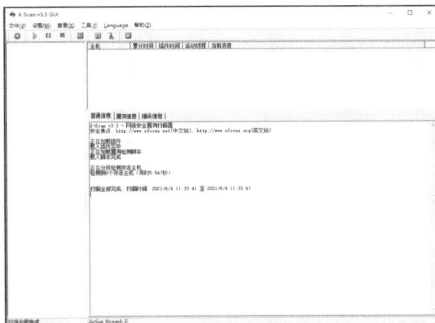
图 8.28　进行扫描

（15）扫描完成，检测结果如图 8.29 所示。

图 8.29　检测结果

任务 8.2　360 杀毒软件的使用

【实训目的】

（1）理解 360 杀毒软件的功能。

（2）掌握 360 杀毒软件的使用方法。

【实训环境】

（1）准备 360 杀毒软件。

（2）准备网络实验环境。

【实训内容与步骤】

360 杀毒软件使用起来方便灵活，用户可以根据当前的工作环境自行定义。

（1）下载并安装 360 杀毒软件，打开 360 杀毒软件主界面，如图 8.30 所示。

（2）选择"病毒查杀"选项卡，单击"快速扫描"图标。快速扫描功能可以用最快的速度对计算机进行扫描，迅速查找病毒和存在威胁的文件，以节约时间，如图 8.31 所示。

图 8.30　360 杀毒软件主界面

图 8.31　快速扫描

（3）单击"全盘扫描"图标，进行全盘扫描。全盘扫描花费时间较长，占用资源较多，建议安排在工作间隙进行，如图 8.32 所示。

图 8.32　全盘扫描

（4）单击"指定位置扫描"图标，可以选择扫描目录，如图 8.33 所示，并进行自定义扫描，如图 8.34 所示。

图 8.33　选择扫描目录

图 8.34　自定义扫描

（5）分别选择"实时防护""网购保镖""病毒免疫""产品升级""工具大全"选项卡，进行相应的设置，如图 8.35～图 8.39 所示。

图 8.35 "实时防护"选项卡

图 8.36 "网购保镖"选项卡

图 8.37 "病毒免疫"选项卡

图 8.38 "产品升级"选项卡

图 8.39 "工具大全"选项卡

模块小结

本模块讲解了计算机网络安全的基础知识，主要包括计算机网络安全的定义、计算机病毒、防火墙技术及网络故障检测与管理等知识，详细讲解了常用的网络管理命令、应用程序间的通信等知识，并且讨论了防火墙的安全部署。

本模块最后通过技能实践使学生掌握端口扫描器 X-Scan 的使用方法、360 杀毒软件的使用方法。

模块练习

1. 选择题

（1）跟踪网络路由路径使用的网络管理命令是（　　　）。

    A. ipconfig/all   B. tracert   C. ping   D. netstat

（2）DNS 端口号为（　　　）。

    A. 7   B. 9   C. 42   D. 53

（3）FTP 端口号为（　　　）。

    A. 21   B. 23   C. 25   D. 27

（4）【多选】网络安全的基本特性有（　　　）。

    A. 保密性   B. 完整性   C. 可靠性   D. 可用性

（5）【多选】网络安全脆弱的原因有（　　　）。

    A. 开放的网络环境   B. 操作系统的缺陷

    C. 应用软件的漏洞   D. 人为因素

（6）【多选】计算机病毒的特性有（　　　）。

    A. 隐蔽性   B. 破坏性   C. 传染性   D. 可触发性

（7）【多选】计算机病毒的诊断方法有（　　　）。

    A. 特征代码法   B. 校验和法   C. 行为监测法   D. 虚拟机法

2. 简答题

（1）简述网络安全的定义及基本特性。

（2）简述网络安全脆弱的原因。

（3）简述计算机病毒的特性及诊断方法。

（4）简述计算机病毒的防治。

（5）简述防火墙的定义、类型及其功能。